网络空间安全技术丛书

云原生安全

李学峰 编著

CYBERSPACE SECURITY TECHNOLOGY

CLOUD NATIVE SECURITY

机械工业出版社
CHINA MACHINE PRESS

本书以帮助云原生从业技术人员建立云原生安全的整体视野为目的，通过梳理整个云原生的流程和技术结构，阐述如何以应用安全为抓手，将安全性内建到应用的流程、架构以及平台之中，从而获得一整套完善的云原生应用安全方案。同时书中对云原生安全开源方案进行了汇总，有针对性地对当前的热点行业，包括金融、交通、制造行业的不同特点和安全诉求以及安全应对方案进行了简要说明。本书内容环环相扣，便于读者通过阅读建立自己的知识体系结构。

本书为读者提供了全部案例源代码下载和高清学习视频，读者可以直接扫描二维码观看。

本书适用于对云原生安全技术有兴趣的技术开发者、维护者，以及对云计算和分布式系统有兴趣的相关技术从业人员，也可以作为政企信息部门技术和管理人员进行业务系统云化改造方案设计的参考资料。

图书在版编目（CIP）数据

云原生安全/李学峰编著．—北京：机械工业出版社，2022.8（2023.9重印）
（网络空间安全技术丛书）
ISBN 978-7-111-71234-3

Ⅰ.①云…　Ⅱ.①李…　Ⅲ.①云计算-安全技术　Ⅳ.①TP393.027

中国版本图书馆CIP数据核字（2022）第125619号

机械工业出版社（北京市百万庄大街22号　邮政编码100037）
策划编辑：李培培　　　　责任编辑：李培培　李晓波　张淑谦
责任校对：张　征　李　婷　责任印制：郜　敏
北京富资园科技发展有限公司印刷
2023年9月第1版第2次印刷
184mm×260mm·17.5印张·366千字
标准书号：ISBN 978-7-111-71234-3
定价：119.00元

电话服务　　　　　　　　　　网络服务
客服电话：010-88361066　机　工　官　网：www.cmpbook.com
　　　　　010-88379833　机　工　官　博：weibo.com/cmp1952
　　　　　010-68326294　金　　书　　网：www.golden-book.com
封底无防伪标均为盗版　　机工教育服务网：www.cmpedu.com

网络空间安全技术丛书
专家委员会名单

出版说明

随着信息技术的快速发展，网络空间逐渐成为人类生活中一个不可或缺的新场域，并深入到了社会生活的方方面面，由此带来的网络空间安全问题也越来越受到重视。网络空间安全不仅关系到个体信息和资产安全，更关系到国家安全和社会稳定。一旦网络系统出现安全问题，那么将会造成难以估量的损失。从辩证角度来看，安全和发展是一体之两翼、驱动之双轮，安全是发展的前提，发展是安全的保障，安全和发展要同步推进，没有网络空间安全就没有国家安全。

为了维护我国网络空间的主权和利益，加快网络空间安全生态建设，促进网络空间安全技术发展，机械工业出版社邀请中国科学院、中国工程院、中国网络空间研究院、浙江大学、上海交通大学、华为及腾讯等全国网络空间安全领域具有雄厚技术力量的科研院所、高等院校、企事业单位的相关专家，成立了阵容强大的专家委员会，共同策划了这套“网络空间安全技术丛书”（以下简称“丛书”）。

本套丛书力求做到规划清晰、定位准确、内容精良、技术驱动，全面覆盖网络空间安全体系涉及的关键技术，包括网络空间安全、网络安全、系统安全、应用安全、业务安全和密码学等，以技术应用讲解为主，理论知识讲解为辅，做到“理实”结合。

与此同时，我们将持续关注网络空间安全前沿技术和最新成果，不断更新和拓展丛书选题，力争使该丛书能够及时反映网络空间安全领域的新方向、新发展、新技术和新应用，以提升我国网络空间的防护能力，助力我国实现网络强国的总体目标。

由于网络空间安全技术日新月异，而且涉及的领域非常广泛，本套丛书在选题遴选及优化和书稿创作及编审过程中难免存在疏漏和不足，诚恳希望各位读者提出宝贵意见，以利于丛书的不断精进。

机械工业出版社

推荐序

这本书的作者是与我合作多年的、很熟知的老同事。作为中国电子云的计算机技术专家，李学峰在云平台、容器技术、微服务、DevOps以及数据库和大数据相关领域从事多年相关产品的开发和技术研究工作，有着丰富的经验。

当前云原生技术的发展如火如荼，作为云原生技术的践行者和推广者，我认为本书值得推荐。

这本书以云原生应用安全为核心，从应用的多层次、全维度讲解云原生安全的建设思路。不仅涉及安全领域的相关技术，读者还能够从安全角度入手，加深对云原生整体架构的认识和理解。

云原生平台的作用首要是为了支撑数字化转型的业务，而运行在容器平台的应用是数字化转型业务的主要承载体。践行云原生安全除了常规的平台层安全之外，同时也要关注应用层安全。本书把平台层安全与应用层安全结合，在云原生安全这一理念下做了融合，形成了一个面向应用的综合性云原生安全建设思路。对这一思路的落地实施，书中也给出了较为完整的实例。

此外，从应用的生命周期来看，应用并不是静态的，而是有生命周期流程的。在流程中就会涉及代码开发、安全测试、上线升级以及运行态的安全管理。将安全管理融入云原生应用的自动化开发流程中，在流程中对应用做动态的安全保障也是非常有必要的，是云原生安全体系中必不可少的重要环节。在本书中针对这一部分的技术应用也有详尽的讲解。

我们认为，云原生技术势必在云生态的各个领域延伸，不只是在业务应用领域，在底层资源层采用云原生也是趋势，比如电子云的大部分产品就是基于云原生技术，其中包括云存储和超融合等底层资源产品也都基于云原生技术来实现，通过这套架构，能够为用户提供声明式的资源供给服务。

云原生技术给数字化转型带来了深刻变革。另外，云原生本身也代表了开放、互助和共享的技术理念。相信本书能促进信息技术产业的发展。

中国电子云执行总裁

马　劲

前 言

正如集装箱的出现加速了贸易全球化进程，以容器为代表的云原生技术作为云计算服务的新界面，在加速云计算普及的同时，也在推动整个商业世界的飞速演进。上云成为企业持续发展的必然选择，全面使用云原生和云服务技术构建软件服务的时代已经到来。

作为云时代释放技术红利的新方式，云原生技术在通过方法论、工具集和最佳实践重塑整个软件技术栈和软件生命周期，对云计算服务方式与互联网架构进行整体升级，深刻改变着整个商业世界的 IT 根基。通过树立技术标准与构建开发者生态，云原生技术将云计算实施逐渐标准化，大幅降低了开发者对于云平台的学习成本与接入成本。这都让开发者更加聚焦于业务本身并借助云原生技术与产品实现更多业务创新，有效提升企业增长效率，让企业爆发出前所未有的生产力与创造力。

本书具体内容如下。

第 1 章的重点是厘清云原生的概念。通过将容器作为应用发布的统一形态，并把微服务架构作为应用开发的统一架构，再将应用运行在基于声明式和容器编排技术的统一平台里。最后再辅以基于自动化文化和协作文化的 DevOps 统一开发流程，云原生实现了应用基础平台、软件开发架构、软件开发流程的标准化和统一化。在统一化的基础上，基于云原生技术开发的应用得以充分利用多云和混合云的优势。

第 2 章主要讲解云原生安全的整体建设思路。随着企业上云进程的不断加快，传统的安全防护体系遭遇瓶颈。面向应用的云原生安全管理涵盖了应用平台、应用架构、应用流程、应用安全管理和应用生态安全，是一整套综合性应用安全管理理念。让安全管控核心从之前的以网络为中心过渡到以业务为中心，为企业建设新一代安全体系提供了指引。

第 3 章重点讲述云原生平台层安全方案。应用平台层安全涉及底层操作系统的安全防护、容器运行态及容器编排系统的安全防护。

第 4 章从应用架构入手，分析典型的云原生应用架构特点，根据架构特点，有针对性地从应用架构层上进行安全性加固。

第 5 章着重分析云原生应用安全管理方面的内容，对应用的审计、应用配置的管理、应用运行数据的审计是云原生应用安全防护中必不可少的内容，也是很容易被忽视的内容。另外，通过配置应用运行日志存档、从日志存档中发掘高级威胁是从管理层面增强应用安全性的有效手段。

第 6 章主要讲解在 DevOps 基础上扩充自动化安全防护能力，实现开发、安全、运维一体化流程。自动化安全包括了自动化代码扫描、自动化安全测试、自动化漏洞检测、自动化应用分析等多个环节，将这些环节嵌入到 CI/CD 流程中的对应阶段，实现持续安全。

第 7 章重点讲述云原生应用融入生态过程中需要考虑的安全问题。云原生应用天然支持应用向生态开放，也鼓励和支持利用来自应用生态的接口能力和数据能力。在将云原生应用向生态开放的过程中，如何避免由于生态开放导致的安全风险，如何对开放的业务能力做审计分析，是本章着重探讨的话题。

第 8 章选取针对应用平台、应用架构、应用管理、应用流程和应用生态这五个领域中的优秀开源产品和方案进行分类说明，以期在云原生安全方案的落地实施过程中，能够充分利用开源社区提供的云原生安全能力。

第 9 章选取了云原生应用中三个最具代表性的行业。金融行业代表了数字化转型先锋和技术优势行业，交通行业代表了云原生技术使用较为深入的行业，而制造行业代表了云原生技术进入尚浅、未来要进一步深化的行业。从这三个行业的实际应用场景入手，分析不同场景下云原生的安全特点和防护重点。

本书以面向应用的云原生安全建设为主线，将云原生应用分成应用平台、应用架构、应用管理、应用流程以及应用生态这五个维度，对这五个维度从云原生安全的角度进行剖析。本书力求避免概念和技术的生硬堆砌，而是采用循序渐进、前后铺垫的方式，利用大量的总结性图表，让复杂的云原生技术体系变得易懂、易实践。同时，本书还包含一个云原生应用安全实践的案例。这个案例贯通了云原生安全平台搭建、云原生安全应用构建和部署、云原生安全管理、云原生 DevSecOps 流程和应用生态开放的各个环节。通过案例的实际操作，可以更深入地理解云原生安全的理念和落地实践过程。这一系列案例对环境资源的要求很低，读者完全可以自行搭建云原生安全实操环境。另外，书中相关案例的源码、脚本和配置文件都可以从书中对应的网站目录上下载。

本书面向的读者主要是对云原生技术有兴趣的开发和运维人员，以及云计算和分布式系统的相关技术人员。也可以作为政企信息部门技术和管理人员进行相应业务系统云化改造方案设计的参考资料。

由于本人能力有限，错漏之处在所难免，恳请读者批评指正。

作 者

目　录

出版说明
推荐序
前　言

第1章　什么是云原生
1.1　云原生平台、架构及开发流程　/　001
1.1.1　云原生之统一基础平台　/　001
1.1.2　云原生之统一软件架构　/　003
1.1.3　云原生之统一开发流程　/　004
1.2　云原生与混合云　/　005
1.2.1　混合云的概念　/　005
1.2.2　混合云应用架构设计　/　006
1.2.3　云原生与混合云的关系　/　008
1.3　CNCF与云原生平台　/　008
1.3.1　CNCF社区　/　008
1.3.2　云服务商与云原生　/　010
1.3.3　利用开源技术搭建云原生平台　/　011

第2章　云原生安全演进
2.1　传统安全解决方案　/　013
2.1.1　以网络边界设备为核心的安全控制　/　013
2.1.2　云安全服务　/　017
2.1.3　终端安全　/　018

2.2　云原生时代的安全变化趋势　/　020
2.3　云原生安全的整体建设思路　/　023
2.3.1　围绕应用的云原生转型建设　/　023
2.3.2　以加快业务进化速度为首要目标　/　025
2.3.3　以应用为中心的云原生安全　/　026
2.4　云原生安全技术发展趋势展望　/　028

第3章　应用平台安全
3.1　私有云原生平台架构　/　032
3.1.1　私有云原生平台的技术标准　/　032
3.1.2　平台架构　/　035
3.2　公有云原生平台架构　/　038
3.3　容器层安全　/　041
3.3.1　容器镜像安全　/　042
3.3.2　容器运行态安全　/　049
3.3.3　安全容器 Kata　/　055
3.4　Kubernetes 安全　/　056
3.4.1　Kubernetes 中的关键组件　/　056
3.4.2　Kubernetes 的威胁来源和攻击模型　/　058
3.4.3　Kubernetes 组件安全加固　/　063
3.4.4　Pod 安全　/　067
3.4.5　认证和鉴权　/　072
3.5　基础 Linux 安全　/　078
3.5.1　账户安全加固　/　079
3.5.2　文件权限加固　/　081
3.5.3　强制访问控制　/　084
3.5.4　iptables 与 Linux 防火墙　/　087
3.6　创建安全的云原生应用运行环境　/　090
3.6.1　创建应用运行集群并对系统进行加固　/　090
3.6.2　Kubernetes 关键组件安全加固　/　094
3.6.3　配置容器集群安全认证　/　096

第 4 章　应用架构安全

4.1　云原生典型应用架构　/　100

4.2　应用使用的云服务组件　/　103

4.3　微服务与 Web 层架构安全　/　105

4.3.1　防护跨站脚本攻击　/　106

4.3.2　跨站请求伪造防护　/　110

4.3.3　防范 XML 外部实体攻击　/　112

4.3.4　SQL 注入攻击防护　/　114

4.4　应用中间件安全　/　115

4.4.1　Redis 缓存安全　/　115

4.4.2　消息中间件安全　/　120

4.5　微服务与应用通信　/　123

4.5.1　TLS 与 HTTPS 通信加密　/　124

4.5.2　微服务限流与应用防攻击　/　126

4.5.3　微服务间的访问控制　/　127

4.6　Service Mesh 与应用服务安全　/　128

4.6.1　云原生服务网络技术实现框架对比　/　130

4.6.2　Istio 服务网络技术架构　/　137

4.6.3　使用 Istio 的内置安全认证能力　/　141

4.6.4　使用 Istio 的流量安全管理功能　/　144

4.6.5　利用 Istio 的鉴权和监测功能　/　148

4.7　在云环境中构建安全的应用框架　/　150

4.7.1　创建一个简单的云原生应用　/　151

4.7.2　为服务间通信配置访问控制　/　152

4.7.3　利用 Service Mesh 框架进行精细流量管控及监测　/　154

4.7.4　为应用配置认证和加密　/　156

第 5 章　云原生应用安全管理

5.1　应用安全审计　/　159

5.1.1　业务操作日志记录　/　160

5.1.2　从系统及应用中收集日志　/　161

5.1.3　日志存档　/　162

5.1.4 日志分析及入侵检测 / 163

5.2 应用配置和密钥安全 / 165

5.2.1 应用配置中心安全防护 / 165

5.2.2 应用密钥安全 / 166

5.3 数据安全 / 169

5.3.1 数据安全的三个要素 / 169

5.3.2 云生态中数据安全的整体架构 / 170

5.3.3 应用数据加密技术 / 171

5.3.4 数据脱敏技术 / 172

5.4 在管理层面加固应用的安全 / 174

5.4.1 配置应用运行日志存档 / 174

5.4.2 扩充日志动态分析 / 177

5.4.3 操作日志记录、归档和访问控制 / 180

第6章 应用流程安全

6.1 DevOps 流程 / 182

6.2 DevSecOps：开发、安全、运维一体化 / 185

6.2.1 从 DevOps 到 DevSecOps / 185

6.2.2 云原生自动化流水线的使用 / 186

6.2.3 自动化的安全流程 / 188

6.2.4 测试驱动安全 / 191

6.3 基于 GitLab 搭建一个自己的 DevSecOps 流水线 / 192

6.3.1 搭建 GitLab 并为工程创建流水线 / 193

6.3.2 GitLab 与应用安全测试工具集成 / 195

6.3.3 GitLab 与代码扫描工具集成 / 198

第7章 应用集成和生态安全

7.1 利用云服务网关进行应用集成 / 203

7.1.1 基于云服务网关进行接口发布和订阅 / 203

7.1.2 利用云服务网关实现接口格式转换 / 205

7.2 接口授权和认证 / 206

7.2.1 ID 和密钥管理 / 206

7.2.2 开放认证 / 207

7.3 接口访问安全策略和调用监测 / 209
7.3.1 访问策略 / 210
7.3.2 流控策略 / 211
7.3.3 应用访问监控及日志分析 / 211
7.4 服务能力对外开放 / 213
7.4.1 使用云服务总线进行服务发布 / 213
7.4.2 App 授权 / 216

第8章 云原生开源安全工具和方案
8.1 应用平台层的开源安全工具 / 218
8.1.1 Kubernetes 安全监测工具 kube-bench / 218
8.1.2 Kubernetes 安全策略配置工具 kube-psp-advisor / 220
8.1.3 Kubernetes 渗透测试工具 kube-hunter / 221
8.1.4 系统平台信息扫描和检索工具 Osquery / 221
8.2 应用架构层的安全工具 / 223
8.2.1 静态应用程序安全测试工具 / 224
8.2.2 动态应用程序安全测试工具 / 225
8.2.3 交互式应用程序安全测试工具 / 226
8.3 应用管理相关的安全工具和手段 / 228
8.3.1 日志收集机制和日志处理流程规范 / 229
8.3.2 开源日志收集、存储和处理平台 ElasticSearch / 231
8.3.3 数据脱敏技术 ShardingSphere / 232
8.4 应用流程相关的安全工具及规范 / 234
8.4.1 Jenkins / 234
8.4.2 云原生持续交付模型 GitOps 及 GitOps 安全 / 235
8.4.3 渗透测试和漏洞扫描工具 ZAP / 238
8.4.4 软件包扫描工具 / 240
8.4.5 应用交付流程安全规范 / 242
8.5 与应用集成相关的开源安全工具 / 245
8.5.1 Kong 认证插件 / 246
8.5.2 Kong 安全插件 / 247

第 9 章 典型安全场景和实践

9.1 金融行业的云原生实践 / 249

9.1.1 金融行业业务创新速度加快以及对云原生技术应用的诉求 / 249

9.1.2 持续安全和测试驱动安全的应用 / 251

9.1.3 DevSecOps 和持续安全在金融业落地过程中遇到的文化挑战 / 252

9.1.4 解决与客户及合作伙伴之间的数据交互安全 / 253

9.2 交通行业的云原生安全实践 / 255

9.2.1 智慧交通行业依赖于新基建基础设施 / 256

9.2.2 交通子行业对云原生安全有不同的需求 / 257

9.2.3 综合性边缘集群的安全管控策略 / 259

9.3 制造行业的云原生安全实践 / 260

9.3.1 云安全、数据安全及安全运营是工业互联网安全的重点 / 260

9.3.2 轻量化边缘集群同样需要足够的安全管控机制 / 262

9.3.3 通过安全交付流水线增强业务交付速度及持续增进业务安全 / 263

9.3.4 工业应用生态创新过程中需关注数据安全及生态共享所带来的安全风险 / 265

参考文献

第 1 章 什么是云原生

云原生的概念兴起于 2015 年，当年云原生计算基金会（CNCF）成立。经过多年的发展，从星星之火成为燎原之势。在现今，脱离云原生几乎不能称之为云；不贴近云原生技术，几乎等于没有贴近未来。

本书的主旨是讲解云原生安全，在讲安全之前，简单梳理一下云原生。那么云原生是什么？是一次概念包装，还是真的有干货能带来不少改变？

云原生的价值和意义在于通过建立标准化来提升业务的进化速度。那么云原生建立了什么标准，为何标准化能够提升业务进化速度？这两个问题就是本章的主题。

1.1 云原生平台、架构及开发流程

云原生整体概念思路不外乎“统一”二字。这里的“统一”包含三部分内容，分别是统一基础平台、统一软件架构、统一开发流程。

基于统一的基础平台、软件架构以及开发流程，数字化转型和云化转型能够把重心放在业务应用上。从而使得数字化转型的目标重新回归到业务应用本身，最终通过云原生来提升业务应用的迭代速度，促进业务创新。

1.1.1 云原生之统一基础平台

容器是云原生的标准软件发布格式。在很多技术资料和书籍上，往往会与虚拟化技术做对比，它们的对比如下。

- KVM 等虚拟化技术是在操作系统级别上进行虚拟和隔离，每一个虚拟机都是独立的操作系统。
- 容器是在同一个操作系统中实现了轻量级的虚拟化。容器本质上是同一个操作系统中的进程隔离，所以它是轻量级的；容器比虚拟机更省资源，资源利用率更高。

容器技术的设计理念很好、作用也很大。容器技术的好处远不止轻量级的虚拟化；还体

现在：它实现了同一个软件可在不同的平台上运行。

这个好处是不是很熟悉？这其实就是 Java 最初流行起来的原因。

二十多年前，一个应用程序只能在一个平台上运行。在 Windows 平台上运行的，就不能在 Linux 平台上运行，除非把代码放在不同的平台上进行重新编译。JVM 通过在不同的操作系统上仿真出相同的计算机功能，从而实现了同一个 Java 程序包可以在不同的平台上正常地运行。Python 语言为了实现这一点，开发出了 VirtualEnv，把依赖包都随着程序发布，才解决了多平台运行的问题。

在全面云化的时代，如果一个应用程序在不同的平台或操作系统版本中运行都需要重新编译打包甚至调试，那么这种极度影响效率的情况是不能容忍的。把一个软件打包成一个容器镜像，这个容器镜像在任何环境下都可以运行，所带来的好处是巨大的。这就是说，容器镜像统一了软件包的基础格式，是一个事实标准。

容器镜像运行起来是一个一个的程序，如何实现多个程序合成一个大的分布式应用呢？答案很简单，程序之间互相调用就行。就像传统的分布式应用，多配置几台服务器，一台服务器装一个程序，程序之间通过 socket 或其他协议通信。基于 Docker 的分布式应用也是如此，区别只是网络虚拟化了，CPU 和内存资源也虚拟化了。

但是永远不要低估分布式应用的复杂性。假设搭建了一套分布式集群，运行了一套分布式应用，但出现了以下两个问题：

- 这个集群中的某个机器出故障了（如断电了、硬盘坏了等），怎么去排查故障，怎么去修复？
- 这个集群中某一部分业务由于访问量增加，需要扩充支撑能力，怎么扩充？

针对这两个问题，答案也很简单。那就是派人过去检查机器，修复或者重装；负载过大了，就改应用的架构，上面套上负载均衡性，采用可扩展的架构。这些都是传统的办法，这些解决办法的缺点也很明显，就是修复太慢、太费人力、成本高、对业务影响大。就如一个网站，等扩展架构都做好了，用户也就都流失了。

Kubernetes 是容器编排系统，它首要的目的就是为了解决上面这个例子里的两个问题：

- 分布式容器应用的可靠性。在服务器或容器应用出现问题的情况下，自动感知，自动将容器应用在集群内的其他机器里重新运行起来。
- 分布式容器应用的可扩展性。通过启动相同的容器应用，自动提升应用的负载支撑能力。

结合 Kubernetes 集群提供的能力，基于容器部署的应用得到了集群化部署能力，可靠性以及可扩展性能力提升。此外 Kubernetes 集群通过多种底层技术支持了从小规模 3 台集群部署，到大规模数千台直至上万台的集群部署规模。这些底层技术包括：分布式一致性高可靠性 etcd 存储技术、控制节点和工作节点分离技术，以及标准化的网络接口和存储接口等。

总之，基于容器和 Kubernetes 技术构成了云原生架构下统一的基础平台。这个平台支撑了标准的软件包发布格式和标准的软件包运行环境。

1.1.2 云原生之统一软件架构

在云原生架构体系中，软件架构都是采用微服务架构。微服务架构的概念是：

微服务是可以独立部署的、小的、自治的业务组件，业务组件彼此之间通过消息进行交互。微服务的组件可以按需独立伸缩，具备容错和故障恢复能力。

由于微服务架构有下面这几个优势，已经成为云计算时代应用的标准应用架构。

- 支持快速上线。由于业务组件的自治性和独立性，新的功能和应用能够迅速地发布上线，而不用担心对系统其他功能带来大范围的影响。可以通过服务组件重用重组，快速地形成和发布新的应用。
- 支持独立扩容和恢复。有针对性地对应用中的某些服务进行扩容，解决性能的瓶颈。可以独立替换或恢复微服务中的某个组件。

快速上线意味着速度和效率；独立扩容和恢复意味着系统的安全、稳定和可扩展。采用微服务架构体系的应用在开发效率、稳定性、可扩展性上具备了很强的优势，使其成为云化应用的标准架构。

微服务架构中的核心功能组件包括网关、微服务治理、服务注册、配置管理、限流和熔断、负载均衡、自动扩容、自动故障隔离、自动业务恢复、监控和日志组件等。

微服务架构本质上与容器及 Kubernetes 技术无关。Java 体系中的 Spring Cloud 就提供了诸如网关 Zuul 组件、Ribbon 负载均衡组件、Eureka 服务注册组件、LCM 扩容组件、Hystrix 业务恢复组件。利用 Spring Cloud 的能力可以实现一套完善的微服务架构。Spring Cloud 被大量的 Java 开发人员所拥护，这是它的优势，但是 Spring Cloud 的劣势也很突出，那就是限制编程语言和编程技术。

微服务架构设计的关键原则见表 1-1。

表 1-1 微服务架构设计关键原则

类 型	关 键 点	说 明
服务粒度划分	松耦合	能够独立修改和部署单个服务，而不需要修改系统中的其他服务
	高内聚	如果要改变某个业务行为，只需要在一个服务中修改，然后迅速发布
接口设计	技术无关性	无论服务本身基于什么技术实现，对外提供的 API 都是统一的
	API 兼容性	新版本的微服务兼容老版本的接口
	接口协议	通常情况下，大部分微服务都使用 REST 协议对外提供接口，针对性能比较敏感的应用使用 grpc，不要用 rpc

（续）

类　型	关键点	说　明
数据库设计	独立建库	单个服务使用自己的数据库
	数据访问	暴露数据访问的接口，而不暴露数据
	数据修改	单个数据库的数据只允许被唯一的服务修改
服务间通信	同步	大多数情况下服务之间都使用同步通信，简单可靠
	异步	针对处理时间较长的业务请求使用异步接口
	事件驱动	不是发起请求，而是发布一个事件；订阅了某个事件的服务处理这个请求

由于云原生的核心目的是提升业务应用的迭代速度、促进业务创新，使用微服务架构能够实现服务间的解耦，使得单个服务能够独立地升级和扩展。在云原生环境下，微服务架构是统一的、标准的软件架构。

1.1.3　云原生之统一开发流程

DevOps 是 Development（开发）和 Operations（运维）的组合，应重视软件开发人员和运维人员的沟通与合作，通过自动化流程来使得软件构建、测试、发布更加迅速和可靠。

DevOps 与前述的云原生、微服务、容器等技术应用没有直接的关系。可以说，没有微服务和容器等技术，一样可以朝着自动化的构建、测试和发布流程上行进。但是，长久以来，DevOps 只是在流程指导上给出了方向，至于落地的方法论和工具链，并没有很成功。只有在 CI/CD 流程的个别环节上独立发展出一些比较成功的产品，例如 Jenkins 及一些自动化测试工具。究其原因，还是在软件应用基础架构上，没有完善的技术支撑和技术体系，软件的运行环境、软件的部署和维护流程、软件的形态和架构千差万别。DevOps 落地需要大量定制化，由此导致对应工具链的落地难度很大。

基于容器和 Kubernetes 的平台提供了云原生应用的标准发布和运行环境；基于容器的微服务架构定义了云原生应用的标准架构。通过这些技术，对软件应用在架构、支撑服务和支持组件、基准平台上都进行了标准化；同时解决了升级，扩容，稳定性，私有云、公有云、混合云统一基础架构等问题。

微服务架构的重要目标就是快速发布。这就在敏捷文化、自动化工具链上对流程提出了高要求。

云原生强调自动化以能够提升开发效率和运维效率。在这个基础上，利用 DevOps 的自动化、协作、敏捷特性，在软件的开发、测试、部署、运维流程上，提升了开发效率、降低了沟通成本、提升了部署和上线速度。DevOps 是云原生应用在开发、测试和发布流程中的必要手段，并且成了云原生应用的标准开发流程。

1.2　云原生与混合云

私有云和公有云究竟谁代表了未来云计算的主要形态？关于这个问题的争论由来已久。最早，国外流行的说法是“未来的云都是公有云”。而在国内，大型政企又投入大量人力和物力搭建私有云，私有云的发展也如火如荼。

从 2019 年开始，云计算未来的主流形态就基本清晰了。如果未来只有一种云，那么它就是混合云。同时，也是在 2019 年，国内外各大主流云服务商都推出各自的混合云产品和解决方案。

混合云是什么？业务应用在混合云中是什么样的？云原生在混合云生态中扮演什么角色？本章将从云原生与混合云的关联入手，讲解这几个问题。

1.2.1　混合云的概念

混合云顾名思义就是混合起来的云，这里被混合起来的实体是私有云和公有云。

在国内云计算最初的发展阶段中，大量的集团企业以及政府部门需要推进自己的信息化建设步伐，构建自己的私有云数据中心。采取的方式是采购大量的服务器、安全虚拟化软件和私有云管理平台，通过私有云管理平台来配置和管理自己的云。

另外，以金融类为代表的行业用户和政府用户对数据和业务安全保障极为重视，将业务和数据放在自己的数据中心成了唯一的选择。对于一些超大型的、具有行业影响力的集团企业，也在逐步通过云计算构建具备行业属性的、跨企业的大型私有云，使之成为行业云。时至今日，私有云仍然是政府、金融等行业的必需选择。

随着移动互联网的全面普及，一大批互联网创业公司诞生，比如直播、游戏等公司。它们作为初创互联网企业，为了节约成本和提升效率，不再自己购买服务器搭建私有云，而是购买公有云的服务，按照使用量进行付费。此外，还有众多中等规模以下的企业，面对市场的竞争需要通过信息化建设手段提升竞争力，采用公有云提供的随时取用的服务成了它们的优先选择。这些业务场景促进了公有云的迅速发展，成就了国内一线大型公有云服务商。

现今的 IT 技术不断发展，AI、5G、IoT 技术的成熟，进一步刺激了公有云的需求。同时也催生了基于公有云的创新应用服务，越来越多的政企也在尝试接入公有云获得这些能力。比如政府机关，针对老百姓提供的各种办事业务都在互联网上进行。另外通过互联网提供的技术能力，也可以进行很多的业务创新，比如消费券发放业务等。同时，金融类客户将涉及货币交易和客户数据放在自己的私有云，而把创新应用放在公有云。

于是，这些已经拥有了私有云的政企（政府相关部门及企业）开始考虑业务上公有云。从而降低成本、增加存储和可扩展性、提高可用性和访问能力、提高敏捷性和可开发和使用新技术能力、实现边端云统一管理等，需要使用混合云解决方案。

根据 RightScale 2019 年云状态报告显示，混合云已经成为全球企业用云的主要形式，有 84%的受访企业采用了多云部署策略。其中，使用混合云的企业比例继续提高，由 2018 年的 51%增长到 2019 年的 58%。科技市场研究机构 IDC 也预测，基于混合云和多云部署的方式会成为未来云计算的主要使用方式。

1.2.2 混合云应用架构设计

部署在混合云上的应用，常见的使用场景有以下几种。

1）将内部核心业务放在私有云环境中，将面向公众的、互联网性质的业务部署在公有云上。

这种场景下，分为两个业务区，一个是公共服务区，另一个是核心业务区。这两个业务区分别部署在公有云和私有云上。内部通过 VPN 通道建立连接，通常是公共区访问核心区的接口和数据，如图 1-1 所示。

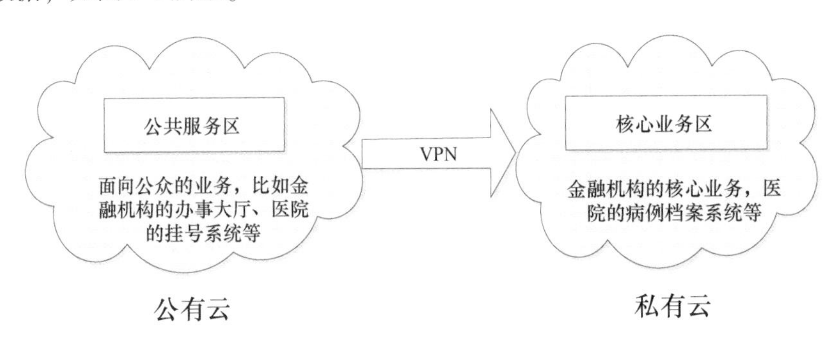

● 图 1-1　公共服务区与核心业务区

2）把基础的、需长时间稳定运行的业务放在私有云环境中；把创新的、短暂的、需动态扩展的业务放在公有云上。

这种场景下，将常规运行的业务放在自己的私有云中。为了避免突然的流量峰值，依赖公有云上的资源进行弹性扩容，以应对突发的业务访问量。同时，也避免了在私有云中需提前准备大量服务器而带来的资源闲置问题。

另外，针对创新性、试验性、测试性的业务运行在公有云中，利用公有云的即取即用、按需付费来降低成本，具体如图 1-2 所示。

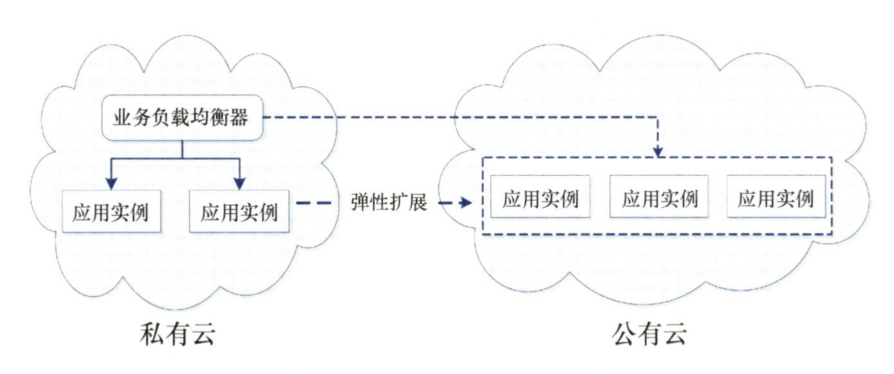

图 1-2　从私有云向公有云上动态扩容

3）针对数据类业务应用，将数据存储在本地环境即私有云上，而将数据访问类和面向公众的业务放在公有云上。

这个场景下，数据的存储以及访问应用都部署和运行在私有云中。对外提供的数据服务由部署在公有云中的实例来承接。这样的好处有两个，一个是数据放在私密环境中，容易进行管控；另一个是，对外的大量业务需要占用较多的底层资源，适合运行在公有云中。需要注意的一点是，私有云中的数据访问能力并不是由数据库直接提供，而是通过上层封装的数据访问接口来提供的。在数据访问接口这一层上，进行数据访问的鉴权、数据的加密与脱敏等操作。具体如图 1-3 所示。

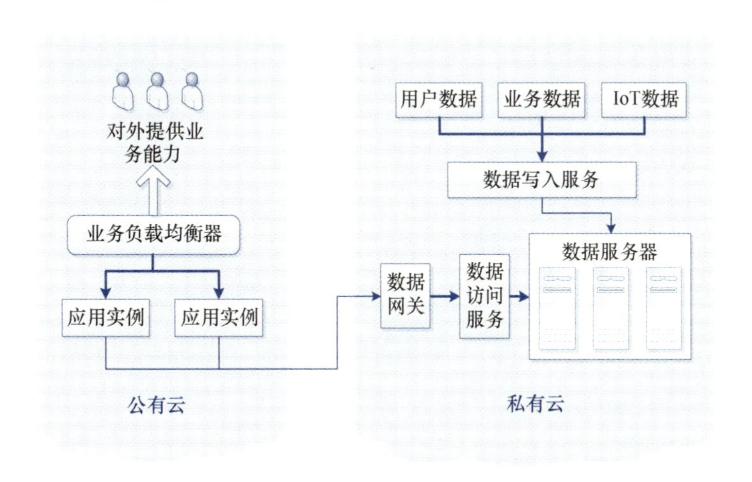

图 1-3　私有云进行数据存储，公有云进行数据访问

4）针对 AI 类型的应用，在线下（私有云）进行推理运算，在线上（公有云）进行算法运算。针对传统业务应用，在线上（公有云）进行开发测试，在线下（私有云）进行生产部署。

1.2.3 云原生与混合云的关系

在常见的混合云应用场景下，大部分场景需要私有云和公有云是同构的，即底层架构是相同的。比如，在公有云上开发的应用，放在私有云上运行；再比如，在私有云上的应用弹性扩容到公有云上。如果底层架构是不同的，往往迁移起来就需要重新适配改造、重新测试。在注重效率和革新的云化生态中，这种不利因素所带来的影响是很大的。

由于云原生统一了软件平台、软件架构以及软件开发流程，基本上针对应用的各个层面都做了标准化。这个标准化是超越了私有云和公有云的界限的。

基于云原生技术开发的应用，能够在业界各个平台畅行无阻。部署在私有云、公有云里的都是一样的技术体系和架构，也就意味着将私有云中开发的应用部署在公有云上是很容易的，同时也很容易把私有云中的应用扩展运行到公有云上。另外，从公有云迁移到私有云也是很方便的，对业务应用基本不用做什么改动。

1.3 CNCF 与云原生平台

CNCF（Cloud-Native Compute Foundation，云原生计算基金会）由 Google 等大公司牵头于 2015 年正式成立，目前有 100 多家企业成员，其目的是在容器、微服务及 DevOps 领域里，通过一系列的规范和标准帮助企业和组织，在现代的云化环境中构建架构一致的应用。

CNCF 的 Landscape 定义了关于 Provisioning、Runtime、容器编排、PaaS 平台、微服务治理等多个容器和微服务相关子领域的开源组件和技术标准。

1.3.1 CNCF 社区

CNCF Landscape 定义了各领域中优秀的云原生组件。Landscape 的发展速度很快，近几年不断地纳入新的应用和组件，外表纷繁复杂。CNCF 中定义的逻辑是很清晰的，关键的组件也很有限。在图 1-4 中，1~9 是 CNCF Landscape 中的关键部分。

1）第一部分是内存数据库和关系数据库部分。核心和常用的组件有：关系型数据库 MySQL 和 PostgreSQL、内存数据库 Redis、分布式事务组件 Seata、文件存储数据库 MongoDB。这是第一部分的几个核心组件，其他组件并不是没有用，只是这几个组件占据了云原生社区，特别是国内云原生社区的大部分关注。再就是云原生主推的数据库 Vitness 发展速度也很快，它是基于 MySQL 的主从复制数据库。

2）第二部分的重点是 Spark、Flink 这两个流式数据分析技术，以及 Kafka 和 RabbitMQ

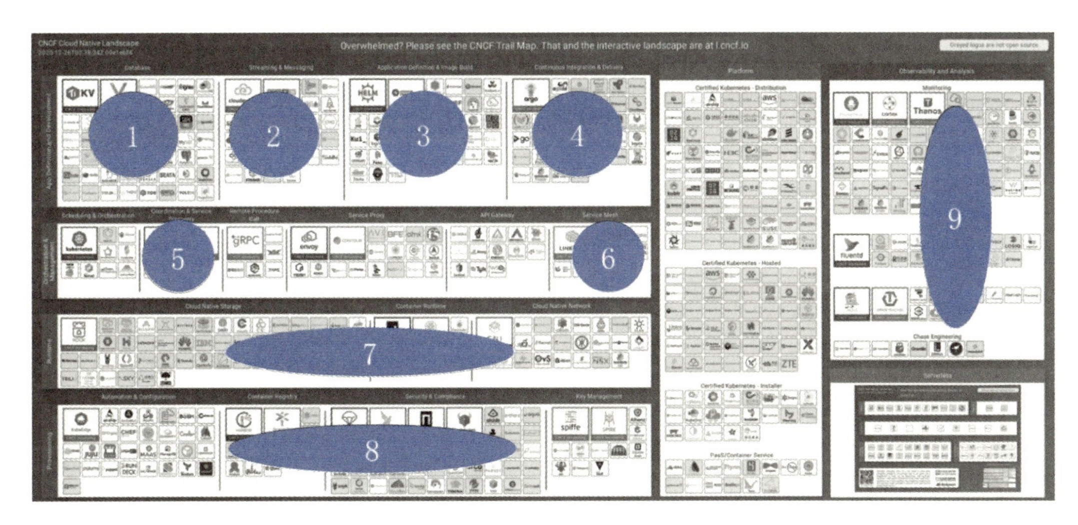

● 图 1-4　CNCF 全景图

这两个消息中间件。

3）第三部分的重点是 Helm。这是一个将批量的 Kubernetes pod 资源声明文件合并成一个整体，形成一个包括多个应用组件的完整应用定义包，并支持部署运行的一套组件。

4）第四部分的重点是 GitLab。这是一个开源的代码仓库实现，并支持流水线。另外 Jenkins 是传统主流的流水线调度引擎。

5）第五部分的重点是 Kubernetes。

6）第六部分的重点是 Istio。Istio 是主流的 Service Mesh 框架。

7）第七部分是容器领域的三大标准，分别是计算部分的 CRI 标准，存储部分的 CSI 标准，网络部分的 CNI 标准。CRI 标准的权威实现是 Containerd，在 2020 年年底，Kubernetes 原生不支持 Docker 容器引擎，原因是 Docker 底层不是 CRI 标准（但是 Docker 有 dockersim，通过 dockersim 实现了 CRI-O 标准的接口转换）。CSI 标准的主流实现是 Ceph，这是最为主流的分布式存储技术。CNI 作为网络标准，有多个主流的网络实现，包括 Calico、OVS、Flannel 等。

8）第八部分是边缘云、部署服务、容器安全和密钥管理相关的云原生组件。这里面最为常用的是 Harbor，是一个分布式镜像仓库组件。

9）第九部分是监控和日志部分，最为主流的监控组件就是 Prometheus，日志组件最为主流的是 ELK 日志套件。

上面简单介绍了一下 CNCF 社区的全局概貌。云原生社区集合了几乎所有主流云服务供应商和所有跟云相关的技术，同时涉及了很多的商业竞争，把云原生社区完整地了解透彻需要大量的学习和研究，需要投入大量的时间和精力。不过好在云原生有它主流的一些技术体系和技术组件，把握了主流的这部分内容，相当于 80%的云原生内容都已经掌握了。

为了能够充分地理解和掌握云原生下的安全体系，在后面的章节中，会有一些案例和实际操作。本章的介绍比较简短，不可能让大家通过这么一点信息建立起对云原生技术的支撑，但是读者可以通过一定的学习迅速掌握前述9点当中的重要组件，从而能够在云原生技术大浪中畅游而不会感到不适。这些基础的组件和技术包括 Kubernetes、ELK、Helm、Redis、RabbitMQ、Jenkins、GitLab、Harbor、Ceph、MySQL，以及容器领域三大接口标准 CRI、CSI、CNI。

1.3.2 云服务商与云原生

随着云原生技术的推广普及，国内外主流云服务提供商都投入了大量的精力在云原生的推广上。在云服务提供商的服务目录里，普遍都有较为完善的云原生支持。

国内厂商比如阿里云、华为云等在容器相关产品、微服务产品，以及云原生中间件及数据库产品、DevOps 产品等方面都有对应的服务能力，详见表 1-2。

表 1-2 国内主流云服务商与云原生

技术类别	阿里云	华为云	腾讯云	说明
容器服务	ACK 容器服务	云容器实例CCI	容器服务	提供直接的容器镜像部署
容器集群	ASK Kubernetes 集群服务	云容器引擎CCE	弹性容器服务	Kubernetes 集群创建和管理服务
微服务	MSE 微服务引擎	应用管理平台 ServiceStage	微服务平台TSF	提供应用管理以及应用监控的能力
数据库	PolarDB	GaussDB	云数据库 MySQL	这里只列了基础的关系型数据库
中间件	RabbitMQ、Redis 等中间件	RabbitMQ、Redis 等中间件	消息队列 TDMQ 内存数据库 TencentDB for Redis	提供常用的缓存中间件和消息中间件
DevOps	云效	DevCloud	Coding DevOps	包括代码托管、项目管理、持续集成、持续交付
其他	服务网络 分布式事务 GTS 云服务总线 CSB 配置管理 ACM	应用编排服务 服务网络		

Google 在 2019 年发布的 Anthos 融合了 GKE、私有化 Kubernetes 服务、Kubernetes 集群纳管能力、容器应用部署能力和应用配置管理能力，是一个完整的云原生混合云平台。

从表面上看，在云原生技术领域，从基础容器技术到 Kubernetes 平台，到中间件直至 DevOps 工具链，基本上都是以国外的技术为主，鲜有由国内发起的原创技术。实际上，国内的云原生技术发展也有很多优秀的产品，除了一些表现抢眼的中间件和微服务框架之外，由阿里云联合微软提出的 OAM（Open Application Model）更是其中的翘楚。

OAM 将应用软件运行的基础设施、应用的配置和运维策略以及应用本身的定义综合起来，形成了一整套围绕应用的完整定义规范。这套定义规范支持异构平台、容器运行时、调度系统、云供应商、硬件配置等信息。基于这套规范定义的应用 Yaml 配置，能够自底向上从资源层到应用层直至应用运维策略，在云原生平台上把应用完整地建立起来。目前 OAM 也处在迅速的进步当中，未来会有更进一步的发展。

1.3.3 利用开源技术搭建云原生平台

云原生社区秉承开放原则，集合了大部分云计算行业的主流公司和大量的开源社区力量。在这些力量下，围绕容器和 Kubernetes 的技术体系迅速地迭代，利用开源技术搭建一套完整的云原生平台是可行的。

此外，云原生技术本身就代表着统一，使用开源技术搭建的私有化云原生平台以及在上面开发的云原生应用，理论上可以轻松地迁移到任何其他云原生平台上，而不需要做调整适配。

采用主流开源技术搭建云原生平台，并运行一个简单的云原生应用，其最终形态大体上如图 1-5 所示。

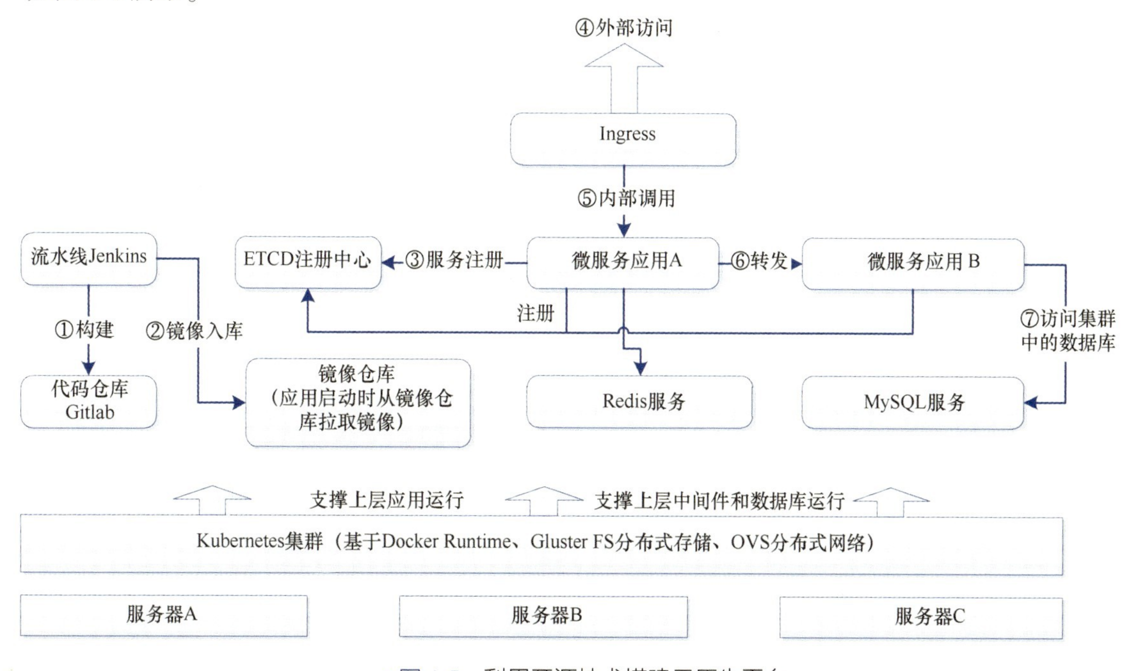

• 图 1-5　利用开源技术搭建云原生平台

搭建上面的云原生平台在硬件资源上需要三台服务器，这三台服务器至少需要 4 核 CPU、8GB 内存，并且通过千兆网卡连接。搭建步骤如下。

1）使用 Kubernetes 安全工具，按照 Kubernetes 集群推荐使用 Kubeadm（https://kubernetes.io/zh/docs/reference/setup-tools/kubeadm/）。

2）在部署好的 Kubernetes 集群中安装 Helm，通过 Helm 来安装后续的其他服务。

3）通过 Helm 来安装部署分布式存储 GlusterFS、Redis 服务、MySQL 服务、GitLab 或 Jenkins。

4）创建代码库，配置 Jenkins 流水线。

5）通过流水线将代码打包构建成容器镜像，并存放到镜像仓库中。

6）通过容器镜像来启动微服务。微服务使用 ETCD 作为注册中心，同样也使用 ETCD 作为配置中心。

7）Kubernetes 集群中运行的微服务对外通过集群 Ingress 提供服务，外部请求通过 Ingress 访问运行在集群中的微服务。

第 2 章　云原生安全演进

安全产业从整体来说是一个规模持续发展、技术持续演进的产业。从 2014 年年初开始，在成立中央网络安全和信息化领导小组的背景下，一系列法规政策陆续推出，提高了政企对网络信息安全的合规性要求，带动了政企在网络信息安全方面的投入。从 2015 年开始到 2019 年，安全行业的市场规模增速一直保持在 20%左右。另外，从 Gartner 的数据分析可以看出，网络信息安全的投入占整个 IT 总支出的比例也是逐年增大。

主流的网络安全产品以安全防火墙、Web 应用安全防护、入侵检测、入侵防护和安全审计产品为代表。随着数据分析技术的发展，利用大数据安全监测和分析技术，通过安全态势感知以及威胁情报平台，提前发现或感知网络安全问题，促使安全管控从以往的“被动防御”发展到“积极防护”阶段。

云计算的迅速发展使网络安全攻防主战场向云中转移，虚拟防火墙、云安全管理等产品发展同样迅速。

在本章中，通过梳理分析传统网络安全解决方案以及云原生对传统网络安全带来的挑战等课题，引出云原生时代以应用为中心的整体安全管控思路。

2.1　传统安全解决方案

传统安全解决方案中的“传统”二字并不代表过时或老套。相反，传统安全解决方案是整个信息安全框架的基石，没有传统安全解决方案，云安全以及云原生安全就没有根基。

传统安全解决方案包括围绕网络边界管控的安全设备、传统数据中心及云平台中的安全服务，以及面向终端的安全方案。

2.1.1　以网络边界设备为核心的安全控制

如果把网络通路比作一条条的道路，把网络通路上运送的比特流比作道路上的车辆和货物，那么整个网络安全边界就如同古代的城池。

- 城池有内城、外城。内城是城市的核心，外城是城市的附属地带。
- 有城墙和多道城门，城门口对出入的货物有检查和登记措施。
- 对进出的人员也有检查，看他们有没有带违禁物品、是不是登记在案的犯人。
- 对城中居民平时的活动也有限制，检查有没有私自联系外邦、与危险人物接触等。
- 针对一些特殊商品的交易，比如铁和马，设置专门的集市来集中管控。

上面所说的古代城池的结构，对应到了网络边界设备的功能和用途。

内外城的划分就如同将整个业务区划分为公共业务区和核心业务区。公共业务区承载了对外提供的服务，核心业务区是政企内部的业务网络。在业务区的网络出入口都设置防火墙，用来对进出的业务流量进行安全控制。两个业务区中间用网闸进行隔离控制，对进出的业务流量进行安全扫描和安全分析，同时记录日志。通过上网行为管理，对网络内部的用户行为进行安全管控。针对关键的服务器，比如对外提供服务的 Web 服务器，采用专门的 Web 应用防火墙 WAF 来进行安全防护。

下面针对这些常见的网络边界安全设备的工作及部署方式进行简要的说明。

1. 防火墙

防火墙是最基础和最常见的安全设备之一，它核心的功能是基于网络安全策略的访问控制。通过网络安全策略控制源 IP 地址、源端口、时间段、用户、网址、应用、目的 IP 地址、目的端口等属性，通过配置策略，允许或阻止满足这些属性的网络通道的连通性。防火墙安全策略原理如图 2-1 所示。

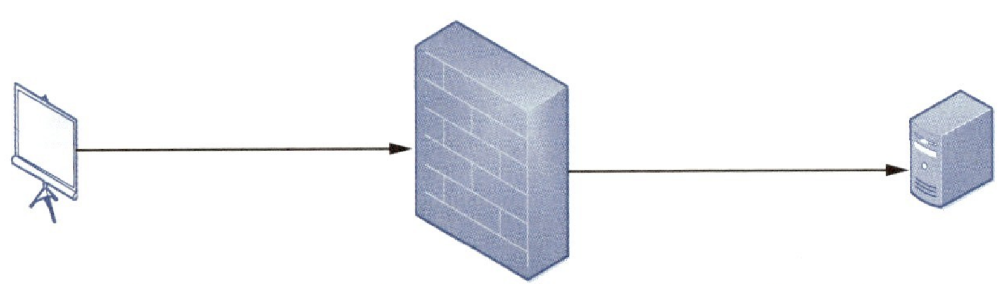
基于源IP地址、目的IP地址、源端口、目的端口、用户、时间段、网址、
MAC地址进行网络访问控制

● 图 2-1　防火墙安全策略原理

此外，NAT、VPN、日志审计等网络安全相关的功能通常也是防火墙必备的功能。

2. 入侵防御系统和入侵检测系统

入侵防御系统（Intrusion Prevention System，IPS）能够监视网络或网络设备的网络资料传输行为，通过即时的中断、调整或隔离一些不正常或是具有伤害性的网络资料传输行为来增强网络安全，提供了有效的、防火墙无法提供的应用层安全防护功能。IPS 的重点功能是阻拦已知攻击和为已知漏洞提供虚拟补丁，但是为了避免误报，IPS 几乎没有对未知攻击的防御能力。

入侵检测系统（Intrusion Detection System，IDS）是一种积极主动的安全防护技术，通过对网络传输进行即时监视，在发现可疑传输时发出警报或者采取主动反应措施的网络安全设备。

IPS 是一个在线设备，流量必须实时通过 IPS 设备，对时延要求高，不能影响实际业务。但 IDS 是个旁路设备，通过流量镜像获取数据进行分析，对网络和业务没有直接影响。

IPS 和 IDS 设备部署在防火墙后面，通常的部署方式如图 2-2 所示。

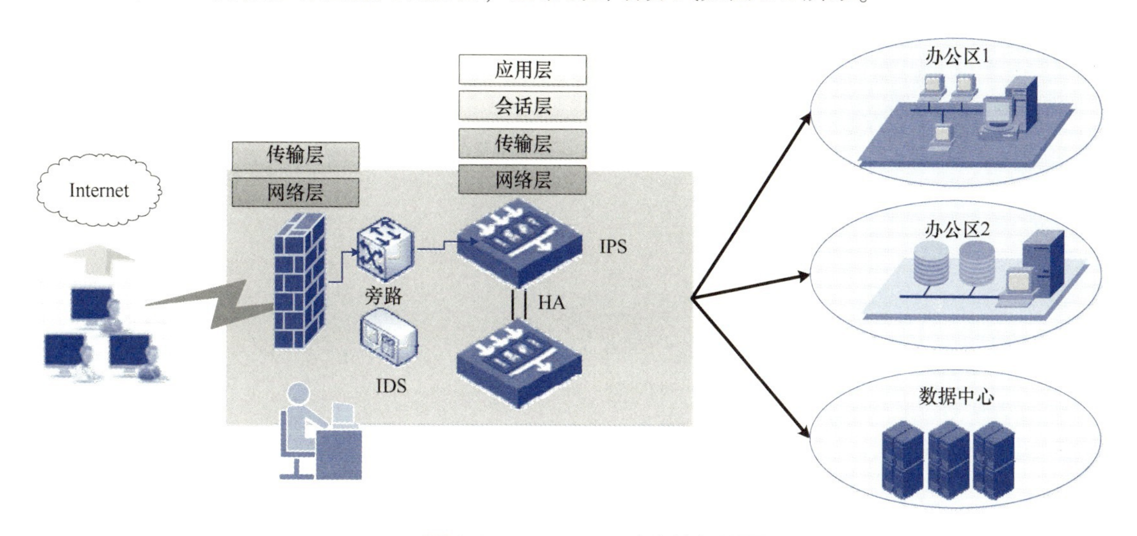

• 图 2-2 IPS/IDS 和防火墙部署图

在图 2-2 中，通过防火墙的业务请求流量再经过 IPS 做应用层安全防护。

3. 网闸

网闸在两个不同安全域之间，通过协议转换的手段，以信息摆渡的方式实现数据交换，且只有被系统明确要求传输的信息才可以通过，其信息流一般为通用应用服务。

隔离网闸的一个基本特征就是内网与外网永远不连接，内网和外网在同一时间最多只有一个同隔离设备建立数据连接（可以两个都不连接，但不能两个都连接），网闸工作原理如图 2-3 所示。

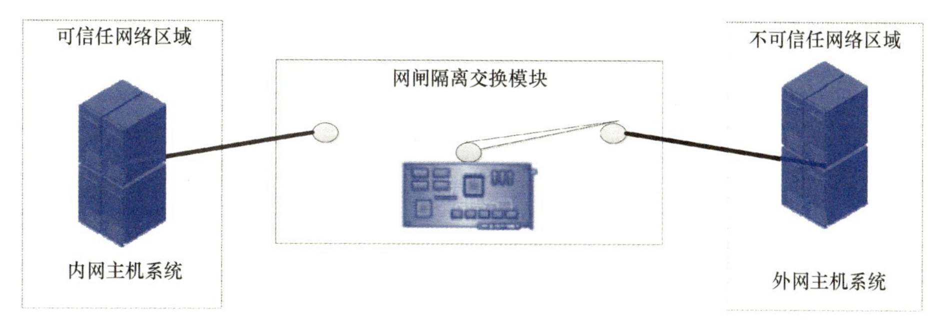

• 图 2-3 网闸工作原理（内外网同一时间最多只有一端建立数据连接）

4. 上网行为管理设备

上网行为管理设备一般部署在网络的出口，对内部网络连接到互联网的数据进行采集、分析和识别，实时记录内网用户的上网行为，过滤不良信息。并对相关的上网行为，以及发送和接收的信息内容进行过滤、控制、存储、分析和查询。

上网行为管理设备的功能主要有：应用访问控制、内容过滤、网址过滤、网页搜索过滤、应用审计，如图 2-4 所示。

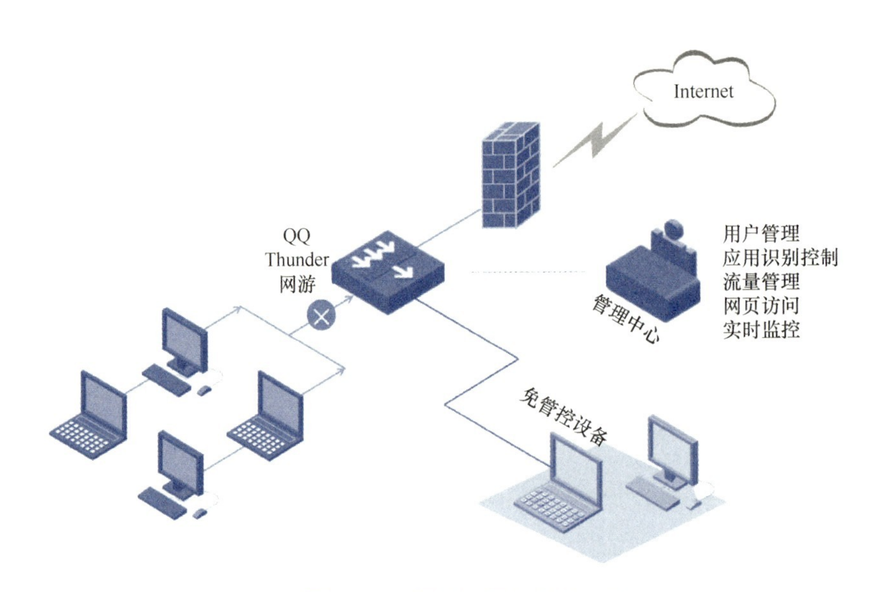

• 图 2-4　上网行为管理设备部署

5. Web 应用防火墙 WAF

与传统防火墙不同，Web 应用防火墙（Web Application Firewall，WAF）工作在应用层，专门针对 Web 应用进行安全防护，用以解决防火墙等设备束手无策的 Web 应用安全问题。

WAF 通常部署在 Web 服务器的下一跳，基于对 Web 应用业务和逻辑的深刻理解，对来自 Web 应用程序客户端的各类请求进行内容检测和验证，确保其安全性与合法性。对非法的请求予以实时阻断，能够解决诸如数据盗取、网页篡改、网站挂马、虚假信息传播等问题。

以一个医院的业务系统为例，医院的网络整体分为医院办公网和医院业务网两个区域，网络边界安全设备部署结构如图 2-5 所示。

在图 2-5 中，医院的两个区之间通过网闸实现内外网隔离。在办公网和业务网分别部署防火墙、WAF、终端管理等网络安全设备。

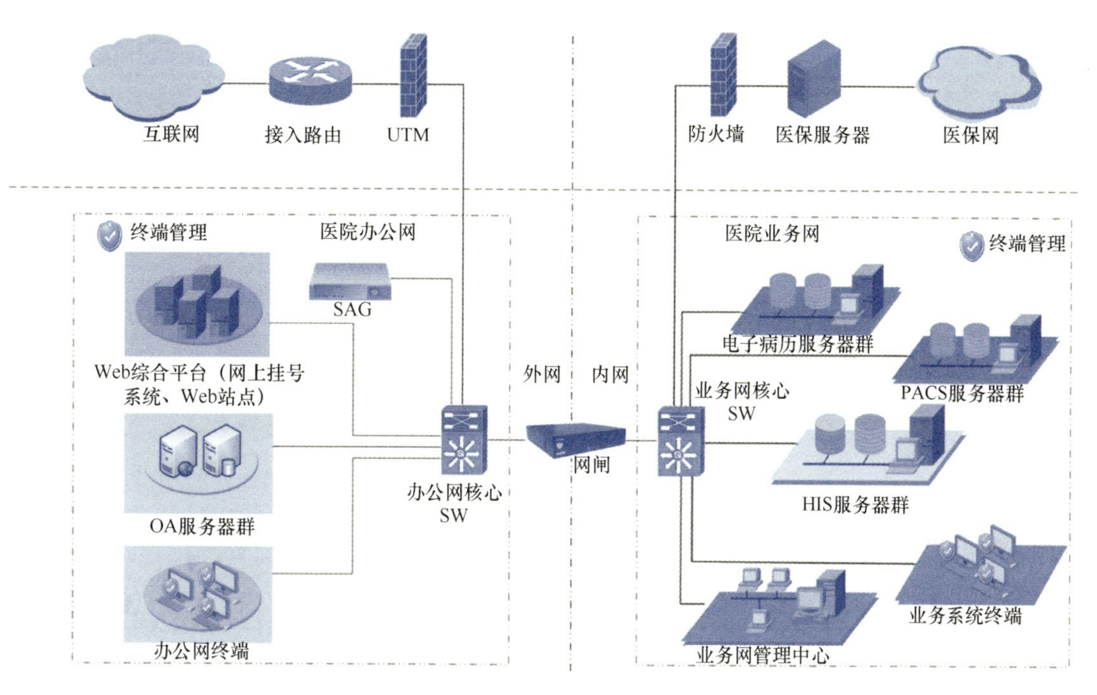

• 图 2-5　网络边界安全设备部署全图

2.1.2　云安全服务

云安全是 IT 安全在云计算场景下的天然延伸。在云计算场景下，安全通常以云服务的形态提供。

传统的网络边界管控设备，在云环境下演化为云端的虚拟化安全设备，例如防火墙在云计算中就以云防火墙的形态体现。

云防火墙与传统物理防火墙有一点本质的不同。云计算中心内部有大量的使用用户，在传统隔离了的网络环境中，这些用户之间的安全信息是隔离的。而在云计算环境下，这些庞大的用户群足以覆盖互联网的每个角落，只要某个网站被挂马或某个新木马病毒出现，就会立刻被截获并被全网感知，所以云防火墙能够结合大量用户的实时情报进行实时入侵防护。通过云防火墙，企业机构得以对其内网 VPC 边界、虚拟主机边界、云边界进行网络安全防护。

除了云防火墙之外，包括云堡垒机、漏洞扫描服务、云 WAF 等云服务也是云安全的重要组成部分。云堡垒机不仅拥有传统 4A 安全管控的基本功能特性，包括身份认证、账户管理、权限控制、操作审计 4 大功能，还拥有高效运维、工单申请等特色功能。通过统一运维登录口，基于协议正向代理技术和远程访问隔离技术，实现对服务器、云主机、数据库、应用系统等云上资源的集中管理和运维审计。通过云堡垒机可以实时收集和监控网络环境中每个组成部分的系统状态、安全事件和网络活动，保障网络和数据不受外部或内部用户的入侵和破坏，便于集中告警、及时处理及事后审计定责。

云漏洞扫描服务是针对网站、主机、移动应用、软件包/固件进行漏洞扫描的一种安全检测服务，可以提供通用漏洞检测、漏洞生命周期管理、自定义扫描多项服务。扫描成功后，提供扫描报告详情，用于查看漏洞明细、修复建议等信息。云漏洞扫描服务的功能比较全面，包括常规的 Web 网站扫描、主机扫描（包括本地主机和云主机扫描）、应用扫描、中间件扫描等多功能、全方位的安全漏洞扫描。

云 WAF 通过对 HTTP（S）请求进行检测，识别并阻断 SQL 注入、跨站脚本攻击、网页木马上传、命令/代码注入、文件包含、敏感文件访问、第三方应用漏洞攻击、CC 攻击、恶意爬虫扫描、跨站请求伪造等攻击，保护 Web 服务安全稳定。云 WAF 具有配置简单易用、防御功能全面、特征库更新快等优势。

在云安全中，云身份服务的重要性比在传统数据中心要高。云身份服务通过统一账号、统一认证、集中授权，结合操作权限和资源访问权限管控，同时配合丰富的记录和审计能力，提供完善的身份管理和鉴权服务。云身份服务采用多种认证策略，包括采用静态和动态密码的双因子认证，并支持对接身份提供商，实现通过企业管理系统账户来认证和使用云服务。

此外，在云计算环境中，也提供传统的安全服务，包括等保咨询、安全评估、安全培训、应急响应等服务。这些也是安全服务在云生态中的技术和业务延伸。

2.1.3 终端安全

前面讲述的安全管理主要是从数据中心（包括传统数据中心和云环境下的数据中心）的角度入手，通过控制网络边界以及结合上网行为和审计等操作来进行的安全管控。另外一个大的安全隐患是在终端上，终端包括个人计算机、移动终端和其他设备（比如 POS 机和物联网设备等）。

随着移动互联网的成熟以及社会 IT 信息化水平的不断进步，大量的终端出现并无时无刻不通过有线或无线网络，从政企业务内网或互联网，灵活地接入办公网络和访问企业应用和资源。终端不是安全乐土，相反，终端的不安全因素，如病毒、系统漏洞等问题给网络带来越来越大的安全隐患，用户手中的终端成了网络攻击者的温床。

近年来，企业为保障各项工作不中断，远程协同办公的模式成为优先选择。远程办公带来便利的同时，也意味着大量外网不可信终端会接入企业内网。在毫无安全防护的情况下，这些终端很容易成为网络犯罪组织侵入企业内网的跳板，严重威胁企业内部网络的安全。网络犯罪组织会利用社会工程学及公众的恐慌或从众心理，通过 APT、钓鱼邮件、恶意链接、木马后门、勒索病毒等方式发起攻击，受害者往往无法感知到攻击的存在，造成信息泄露等重大安全事件。

常用的终端安全产品和方案有：防病毒程序、终端接入控制系统、终端安全管理系统等。通过在终端上部署客户端程序，把端点安全状态与网络准入控制技术相结合，阻止不安全或者不满足企业安全策略的终端接入网络。防病毒程序是最为常见的终端安全软件，它伴随着操作系统运行，基于病毒特征库，对计算机上的可疑文件进行计算后与特征库比对，得出判断结果。

终端接入控制系统对接入企业网络的终端身份进行合法性认证，只有合法用户才允许接入。同时根据用户身份、接入时间、接入地点、终端类型、终端来源、接入方式等信息精细匹配用户，控制用户能够访问的数据和资源。终端接入控制系统还对用户终端的安全性（包括杀毒软件安装、补丁更新、密码强度等）进行扫描，在接入网络前完成终端安全状态的检查。对终端不安全状态能够与网络准入设备进行联动，当发现不安全终端接入网络的时候，能够对这些终端实现一定程度的阻断，防止这些终端对业务系统造成危害。并结合终端安全管理系统提供的自动补丁管理、远程管理等能力，主动帮助这些终端完成安全状态的自修复。

物联网和工业互联网为未来 IT 产业发展提供了巨大的空间，大量的工业设备以及可穿戴设备接入网络，IoT 的数据在云平台中保存和计算，针对 IoT 终端的安全防护是终端安全整体方案中的一个重要课题。

物联网应用系统一般包括物联网终端、通信网络和物联网服务端三部分。相比传统个人计算机，物联网终端通常资源有限，同时受成本、体积、功耗等影响，难以配置实施较为复杂的安全措施，安全防护能力较差，这是物联网终端的先天缺陷。此外，物联网终端使用周期较长，地理位置分布广泛，厂商不能及时修复漏洞或更新系统，长期暴露在网络中易于受到攻击，这也是物联网终端面临的主要隐患。同时，一些物联网终端和应用开发者缺乏安全意识，使用了不安全的系统配置，同时身份认证强度和访问控制力度也存在差距，这也是物联网终端存在的常见不足。某些物联网终端遭到破坏后，完整性状态发生变化，但未经过安全评估便接入网络或服务端，这也给整个系统或平台带来安全风险。

由于物联网终端数量庞大、种类繁多，覆盖各领域，渗透各行业，同时安全防护能力不高，因此大部分攻击都是从物联网终端发起的。对于通用智能终端，一般硬件配置高，存储空间大，具有操作系统，支持多种网络接入方式。因此，可嵌入可信计算模块，实施完整的可信计算功能，并结合机密计算等技术进一步提升其自身的安全防护能力。对于简单功能终端，通常硬件配置不高，系统主频和存储受限，有的甚至没有操作系统，仅支持有限的网络接入方式。这类终端可以引入轻量级可信计算能力，实现完整性度量、远程认证、安全更新等功能，有效提升系统安全防护水平。

2.2 云原生时代的安全变化趋势

云原生技术为软件运行平台、应用软件架构和应用开发流程带来了标准化和统一化。可以说重塑了 IT 的形态，这个重塑并不是以一种推倒重建的方式来施行，而是用一种循序渐进的方式、以自然演进的步调来推进的。

在云原生时代，作为 IT 系统的一个不可或缺的重要领域，安全以何种形式演进、为什么以这种形式演进？本节内容将梳理云原生时代信息化所发生的变革，理解云原生时代数字化建设所面临的问题，从这些变革和问题入手，思考云原生时代的安全变化趋势。

1. 应用运行环境边界模糊化

在云计算时代之前，IT 基础设施是一种资产。传统政企的应用运行环境是物理的，看得见、摸得着的，而且从计算存储资源到网络基础设施构建，这些资源和网络的边界是非常清晰的。

首先，基础设施资源（包括服务器、存储系统、网络传输硬件）都统一部署在数据中心机房内。这些硬件通过网络进行连接，专门的 IT 架构设计和维护人员进行硬件和网络的规划。

在网络安全方面，在数据中心网络出口部署防火墙，再在网络架构中的适当位置安置 IPS 和 IDS 系统，划分内外网区域和 DMZ 隔离区域，最后再配备防病毒系统和上网行为管理系统。在硬件资源划分上，根据政企自身的组织结构以及业务量和业务特性，分配适当的计算和存储资源，并进行网络的配置和安全业务的配置和管理。

虽然从其逻辑结构来看，在云环境下构建的一套云数据中心跟传统数据中心类似。同样也有计算、存储和网络资源，同样也有一套网络分布架构，但是与传统数据中心的区别是明显的，即云数据中心是虚拟的，用户是看得见但摸不着的。有一个说法是云计算如同自来水，各种资源拧开水龙头就来，那么前云计算时代就是自己挖井的时代。

虽然在逻辑上虚拟的运行环境与物理实体的运行环境有相同的结构，但二者在本质上是完全不同的。首先各云服务厂商都会宣称平台的安全是有保障的、平台的数据是安全的。但究其本质而言，平台存储的都是数字化信息，对使用方来说像“黑箱”，看不见数据是否被偷、被篡改。

通常情况下相对于常规 IT，云计算服务提供商的安全管理水平是比较高的，但是无论水平多高都会有漏洞。比如大型的公有云厂商，每个月都会有几十个漏洞被发现。此外，供应链安全问题、内部人员可靠性问题等因素，都是造成安全事故的巨大隐患。从这些现状来看，云时代对应用自身的内生性安全性要求就高了。

2. 应用内生性安全要求

云原生时代意味着信息化建设的焦点从以往专注于网络及其他硬件基础设施转变为专注核心业务的信息化建设。同时，在云计算资源的全面普及使用的背景下，业务系统的跨云迁移和跨云扩展更为普遍，这带来了应用运行环境边界的模糊化。在这种环境边界下，基础设施层的安全由云服务厂商来负责，而云业务应用自身的安全要求就凸显出来了。这种云业务应用自身的安全性要求体现在以下几个方面。

- 应用是动态的、可迁移的。在迁移后，应用的网络边界其实发生了变化，变化了之后，应用的安全保障如何开展，就要求应用自身具备较强的安全能力，不能有安全漏洞，在应用架构上的安全性保障不能缺失。
- 应用架构里使用的技术中间件，比如 Redis、Kafka、网关等，这些中间件中的数据的安全性保障是一个问题。在通常意义上，应用架构使用的这些中间件的安全重要性不高，尤其是在传统网络边界安全管控方案中，这些中间件本身的安全控制是被忽略的。但是，在分布式应用架构中，这些中间件要么存储着业务应用的动态数据，要么控制着业务应用微服务之间内部应用的访问，它们对业务应用的安全带来的影响很大。
- 应用在微服务化后，组件分散，应用发布的包零散，而且微服务架构中的公共组件比如微服务注册中心、微服务治理等组件的安全性保障也尤为重要。

3. 应用内安全监测及管控

业务应用本身是政企信息化建设的核心资产，在安全层面的监测及管控本身就应该面向核心资产来展开。过去在安全上的策略往往都是从网络和数据中心资源层面来入手管理，随着云原生化的普及，在云原生时代，安全的监测和管控逐步将重心转移到应用层。

在传统业务应用架构领域，对应用内的安全监测和管控能力很弱。应用服务之间的通信是无法动态控制的，传统的手段只有网络层的管控。管控的结果只有两个：一个是通，另一个是不通。类似于应用通路通断控制的情况，应用内生性管控的要求还有以下这些方面。

- 应用通路加密。动态控制两个应用访问通路的加密策略、密钥有效期，如何更换密钥。
- 微服务访问 QPS（每秒查询率）配置。默认情况下，微服务之间的访问调用并没有限速控制。在某些异常情况下，内部系统受到不间断的大量异常请求调用，直至业务系统出问题。此外，云原生生态下，生态应用以服务的方式对外部世界提供接口。这种场景下，控制应用对外提供服务的 QPS 尤为重要。
- 在云原生趋势下，业务应用朝着微服务化的方向发展，微服务架构在带来可扩展性、业务进化速度等优势的同时，也带来了架构复杂、维护管理困难的问题。如何从业务应用整体安全视角来监视和管理微服务之间的调用，在云原生体系中是一个挑战。

4. 数据访问安全和数据保护

如果从宏观高度来观察整个信息化系统，说到底最终还是业务处理逻辑对业务数据的写入、检索和分析。云原生化的信息系统也是如此，只是云原生应用系统是基于云和容器技术的，在可扩展能力和可迁移能力方面有质的变化。

业务应用系统使用的数据库有两类，一类是关系型数据库，另一类是非关系型数据库。关系型数据库的特点是事务一致性处理能力和复杂 SQL 业务逻辑查询；非关系型数据库的常规用途是用作数据记录和数据分析场景，其数据存储容量大，对非结构性的数据格式支持能力强。

应用使用的关系型数据库通常是数据库服务。数据库服务与数据库的区别在于：数据库服务并不强调数据库实例本身，而是强调关系数据库本身的能力；应用使用其能力，而实例的创建、监控、维护扩展等工作都是由云服务器提供商来支持的。由于数据库服务并没有一个“关在”机房里的服务器，而是云里的一个实例，对于数据的访问更多的是要在数据库服务的操作界面和应用层中来控制。

与关系型数据的使用方式类似，种类多种多样的非关系型大数据存储分析平台在云原生环境下也往往都是以数据库服务的方式来提供和使用。针对大型的大数据库平台，在云环境下，同一个大数据平台会同时被多个租户来租用。

毫无疑问，数据是信息系统中最重要的资产。在云环境下，如何保护这个重要的资产、如何控制对资产的访问、确保资产不会泄露和被滥用，是云原生系统设计当中的重要课题。

5. 自动化软件开发流程

传统的软件开发工程流程包含需求分析、软件设计、软件开发、软件测试、软件上线、软件维护这六个流程阶段，开发出一个满足发布要求的软件版本通常需要 3~6 个月乃至更长的时间。在软件上线环节，除了进行网络和硬件规划之外，也需要对软件运行环境的安全方案进行分析及实施。

传统的软件工程模式整体上是采用步步为营、稳扎稳打的方式。在需求分析阶段确保软件需求设计的合理性；通过完善的软件架构设计、设计一套适合运行的软件架构方案；再通过长时间的整体软件测试，确保发布质量。在这种模式被正常执行的情况下，很少出现软件整体框架性的失误。但是这种开发模式的问题在于其无法适应业务的快速变化。

在云原生形态下，软件基础平台使用标准化、容器化的 Kubernetes 平台；软件基础架构采用微服务架构和云服务化的数据库和中间件。通过利用这些基础平台能力，软件在架构设计和架构开发层面的工作量呈数量级的减少，跟以往相比，几乎可以将工作量减少到零。

云原生推崇开发、测试、运维一体化和敏捷开发文化，践行基于自动化流水线的持续交付，结合微服务和容器化开发部署模式，实现业务应用的快速上线和快速更新。一个新业务需求的实现通常只需要修改或者扩充一两个微服务应用，通过自动化构建、代码扫描、测试和上线，能够实现新业务在一两周内迅速上线。

在商业化的竞争环境下，企业要胜出，就要通过信息化手段快速地进行业务创新，以适应变化速度不断加快的商业环境。在推出新业务的同时，也要提升企业自身承担和适应风险的能力，有句话讲“走得快还要走得稳”。“走得快”才可能成功，“走得稳”才不会失败。

速度和安全是相互矛盾的两面，单纯追求业务的创新速度和上线速度，势必对业务稳定运行及应用安全维护造成挑战。在业务稳定方面，基于容器和 Kubernetes 的平台通过故障检查、故障自愈和弹性扩容等能力优势，能够在架构层面解决大部分业务基础的稳定性问题。至于在应用安全保障和维护方面，需要一套与 DevOps 流程匹配的自动化安全管控和维护流程。让应用从开发、运维到安全都有一套完整的 IT 流程。

2.3 云原生安全的整体建设思路

云原生对数字化转型带来的变革很大。在业务应用平台架构、软件架构以及软件开发流程和软件生态方面都带来了改变。在这种变革的趋势下，云原生应用安全也面临了诸多的挑战及改变的诉求。由于应用运行环境和边界的模糊化，对应用内生性安全保护、监测和管理提出了新的要求。此外，作为业务系统的核心数据资产，也需要格外重视和保护。最后，云原生安全需建立自动化和标准化的安全保障流程，与自动化的开发运维流程匹配，不能让安全保障成为影响业务进化速度的关键路径。

2.3.1 围绕应用的云原生转型建设

以往业务应用的实现有很多难点，导致数字化转型不得不把重心放在应用的基础设施和应用软件架构上。业务应用的实现难点如下。

- 应用架构设计难度大。业务模型到应用软件架构模型之间的转换难度较大。这个转换过程涉及将业务模型中的实体转换成软件领域中的实体。在转换过程中，需综合考虑软件实体间的依赖，同时也要考虑软件工程自有的技术特点，包括网络、计算或存储资源等的特点。
- 应用规模扩展难度大。在以前没有利用云计算能力的时代，实现应用弹性伸缩的技术难度很大，同时为了应对应用规模的变化，不得不提前投入额外的基础设施成本。在云计算时代，硬件基础设施能力的弹性扩展问题已经被云计算厂商解决了。但是，在软件层面上，实现软件应用的弹性伸缩能力仍然有一定的技术难度。
- 应用迁移难度大。云计算普及后，基本上所有的业务应用都上云已经成为整个 IT 行业的共识。但是云服务提供商的选择就成了一个难题。很多云服务提供商都有各自的特点接口和特色功能，导致自身的数字化业务很容易与单一云服务商绑定在一起，应用的迁移难度和成本很大，很多时候变成一个不可能实现的命题。

- 应用的跨云扩展难度大。与上一个问题的原因一样，由于应用无法简易地完成跨云迁移，业务应用的跨云扩展也是不可能的。尤其是需要私有云和公有云混合协同的业务，比如在私有云上搭建基础保底的业务运行环境，把公有云作为私有云的资源扩展池，以应对访问风暴和其他特殊的情形。但是，由于跨云迁移的成本和风险很大，导致私有云和公有云都只能选择同一家云服务提供商，即所谓的“同构混合云”。这就导致业务应用上云初期对云服务提供商的选型难度很大，后续的跨云扩展难度就更大了。
- 应用的迭代更新成本投入大、迭代速度与业务变化速度不匹配。在传统应用开发流程和自动化体系成熟度不够的情况下，新业务的上线速度以及创新性业务的迭代更新速度不够快。一方面政企业务需求的更新速度要求迫在眉睫，而另一方面 IT 基础设施和应用开发速度却难以跟上，带来了较大的应用迭代更新和升级成本。

在云原生时代，应用实现的几大难题在很大程度上都得到了解决，具体如下。

- 微服务和领域驱动的架构设计方法成了云原生时代的标准软件架构模型和方法论。领域驱动设计将真实世界的业务模型在软件架构层面上进行了真实的还原。一个领域（Domain）就是一个实际的业务自治域，一个单一的业务实体在自己的业务自治域中被完整地管理，这个业务自治域在软件架构中就还原为单一的微服务。多个微服务结合，就成为整个业务本身。通过微服务架构实现和设计思想，软件架构的设计方法实现了标准化，软件架构的设计难度也大幅降低。
- 容器编排技术在支持业务应用弹性扩展方面有很大的优势。Kubernetes 可以很容易地将单个业务 Pod 进行扩展，扩展的参数指标包括一些默认的指标，比如 CPU、内存利用率等。也支持指标扩展机制，通过扩展可以支持以业务请求速率、接口返回速度等指标作为扩展的锚。Kubernetes 和容器技术成为云原生的标准底层技术，通过标准底层技术，应用在扩展性及故障自愈方面变得很容易。
- 云原生标准对容器及容器周边的技术体系都进行了标准化约束，包括容器运行时标准、容器网络标准、容器存储标准，以及云原生应用所依赖的周边技术，包括中间件、数据库、大数据、日志、监控等，都在规范上给出了指导。基于云原生实现的业务应用，天然具备在各云服务提供商之间进行迁移的能力。如果出现某些云服务提供商的标准化程度不够，那么结果很可能是这个云服务商由于缺乏标准化和规范化支持而导致市场认可程度降低。
- 由于云原生广泛的标准化建设，基于云原生技术开发的应用可以比较方便地做跨云扩展。在私有云 Kubernetes 平台上构建的业务系统，可以较为容易地扩展到公有云上。

- DevOps 推崇业务迅速上线、迅速试错，应用开发和应用运维人员协同工作，大幅加快了应用的开发速度。同时基于成熟的自动化开发、测试、发布流水线，可以最大程度地提升开发速度，加快应用的上线速度，从而促进应用的迭代更新速率，最终体现为业务进化速度的提升。

云原生解决了上面提到的数字化转型的几个底层难题。在云原生时代，政企业务与 IT 基础设施技术之间的技术鸿沟被填平，数字化业务的关注点有条件地转向业务应用。在云原生时代，转型的原则是：以业务应用为中心，以加快业务进化速度为首要目标。

2.3.2 以加快业务进化速度为首要目标

云原生体系是以应用为中心构建的。应用是数字化转型的产物、是数字化业务的核心承载体。在云原生时代，数字化转型的关注焦点由以往的基础设施资源转向现今的业务应用。

通常一家在行业中有影响力和地位的企业，每年有稳定的收益。这些收益有一部分会回馈给股东，有一部分会回到公司作为投资和创新基金，这是常见的公司运作方式。其增长实现是线性的，线性的增长意味着可预测性和稳定性，很容易做长期规划。

一个竞争对手利用云原生技术和模式优势，进入这个行业，它的增长曲线不会是一条直线，而是一条陡峭的指数曲线。图 2-6 中显示了传统型技术公司与颠覆性公司的发展曲线对比。

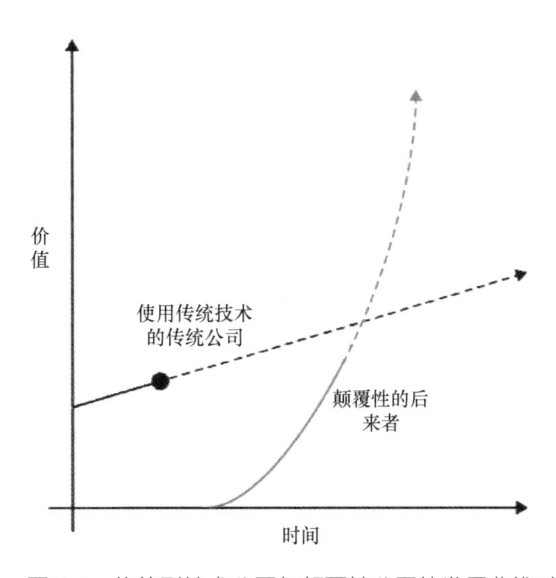

• 图 2-6 传统型技术公司与颠覆性公司的发展曲线对比

后来进入市场的新人，一开始只占市场的一小部分，传统的供应商可能不会太担心，很容易轻视他们，毕竟市场的大部分份额仍然在自己手里。这时候要警醒：他们才是真正的竞争者。首先，这些新人不用背负几十年发展所累积的历史包袱，所以他们能够以更低的成本运营。其次，一旦他们表现出哪怕一点点的增长，他们也会获得足够的资金，然后会把这些资金投入在技术进步中，推动他们的增长曲线更加陡峭。

那么，这些新来者是如何如此迅速地获得成功的呢？他们之所以能如此迅速地站稳脚跟，是因为他们能够更快地使用现代技术，并且更频繁地进行技术迭代。他们的建设周期很短，很快将功能交付给市场，迅速获得客户反馈，并根据客户反馈，提供更多创新功能和改进。在现代商业环境中，各行业中最强的后来竞争者往往都不会出现在当前的竞争对手列表中，他们很可能是从一个未知的领域中凸显出来的。比如，外卖业务对传统餐饮业带来的变革；随之而来的，由于共享单车一定程度上解决了短距离出行的便利性问题，所以共享单车业务又对外卖的销量带来了影响，这些影响和冲击都是难以预测的。

云原生转型带来了信息系统基础架构的重构。通过重构业务信息系统的架构，改变了业务应用的运行模式。从传统的步步为营、循序渐进式的功能迭代，变为了不断突破传统的创新式更新。通过云原生的自动化及敏捷文化，以及云原生为迁移、扩展做准备的技术铺垫，信息化业务能够不断进行创新试错而不用过分担心资源投入过大、应用架构设计失误等影响信息化全局进程的问题。依托于云原生架构的技术和思想已经为这些问题的出现准备好了应对方案，所以基于云原生的信息化转型可以将业务进化速度作为首要目标。云原生安全的首要目标也是保障业务的迅速进化。

云原生安全是业务迅速进化的安全保障。通过云原生安全在业务应用层面上的方法和措施，避免在迅速的业务创新进程中出现“跌跟头”式的失误。云原生安全体系是保障云原生业务进化的必要手段，没有以应用为中心的云原生安全建设，云原生化转型首先是危机四伏的，其次会因为安全方面的失速，导致整个业务创新和进化速度的降低，从而造成云原生转型的失败。

2.3.3 以应用为中心的云原生安全

云原生安全是以应用为中心，围绕业务应用而建的；以加快业务进化速度为首要目标，核心目的是保障业务进化速度。

应用是业务数字化转型的核心承载体。从静态视角来看，云原生应用包括应用运行平台、应用架构、应用中间件和应用生态四个维度；从动态视角来看，云原生应用包括应用开发、应用部署、应用升级和应用监控和优化。

图 2-7 展示了从静态和动态两个视角来看云原生应用。

云原生应用的静态视角

应用架构	应用生态
应用运行平台	应用中间件

云原生应用的动态视角

应用开发	应用部署
应用升级	应用监控和优化

• 图 2-7　从静态和动态两个视角来看云原生应用

其中，应用运行平台是指应用运行的底层基础平台。在云原生环境下，应用平台是指在公有云或私有云环境下、基于容器环境和 Kubernetes 容器编排系统、依赖云原生中间件服务和数据服务搭建的应用基础运行环境。这个基础运行环境的特点如下。

- 平台架构跨云统一：在私有云、公有云等各种基础设施环境下，保持架构的一致性。
- 平台具备故障纠错能力和应用故障自动恢复能力：运行在基础平台中的应用能够依赖平台自身的故障检测和恢复能力，自动地进行业务故障排除和故障自愈。
- 平台具备很强的可扩展性：规模能够从数台动态提升至千台规模。业务应用可以动态地进行弹性伸缩，能够支持从小规模扩展到大规模互联网式业务应用架构，同时不对既有的软件架构带来冲击。
- 平台具备充分的安全防护和安全检测能力：通过镜像的扫描、系统平台漏洞扫描、网络安全策略和 ACL 控制等手段，保证平台能够安全稳定地支持应用运行。

应用架构单指微服务架构和微服务架构所依赖的微服务基础框架。微服务基础框架包括微服务注册中心、微服务网关和微服务治理中心。在实际业务实施过程中，应用架构设计主要的工作是业务微服务的拆分。拆分的方式和整体目标是确保微服务架构与实际业务架构相一致，每一个微服务都是一个独立的业务自治域，在微服务内部能够自治，不强依赖于其他的业务微服务。在云原生应用架构的安全领域，核心工作是在应用层对微服务进行安全加固，包括 Web 访问安全、微服务通信链路安全、微服务抗攻击能力增强等。

应用中间件是云原生应用所依赖的公共中间件服务，主要类型包括内存缓存服务、消息通信服务、日志服务等。这些中间件是云原生应用架构中的常用组件，在某种程度上来说，对绝大部分实际线上使用的业务应用系统而言，这些中间件是必不可少的。除了常规的在网络访问边界方面的安全控制之外，在中间件自身的应用层安全控制也是必须具备的。通过在中间件上进行安全加固和安全控制，避免使中间件成为云原生整体应用系统安全的一个软肋。

应用生态一方面是指依赖行业内其他应用服务，或者依赖跨行业的公共基础业务服务来构建自己的业务应用系统；另一方面也指将自己的业务组件通过云原生平台发布出去，供行业内的其他生态伙伴使用。使用他人的应用服务通常就是根据应用提供方的接口规范来开发使用就可以了，要注意接口访问中不要出现数据泄露的情况。比如访问第三方地图服务时，不要提供自己用户的授权信息，以免造成信息泄露。将自己的应用接口在生态中开放出去就涉及较多的安全考虑，包括接口认证、应用访问策略、应用流控等。

在以时间轴跨度方式来考虑应用的时候，就涉及应用的开发和应用的生命周期管理。图 2-8 所示为应用的生命周期活动，以动态视角来看应用生命周期的各阶段以及各阶段中的活动。

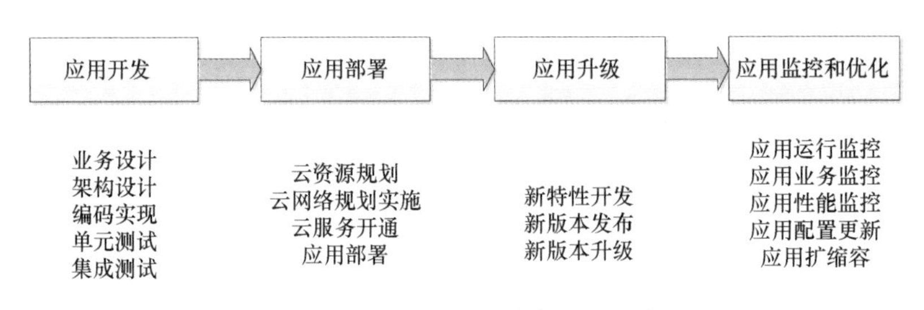

● 图 2-8　应用的生命周期活动

业务应用运行的软件包是以代码编译构建而生成的。代码是业务应用的底层组成部分，如同面食基于面粉、汽车基于零件。在代码层面失去了安全性，就意味着在业务应用层面无论如何也做不到安全。此外，云原生应用的构建是自动化的，版本发布的节奏很快。在这个自动化的过程中，如果安全控制速度慢，而开发和发布速度快，那么结果只有两个，一个是降低版本发布速度，另一个是降低应用的安全性。除了这两个选择之外，别无他法。如何将安全控制嵌入进去，实现快节奏的发布和快节奏的安全，是云原生应用流程安全领域所考虑的重点问题。

第 3 章开始将全面进入应用的各个维度，从安全视角来分析云原生应用的安全增强策略。

2.4　云原生安全技术发展趋势展望

随着产业数字化升级进程的加速，越来越多的企业选择上云。云计算带来提高效率、降低成本等显著价值的同时，也带来了新的安全挑战，云端成为产业安全新的主战场。

1. 新身份认证技术

身份认证技术是指计算机及网络系统确认操作者身份的过程所应用的技术手段。身份认证技术经历了三代。第一代是密码单因子认证，第二代是短信验证码和 U 盾认证，第三代是生物特征认证。其中生物特征认证领域中，指纹、人脸等认证方式是目前应用的主流技术。

基于密码口令的认证方式是一种最常见的技术，但是存在严重的安全问题。它是一种单因素的认证，安全性依赖于口令，口令一旦泄露，用户存在被冒充的风险。而双因子认证将两种认证方法结合起来，比单因子认证更为安全。目前广泛使用的双因子认证技术有动态口令牌+静态密码、USBKey+静态密码、二层静态密码等。

身份认证技术将从第三代过渡进入到第四代，即多模态、多维度、多设备协同认证。身份认证系统可以根据信息保密要求的不同，对不同的用户通过访问控制设置不同的权限，并采用多种身份认证方式（如用户名/密码方式、移动 PKI 体系认证、USBKey、动态口令、IC 卡认证、生物特征认证等）相结合的综合性方法。

伴随着技术的演进，更多的身份认证技术，比如掌纹、经脉纹、虹膜、打字输入模式等将得到应用。云计算和虚拟化的广泛应用，云网融合后的边界变化带来新的身份认证挑战。身份认证从传统的人-机关系信任模型，转变为人-人、人-机、应用-应用、机-机等多维度信任关系，多元化、细粒度、普遍性的新身份认证技术亟待推出。

2. 向以数据为中心的安全体系进化

数据成为新经济的核心驱动力，数据的广泛流动和数据价值的增长，促进向以数据为中心的安全体系进化。

以数据为中心的安全性是保护敏感数据免遭盗窃或滥用的一种新的安全保障思路。大多数安全技术关注的是数据保护的位置，例如，存储在特定笔记本计算机或服务器上的所有数据或跨特定网络的所有数据。这种方法的问题是，一旦数据移动到其他地方，就需要另一种解决方案或者数据本身就不再受到保护。

以数据为中心的安全性则侧重于需要保护的内容，比如包含敏感信息的文件，通过适当的保护形式，对文件中的数据进行保护，无论数据位于何处。

以数据为中心的安全体系建设有以下关键原则。

- 数据集中控制：每个数据文件从被创建的那一刻起，就可以完全控制其敏感数据。可以随时授予或撤销对受保护数据的访问，并记录所有访问活动，以进行监控和审核。
- 无间隙的数据保护：以网络为中心和以设备为中心的安全策略不可避免地会在受保护的系统之间留下缺口。比如，在操作系统或平台之间传输数据之前，必须对数据进行解密或以其他方式解除保护。有效的、以数据为中心的安全体系消除了所有缺口，使敏感信息在访问时、存储时、修改时都受到保护。
- 自动化：在整个企业中实时地应用数据保护策略，连续地监视数据文件活动。在敏感数据被访问时立即进行保护，而无须进行人为或手工干预。
- 丰富的保护类型：以数据为中心的安全体系不能只是“一刀切”，在一个组织中，可以有数百种数据类型和数千个数据保护方案。一些数据可能需要加密，而其他数据可能需要被编辑、删除、隔离或保持原样。

3. 零信任的安全

5G 时代到来，云-网-边进一步融合，远程办公快速兴起。在新场景下，传统的网络安全物理边界与逻辑边界逐渐消失，零信任概念和技术开始成熟并落地实践。在国外远程办公十分普遍，远程办公的普及也导致全球网络犯罪激增。

在大多数网络安全事件中，入侵者一旦获得账户，就会利用管理账户的权限进行攻击，利用企业内部网络的默认信任关系来进行横向移动。由于传统的安全措施都集中在企业边界，也就是内部网络和外部网络之间。如果把企业整体看作一个城堡，城堡内部的一切活动都是默认可信的，只要进入城门，各种活动就都畅行无阻了。在当前物理边界模糊化及远程办公等业务兴起的背景下，这种模式是与时代脱节的。

零信任的核心原则就如同它的字面意思一样：不信任一切活动，始终进行验证。

零信任是一个完整的安全保障模型，有七个要素。通过这七个要素，对业务访问及业务调用中间过程的各个环节进行卡点，同时进行访问记录，形成了一个各个街口都有摄像头、各个超市摊点都验身份证的高安全保障城堡。

零信任安全的七个要素如下。

- 零信任数据：数据是黑客攻击的最终目标。因此，零信任首先要保护数据，然后才是构建额外的安全层。然而，数据是经常流动的，它们通常在工作站、移动设备、应用程序服务器、数据库、SaaS 应用程序之间传输，而且通常还是跨公司、跨公网地进行共享。要保护这些数据，公司必须要了解其数据在何处，谁可以访问，并监视数据访问以检测和响应潜在威胁。
- 零信任人员：大比例的数据被盗情况是由于账号密码被别人盗取，所以仅凭账号密码已经不能证明用户的身份了。在零信任架构中，就算是在防火墙后面的操作都默认为违规，需要验证每个请求。也就是说，无论你是谁、你在哪里、你要做什么，零信任架构都不认识你，身份验证、授权、加密一样不能少。这样能有效防止网络钓鱼、密码错误或恶意内部人员等人为错误。
- 零信任网络：零信任网络使用下一代防火墙之类的技术来对网络进行分段、隔离和限制，并创建多个检查点，在这样的网络中黑客无法导航，寸步难行。
- 零信任工作负载：无论是在何种云环境中，工作负载（比如应用系统、虚拟机、容器、Serverless 等）都非常容易受到攻击。零信任将整个工作负载堆栈（包括存储、操作系统乃至 Web 前端）都视为威胁，并使用符合“零信任”原则的兼容控件对其进行保护。
- 零信任设备：在过去几年，网络上的设备呈爆炸式增长，这些连接网络的设备每一个都可以作为黑客渗入的入口。所以，无论是移动设备还是物联网设备，零信任网络都将其视为威胁载体，对其进行隔离、控制和保护。

- 可视化和分析：零信任安全架构支持监视、记录、关联和分析网络中的每一个活动。这一点的重要性体现在：任何人都不能保护他看不到或看不懂的东西，高级威胁检测和用户行为分析能帮助我们掌握网络中任何潜在的威胁。
- 自动化和编排：人工无法监视每一个网络中发生的事件，所以自动化是必不可少的，将监视和威胁检测系统自动化可以节省很多人力资源。同时，更重要的是，这可以提高事件响应、任务授权的速度，还能提升策略的准确性。

4. 多云协同的综合性安全治理模式

随着云计算和云原生的发展，单一的公有云或单一的私有云都逐渐难以满足企业需求。许多企业的 IT 架构正在从单一的物理机、虚拟机逐步走向多云、混合云、分布式边缘云并存的局面。在这样的背景下，云安全产业生态呈现多元化、多层次发展的趋势。云内数据自治，云间情报共享，多云协同的联邦治理模式成为新的云安全治理趋势。如何将云计算生态中的不同元素进行深度整合，形成能够稳定、安全、高效、灵活地支撑多形态业务的混合云、边缘云平台解决方案，已经成为企业上云的主要课题。

多云协同模式指的是，在每个云数据中心保持数据在内部自治，但可提取出一些重要的威胁情报和别的云互通。例如攻击线索等信息，每一个云都把有价值的攻击信息进行共享，通过威胁情报的方式实现安全信息互通，从而提升对于整个大规模攻击事件的响应效率，降低安全成本。

此外，当数据在多个云上流转时，针对跨国企业的多云场景，由于多云安全可能涉及不同国家和地区的云，因此必须将合规性原则作为最小的基本安全选项来进行。如何使安全性与合规性二者达到平衡，也是多云协同安全需要考虑的问题。

第3章 应用平台安全

应用平台是云原生应用运行的底层基础平台。在云原生领域，最受关注的视角从以往的技术和平台转向应用和业务。应用运行的平台由于在框架层面上已经完成了标准化和统一化，其受到重视和关注的程度不如业务应用高。但是没有平台的话，应用的运行就无从谈起，没有一个稳定和安全的平台，应用的安全和稳定就是空中楼阁。

本章从应用平台的角度，综合性地分析和阐述了云原生应用平台的安全保护体系建设。本章的内容和案例可以作为云原生安全建设在平台层上的指导思路。

3.1 私有云原生平台架构

作为一个全功能的云平台，基于云原生架构的私有云平台能够满足资源多租户隔离、资源弹性伸缩、按需获取等云平台必备的能力集合。在云平台的基础能力集合上，私有云原生平台在数据管理支撑能力、应用中间件支撑能力、应用架构和应用管理上也有相对完善的辅助支撑能力。

私有云原生平台是基于底层一定规模的物理资源，在其上搭建容器运行环境和容器编排环境而形成的云平台。私有云平台依赖的技术主要如下。

- Kubernetes 容器运行平台。
- 以 Containerd、Podman 或 Docker 为代表的容器运行时。
- 符合云原生网络协议标准的容器网络组件。
- 符合云原生存储协议的存储系统组件。
- 容器化的技术中间件，如 Redis、Kafka、RabbitMQ 等。
- 容器化的数据库和大数据库平台。
- 基于云原生平台的开发工具和开发平台能力集。

3.1.1 私有云原生平台的技术标准

云原生平台中的 IT 相关技术组件全面而繁杂，其中又包含很多标准协议，同时这些标准协议的产生有的是由技术原因驱动，有的只是在固定的历史背景条件下所产生的。

表 3-1 对云原生技术体系的标准化以及符合标准化的主流技术进行了梳理。总体来说，云原生平台技术体系中有四个重要的协议标准，分别是 CRI、OCI、CNI、CSI。

表 3-1　云原生技术体系中的协议标准

类　别	全　称	作　用
CRI	Container Runtime Interface，容器运行时接口	规定 Kubelet 作为调用容器管理的接口，让 Kubernetes 能够动态地支持各种容器运行时
OCI	Open Container Initiative，开放容器标准	对容器的镜像格式、状态描述，以及对容器的创建、删除、查看等操作进行了定义
CNI	Container Network Interface，容器网络接口	规定了 Kubernetes 网络插件的接口
CSI	Container Storage Interface，容器存储接口	规定了被 Kubernetes 集成的第三方存储插件的接口

容器运行时是支撑容器运行的底层软件，它包括容器创建、启停、销毁等功能。最为常见的容器运行时是 Docker。

在 2020 年年底推出的 Kubernetes 1.20 版本将对 Docker 容器运行时的支持标记为“不推荐使用的（deprecated）”，并预示在后续的版本中将放弃对 Docker 的支持。未来 Kubernetes 推荐的容器运行时是 containerd 和 CRI-O。

CRI-O 是一个 CRI 标准的容器运行时实现，由 RedHat 开发，已经在 RedHat 的 Openshift 中使用。containerd 是 Docker 公司贡献给社区的容器运行时组件，完全符合 CRI 标准。由于 Docker 镜像格式是完全符合 OCI 标准的，通过 containerd 能够无缝地将之前运行的 Docker 镜像迁移到新平台上。

Docker 公司出品自成体系的一整套容器管理软件，包括镜像仓库、命令行工具、网络和存储组件等。作为既成事实的云原生平台标准容器编排系统，Kubernetes 采用 CRI 标准接口来操作和管理容器镜像并控制容器的生命周期，Docker 运行时并非 CRI 标准的。Kubernetes 是通过一个 docker-shim（一个 CRI 标准适配层，由 Docker 公司发布）来间接联动 Docker 运行时。在 Kubernetes 1.20 之前，用户通过 Kubernetes API 接口创建一个容器的过程如图 3-1 所示。

先是通过 KubeApiServer 将命令发往 Kubernetes 节点上的 kubelet 进程，kubelet 进程通过 gRPC 访问 docker-shim，docker-shim 再通过 HTTP 访问 Docker 进程，Docker 进程再访问 runC（runC 是对操作系统内核 cgroup、namespace 操作的封装），最后由底层创建出容器。

通过规范化和标准化，在新版本云平台中，去除了对 docker-shim 的依赖。kubelet 直接通过 gRPC 接口访问诸如 CRI-O 或 containerd 等容器运行时，这些容器运行时通过调用 runC

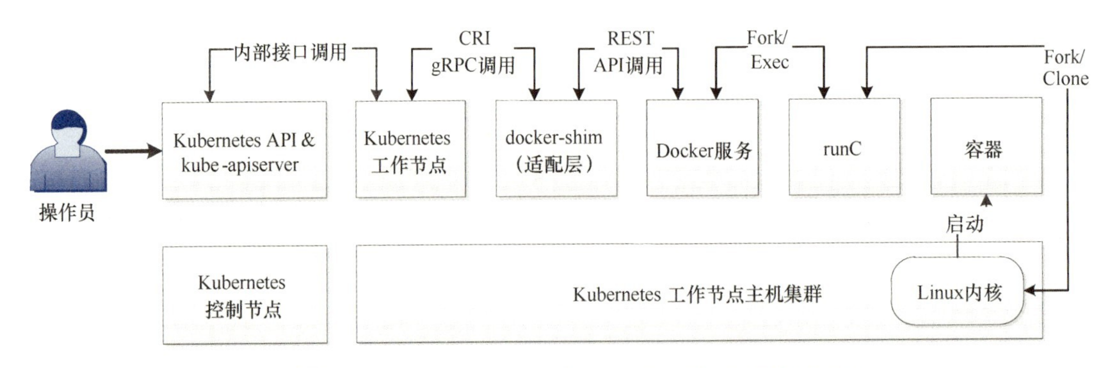

• 图 3-1　Kubernetes 1.20 版本之前的容器创建调用过程

完成容器的创建。此外，CRI-O 等运行时同样提供了对容器镜像的操作。在 Kubernetes 1.20 及以后的版本中，容器创建的过程简化为图 3-2 所示的过程。

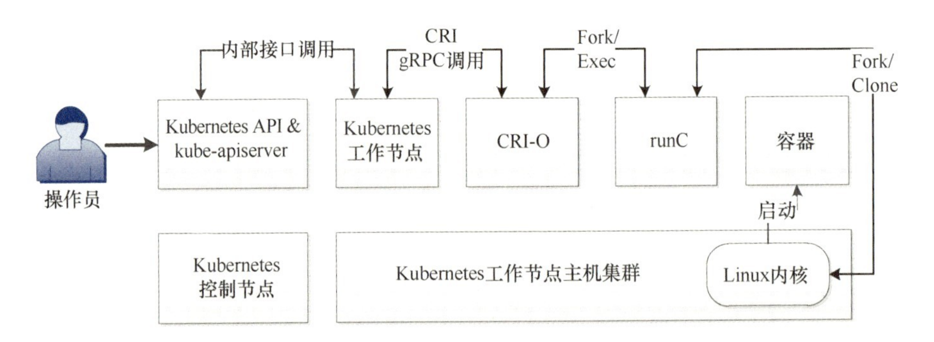

• 图 3-2　Kubernetes 1.20 及以后版本的容器创建调用过程

OCI、CNI、CSI 是容器运行时的三个技术标准，规定了容器镜像格式、容器管理接口的实现方式、容器存储和网络的对接方式，涵盖了容器计算、网络、存储三大领域。

其中，OCI 标准是容器运行时的实现标准，它包括两个重要的部分。

- 镜像格式规范。目前已定稿，定义如何打包制作一个容器镜像，以及容器镜像里的文件系统、镜像配置清单、镜像属性等数据格式。
- 容器管理规范。目前已定稿，定义如何读取一个容器镜像，并将这个镜像解压到文件系统包中，最后把这个镜像运行并管理起来的过程。

另外，OCI 标准还有尚未定稿的第三部分，即分发规范。容器镜像仓库最初是用来存储镜像文件的，随着云原生的发展，镜像仓库也会用来存储 Docker file、helm chart 或其他类型的文件，分发规范就是用来标准化这部分内容的。

CNI 定义了云原生平台中容器运行时的网络接口标准。CNI 插件是可执行文件，在 Kubernetes 平台上，将 CNI 插件的路径配置在系统中，kubelet 在创建容器的时候，会通过 CNI 接口调用配置的网络插件，完成容器的网络配置。CNI 架构如图 3-3 所示。

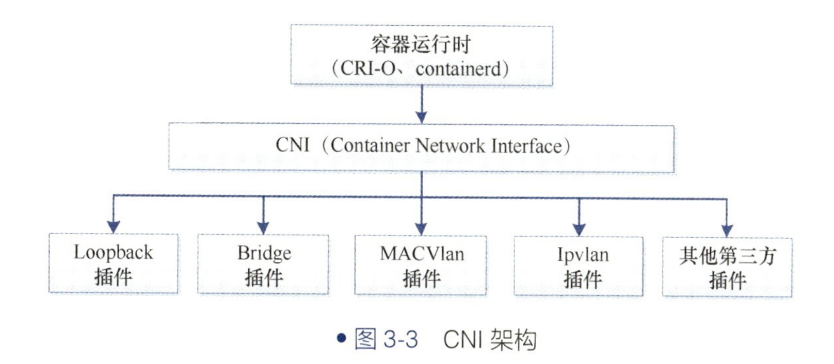

● 图 3-3　CNI 架构

CSI 定义了 Kubernetes 如何访问存储，并为 Pod 挂载存储。基于 CSI，存储厂商通过采用数据卷插件的方式提供自己的存储驱动。基于插件的方式，Kubernetes 能够支持丰富的存储类型。

3.1.2　平台架构

面向未来的私有云原生平台是符合云原生标准的、采用 CNCF 社区主流技术方案搭建的容器集群平台。这个集群平台支持容器应用的部署、开发、运维，同时也支持云原生的数据库和中间件的部署和运行。利用私有化的云原生平台能力，可以实现应用的动态扩展、应用的故障自愈以及应用的敏捷开发上线。

如图 3-4 所示为私有云原生平台架构。私有云原生平台整体是一套 Kubernetes 集群。作

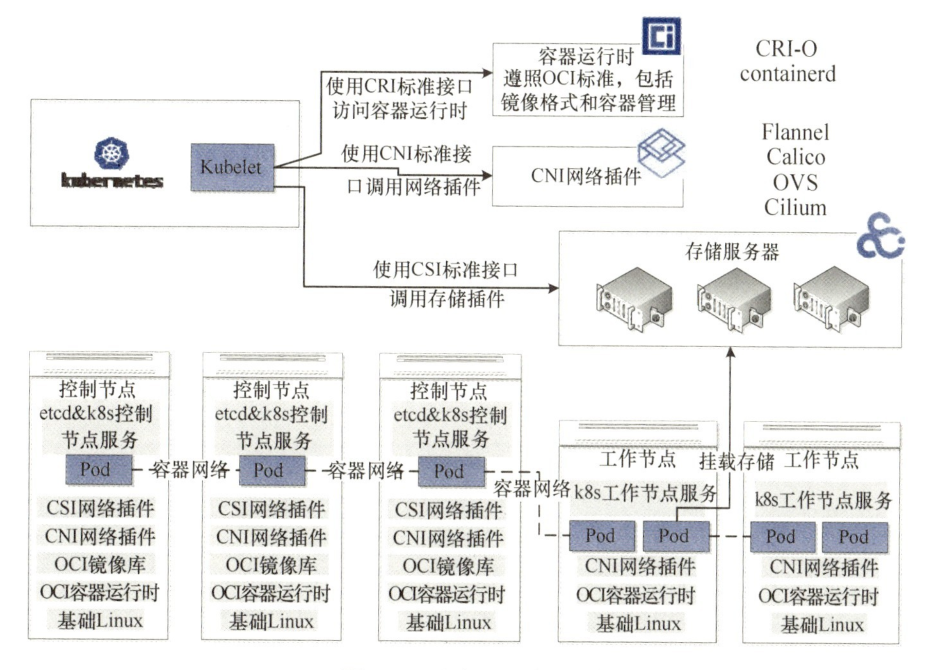

● 图 3-4　私有云原生平台架构

为可用作生产环境的平台，集群本身需要具备高可用恢复能力，所以控制节点采用 3 台部署。工作节点可以动态扩展数量。

云原生推荐的 CRI 标准容器运行时是 CRI-O 和 containerd。containerd 是从 Docker 中剥离出来的，与 Docker 有良好的兼容性。CRI-O 同样是云原生标准的容器运行时实现，比 containerd 更轻量级。搭建一个私有化的云原生平台，可以灵活选择不同的容器运行时。

对于 CNI 网络插件，如图 3-4 所示，可以选择 Flannel、Calico、Cilium 和 OVS。这四种网络插件的特点和对比见表 3-2。

表 3-2　CNI 网络插件列表

类　别	说　明	适 用 场 景
Flannel	CoreOS 开源的容器网络方案，成熟稳定、使用广泛。Flannel 只控制 Kubernetes 集群 node（节点）之间的流量传输，容器如何与主机联网不在 Flannel 考虑范围之内	准标准化的容器网络方案 简单、可靠
Calico	Calico 是一个基于 BGP 的纯三层的数据中心网络方案，与 OpenStack、AWS、GCE 等 IaaS 和容器平台都有良好的集成	适用于容器平台与传统 IaaS 平台联动的场景
Cilium	Cilium 基于 Linux 内核 BPF 包过滤器功能来实现，将字节码动态地插入 Linux 内核。Cilium 在 3 层和 4 层运行，提供传统的网络和安全服务。同时，Cilium 也在 7 层运行，以保护 HTTP、gRPC 等应用层协议通信	Cilium 通过 eBPF（通过 Linux 内核字节码注入在内核中实现网络能力扩展的机制）技术，是比较有前途的容器网络插件技术。适用于高性能、高安全性要求的容器平台
OVS	OpenvSwitch 是一个具有产品级质量的虚拟交换机，通过 OVS 的控制平面功能，管理员可以很容易地进行网络状态和流量的监控。OVS 对虚拟机也有良好的支持，可以运行在各种虚拟化平台中。此外，OVS 提供了对 OpenFlow 的支持，可以对接标准的 SDN 控制器	成熟、稳定。可以对接 OpenFlow，同时具有丰富的网络流量和状态监控功能，是云原生平台首选的网络插件之一

在云原生存储层，Pod 有两种挂载存储的方案。其中一种叫作“静态配置”，是先创建 PV（Persistent Volume，持久卷），然后在创建 Pod 的时候，基于现有的 PV 创建 PVC（Persistent Volume Claim，持久卷占用标记），至此 Pod 才可以正式访问这块存储。在这个过程中，需要预先在存储上划分好卷，然后在容器平台上通过 PV 与存储进行对接，容器平台也是通过 CSI 接口进行对接的。

另外一种是“动态配置”，与静态配置不同的是，动态配置先创建一个叫作存储类（StorageClass）的实体，StorageClass 描述了卷将由哪种卷插件创建、创建时的参数，以及卷的其他各种参数。在创建 Pod 的时候，集群会尝试基于 StorageClass 自动为 PVC 提供一个存储卷。

商业化存储产品有较多种类，比如 HP 3par，华为 FusionStorage 等。这些存储产品有一些通过 Kubernetes 内置的标准存储接口接入，比如 iSCSI、FC 和 NFS 等。有一些产品提供 CSI 兼容的插件，将插件部署并运行在云原生平台中，平台可以自动地发现识别并使用对应的存储。

在私有化云原生平台中，采用 CNCF 社区主推的 Ceph 存储。Ceph 是一个高可靠性、高可扩展性和高性能的分布式的存储系统，在稳定性、可扩展性方面是开源存储方案的翘楚。

图 3-5 所示为私有云原生平台存储使用架构方案，其展示了云原生平台对接 Ceph 存储的架构。在图中从 Ceph 云原生客户端层、Ceph 逻辑层以及 Ceph 物理层三个层次描述云原生平台的存储使用方案。

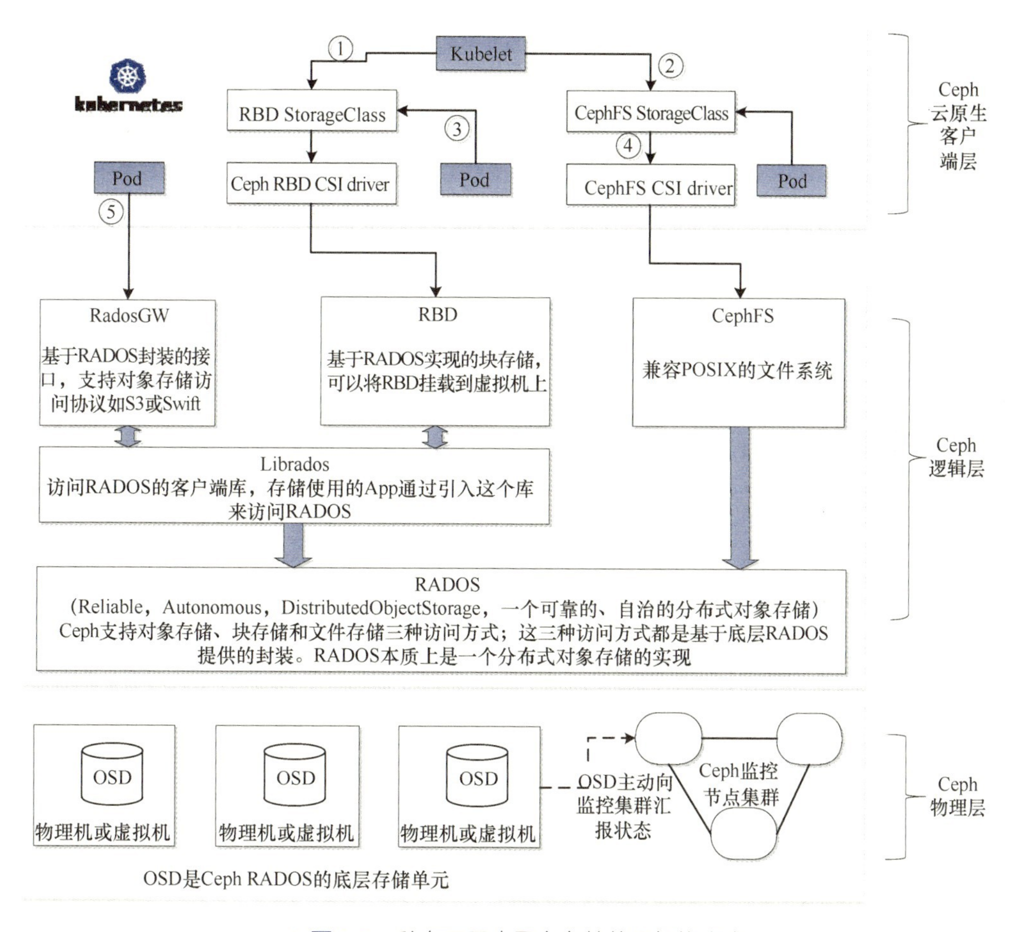

• 图 3-5　私有云原生平台存储使用架构方案

图 3-5 的中间部分是 Ceph 逻辑层的架构，Ceph 底层基于一种叫作 RADOS（Reliable，Autonomous，DistributedObjectStorage）的分布式对象存储来提供存储能力。上层基于 RADOS 提供的对象存储服务、RBD（RADOS Block Device）块存储服务和兼容可移植操作系统接口的存储服务。

Ceph 客户端用一定的协议和存储集群进行交互，Ceph 把此功能封装进了 librados 库。librados 库实际上是对 RADOS 进行抽象和封装，并向上层提供 API。RADOS 是一个对象存储系统，因此，librados 库实现的 API 也只是针对对象存储功能的。通过 librados 实现了 RadosGW、RBD 和 CephFS 服务，分别对应于对象存储服务、块存储服务和分布式文件系统服务。

针对云原生平台对接 Ceph 存储有如下两种方式。

- 通过 RBD CSI 驱动，对接到 Ceph 的块存储服务。
- 通过 CephFS CSI 驱动，对接到 Ceph 的文件系统服务，这种模式支持多个 Pod 同时读写同一块区域。

图 3-5 的上部分，展示了云原生客户端层对接 Ceph 的架构，标号中显示的步骤意义如下。

1）创建 RBD StorageClass。

2）创建 CephFS StorageClass。

3）基于 RBD StorageClass 创建 Pod，创建过程中会自动基于 Ceph RBD 存储创建 PVC。

4）基于 CephFS StorageClaas 创建 Pod，创建过程中会自动基于 CephFS 存储创建 PVC。

5）容器 Pod 可以直接访问基于 Ceph RADOS 提供的对象存储服务，使用 S3 接口。

图 3-5 最底层的部分展示了 Ceph 存储的物理层架构。Ceph 由 OSD 集群和 Monitor 集群组成。OSD 由底层操作系统和守护进程（OSDDaemon）两个部分组成。OSD 的操作系统部分本质上就是一台安装了操作系统和文件系统的计算机，每个 OSD 都拥有一个自己的 OSD-Daemon。这个 Daemon 负责完成 OSD 的所有逻辑功能，包括与 Monitor 和其他 OSD 通信，以维护及更新系统状态；与其他 OSD 共同完成数据的存储和维护操作；与客户端通信完成各种数据对象操作等。

OSD 与 Ceph 集群监控节点建立长连接通道进行心跳上报，OSD 主动上报状态。

3.2 公有云原生平台架构

公有云最初主要解决的问题是资源即取即用和资源按需付费，使用公有云服务的用户可以轻易地获取 IT 基础设施资源，同时按自己的使用量付费。在初期业务客户量小、资源使用量小的情况下，只需要付较少的费用。等业务量上去之后，通过公有云的资源伸缩能力，迅速地扩充底层资源使用量。在这个阶段，公有云主要提供的基础资源有计算、存储和网络三大类。

- 计算资源：包括弹性云主机、大型机服务器、GPU 服务器等。
- 存储资源：包括块存储、对象存储、文件存储等。
- 网络资源：包括虚机专有网络、负载均衡、弹性 IP、VPN 服务、NAT 网关等，另外还包括网络安全类的服务，如云防火墙、云堡垒机、漏洞扫描、态势感知等。

随着公有云服务的快速发展，包括数据库、大数据、企业应用管理、中间件服务等多种 PaaS 层服务的使用越来越广泛。这个时候形成了“资源+应用”的公有云服务形态。在这个服务扩充的过程中，随着容器技术和容器编排技术的发展，在公有云上也逐步提供了容器集群服务、服务网络、边缘容器、容器镜像等容器相关的服务。同时伴随着对企业应用上云需求的增多，跟应用相关的云服务也逐步地扩充和完善，这里包括微服务引擎、API 网关、分布式事务等。此外，跟敏捷开发和自动化文化相关的服务也逐步成型。

至此，形成了以计算、存储、网络、安全、应用和开发服务、容器服务、物联网服务、数据服务的公有云服务分类框架，如图 3-6 所示。

• 图 3-6　公有云服务类别

公有云基本上包括云原生相关的所有技术服务组件，通过这些组件的使用，能够搭建出完整的一套云原生平台。这些组件见表 3-3。

表 3-3　公有云上的云原生服务组件

类　别	云服务组件	说　明
Kubernetes	云容器引擎	提供一键部署、简化运维的 Kubernetes 集群能力
容器	分布式存储	提供容器 Pod 可以挂载的存储
	容器服务	提供基础容器运行能力，支持无服务模式下的容器部署、容器运行和容器运维
	容器镜像服务	支持容器镜像存储、镜像跨区域分发
	服务网络	Kubernetes 集群的微服务链路治理和链路可视化能力
微服务	微服务引擎	支持一键创建和管理微服务框架
	分布式事务	支持微服务应用之间的分布式事务
	中间件服务	Redis、Kafka、RabbitMQ、日志服务、关系型数据库等基于应用中间件。在云原生环境下，这些中间件都部署和运行在 Kubernetes 集群中
	API 网关	微服务框架应用的网关服务

（续）

类　别	云服务组件	说　明
DevOps	项目管理	支持开发项目管理、需求管理、迭代和变更管理
	代码托管	代码仓库服务
	流水线服务	持续交付的底层流水线支持
	编译构建服务	将代码编译构建出容器镜像的服务

依托公有云完善的存储、网络和计算支撑，在公有云上搭建一套云原生平台相对比较容易，架构也较为简单清晰。实际上公有云底层资源环境搭建的技术难度很大，只不过公有云厂商已经做好了，对于使用者而言，只需要使用即可，而不需要关注底层的架构。

图 3-7 展示了公有云环境下的云原生平台架构，在图中有三层，分别是云基础设施层、云原生平台服务层和在公有云原生平台上构建的业务应用层。

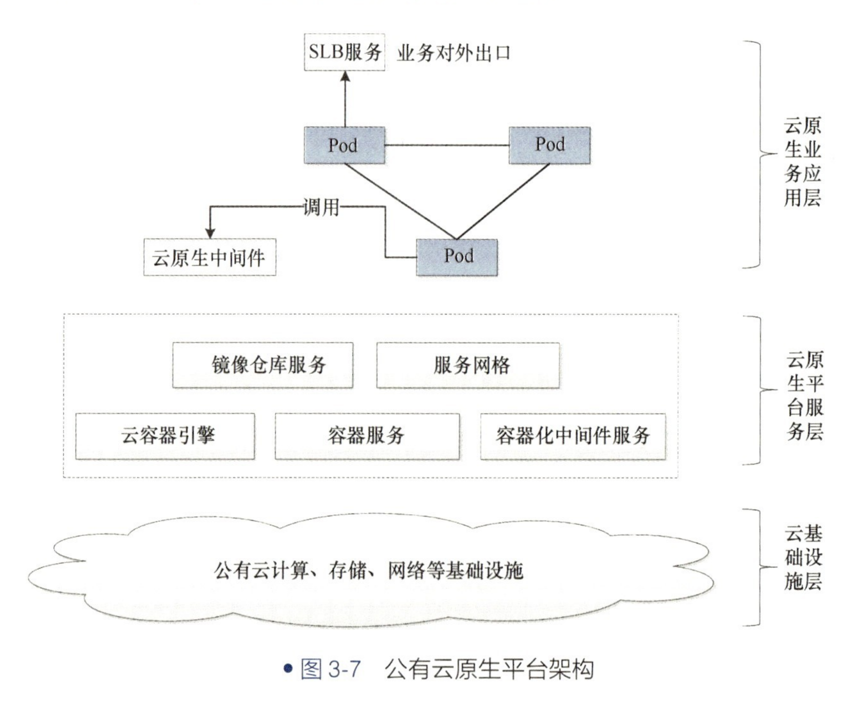

• 图 3-7　公有云原生平台架构

通过公有云上的服务构建的云原生平台，可以基本实现云服务供应商的无关性和技术架构的标准化。

通过云基础设施层，利用公有云底层提供的虚机管理、VPC 网络管理、块存储和对象存储支撑，可以构建出云原生平台运行所需要的底层资源。在图 3-7 中的云原生平台服务层中，在底层资源已经具备的基础上，利用公有云提供的云原生服务（例如云容器引擎）初始化并构建好 Kubernetes 基础平台。之后，在基于 Kubernetes 的基础平台上，通过构建和上传容器镜像、启动并运行容器 Pod，同时利用公有云平台提供的云原生应用中间件，将依托于云原生平台的业务应用搭建起来。

公有云平台普遍提供了完整的 DevOps 工具链，利用工具链上的云服务，可以较为简易地构建出 DevOps 全流程支撑。值得注意的一点是，公有云上提供的一些应用中间件很多时候是带有厂商属性和厂商特点的。在深度使用这些中间件的时候，要注意控制一下使用的特性，以免受到厂商绑定而失去了云原生应用平台所具备的可迁移、统一化的特征。

接下来将忽略公有云和私有云的独特特征，直接从云原生底层技术平台自身的特点入手，分别从容器层、Kubernetes 层和基础操作系统层讲述云原生平台层的安全保障技术。

3.3 容器层安全

对容器应用的安全攻击有多种形式，图 3-8 中汇总了从各个层面对容器应用进行攻击的手段，共标识出 5 种攻击手段。

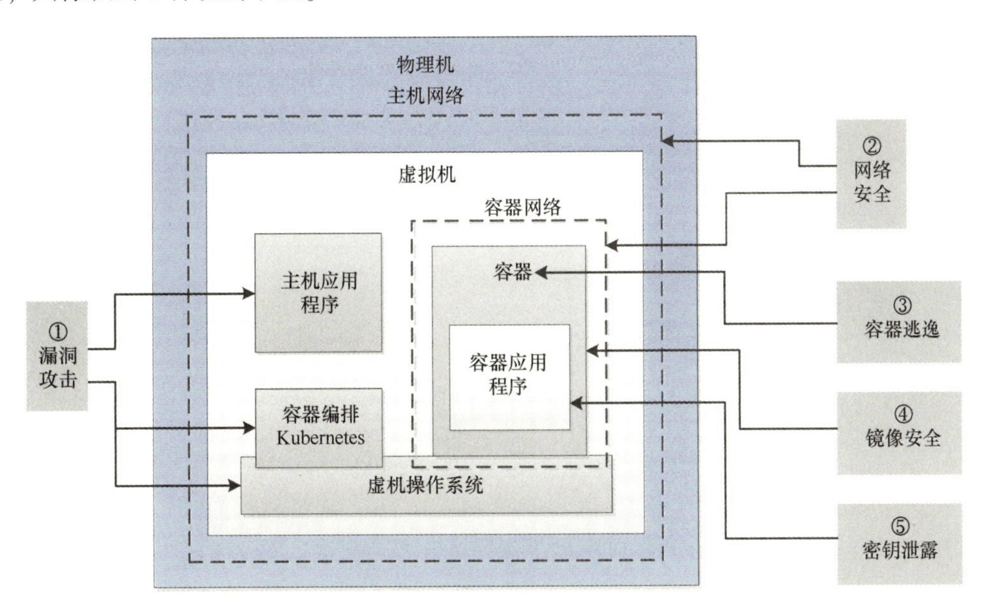

• 图 3-8　容器应用安全攻击手段

1）漏洞攻击。应用的生命周期从代码开始，除了应用程序本身的代码之外，还有大量的第三方依赖库。这些代码和第三方库中很可能存在漏洞，攻击者利用这些漏洞，进入应用系统内部。在云原生平台中，平台实现技术的复杂度增大，除了包含基础的主机操作系统外，还涵盖了虚机操作系统、容器编排系统和主机应用程序等基础组件，可能出现技术漏洞的范围也大大增加。

2）网络安全。同传统的网络边界安全攻击类似，在容器平台上，从主机网络到虚拟化网络再到容器网络，网络的复杂性也都增加了。不过网络架构再复杂，也脱离不了传统的

TCP/IP 网络架构，只不过在云原生平台下，网络架构从之前的基于物理设备的架构转变为虚拟化的网络架构了。

3）容器逃逸。这里的容器逃逸主要指的是利用容器运行时的漏洞获得更外围的权限和数据。代表未来主流的容器运行时有 containerd、CRI-O 等多种，在这些快速发展的云原生技术领域中，有很多未被发现的漏洞，让恶意代码有机会利用这些漏洞，脱离容器运行时的边界，非法访问主机系统的资源。

4）镜像安全。在云原生平台中，编写出来的代码最终会被构建成容器镜像，并以容器的形式运行。配置容器映像的方式跟容器镜像自身的安全性相关，不恰当的构建过程会有很大的可能引入安全问题。常见的问题包括配置容器以根用户方式运行、在主机上为容器赋予了超出需要的危险权限等。

5）密钥泄露。分布式应用有很多的配置数据和互相访问时所需要的密钥数据。在容器平台中，这些配置数据通常存储在平台的配置中心。配置中心通过加密的方式保存了这些数据，同时使用角色权限管理控制这些数据的读取和写入。密钥的不恰当管理会引起机密配置数据的外泄，对系统造成很大的安全隐患，所以对于 Kubernetes 密钥数据的安全保护和访问控制十分重要。

这一节专门描述容器层安全，通过对容器镜像、容器运行时、安全容器的使用以及安全注意事项的分析，来理解容器层的安全保障技术。

3.3.1 容器镜像安全

容器镜像是由编译构建而成，存储在镜像仓库中，由 Docker 命令或 kubectl 命令启动运行的软件包。在容器镜像的构建、保存、获取以及启动环节中，有很多安全隐患。

对于使用过 Docker 或 Kubernetes 的读者而言，对容器镜像都应该是比较熟悉的。首先一个容器镜像由两部分组成的，分别是根文件系统和镜像配置。通常构建一个容器镜像有几个步骤，首先获取一个基础镜像，比如 alpine 镜像。这个基础镜像可以通过 Docker run -it alpine sh 来启动。启动完成后可以通过命令进入启动好的容器之中。这个容器里有一套文件系统，这个文件系统就是根文件系统。这个基础镜像并不包含要运行的应用程序，这个时候需要编写 Dockerfile，在 Dockerfile 中通过 FROM、ADD、COPY 和 RUN 指令来修改镜像的根文件系统。通过构建 Dockerfile 所生成的新镜像就包含满足应用运行所要求的根文件系统了，这个文件系统中就包括了基础的根文件系统和应用的执行程序。

除了根文件系统外，另外一部分就是镜像配置。镜像配置是通过 USER、PORT 和 ENV 命令来配置和修改的。修改完成后，通过 Docker inspect 命令可以查看镜像的配置信息，下面是使用 Docker inspect 命令查看镜像配置的示例。

```
Docker inspect $IMAGE_ID |grep IPAddress
    "IPAddress": "172.17.0.3",
    "SecondaryIPAddresses": null,
```

容器镜像的配置信息是在容器真正运行的时候才被加载的。比如说，通过 ENV 设置了 IP 地址，那么这个 IP 地址会在容器镜像启动过程中由内置的命令将 IP 设置进去。镜像的配置信息也可以通过 Docker run -e <VARNAME>=<NEWVALUE>命令在容器启动中动态更改。

在 Kubernetes 中，通过在 yaml 声明文件中的 ENV 变量来设置容器的配置信息，下面是在 Kubernetes 中使用 ENV 的例子。

```
apiVersion: v1
kind: Pod
metadata:
    name: demo
spec:
    containers:
    - name: demo-container
    image: demo-reg.io/some-org/demo-image:1.0
    env:
    - name: DEMO_ENV
    value: "new value"
```

在上面 yaml 格式的声明文件中，运行了 demo-image 镜像，在 Pod 的启动过程中，注入了一个名为 DEMO_ENV 的变量名，把它的值设置为“new value”。

了解了容器镜像的分层和配置注入技术之后，接下来从容器运行时守护进程、Dockerfile 保护、镜像构建服务器保护、镜像仓库安全保护以及镜像扫描技术的应用这几个方面来了解容器层的安全保护技术。

1. Docker 守护进程的安全问题

Docker 这个词被大范围、多场合提及，在容器技术及云原生技术行业的人都非常熟悉。在不同的场合，Docker 这个词有不同的意义，为了接下来的表述能够清晰，这里先简单地梳理一下 Docker 这个词的意义。

首先 Docker 是一家公司，它出品了 Docker 软件。Docker 软件又有 Docker 运行时和 Docker 命令行这两大部分。Docker 运行时支持运行容器镜像；Docker 命令行支持发起编译构建并最终生成容器镜像，也支持调用 Docker 运行时来运行容器镜像。

一个完整的镜像配置文件包括了运行容器所需要的全部信息，这些信息包括主机名、存储卷、网络信息、虚拟内存等。当运行 Docker 命令时，命令行工具本身没有做什么事情，而是直接把命令发送到 Docker 守护程序中。平台需要使用 Docker 守护程序来管理和运行容器，所以 Docker 守护进程是一个长期运行的进程。Docker 守护进程需要以 root 根用户身份来运行。

在容器的创建过程中，Docker 守护程序首先在系统底层创建命名空间（Linux

Namespace)。Linux Namespace 提供了对系统资源的封装和隔离。处于不同 Namespace 的进程拥有独立的全局系统资源，改变一个 Namespace 中的系统资源只会影响当前 Namespace 里的进程，对其他 Namespace 中的进程没有影响。Linux 内核实现了多种类型的 Namespace，提供对包括计算和网络在内的不同类型资源的隔离。创建 Linux Namespace 是一个系统调用，需要使用根用户权限，这是 Docker 守护进程（docker daemon）需要以 root 用户来运行的原因。

由 Docker 命令构建的镜像是符合 OCI 标准的。由于 Docker 软件工具集的成熟度较高，在常见的使用场景下，使用一台服务器或一个服务器集群作为构建容器映像的服务器资源，并将构建出来的镜像存储在镜像仓库中。构建服务器必须运行 Docker 守护进程。命令行工具与守护进程之间通过套接字（docker socket）来通信，所以任何能够访问 docker socket 的应用程序都可以向守护进程发送指令。在没有安全保障的情况下，任何人都可以在这台机器上触发 docker build 命令。前面讲到过，docker daemon 是以 root 身份运行的，所以能够访问 docker socket 的用户有能力通过 Docker 进程运行所有底层指令。此外，如果发生了恶意操作行为，因为这些操作是由容器命令发起的，而不是由某个用户或其他进程发起的，所以很难追踪这些恶意操作的源头，给安全控制带来很大的隐患。这就是 Docker 守护进程的安全问题，也是 docker daemon 在安全性方面被诟病的主要原因。

为了避免由 Docker 命令引发的安全风险，可以使用一些专门的技术工具脱离对 docker daemon 的依赖，这些技术工具有 BuildKit、Podman、Bazel 等。

（1）BuildKit

BuildKit 是 Docker 官方社区推出的下一代镜像构建工具，官方宣称通过 BuildKit 可以更加快速、有效、安全地构建容器镜像。

BuildKit 的项目地址为 https://github.com/moby/buildkit。

BuildKit 由 Docker 公司推出，对 Dockerfile 有天然较好的支持。它内置高效缓存，支持并行构建操作能力，相比较 Docker 构建方式，其在执行效率上有明显的优势。另外，BuildKit 的安全也较为便捷，仅需要容器运行时就能运行。当前 BuildKit 所支持的容器运行时有 containerd 和 runc，这两个容器运行时也是云原生平台首推的两个主流选择。

BuildKit 由 buildkitd daemon 和 buildctl 两个进程组成，buildkitd 需要在平台中预先安装 runc 或 containerd。buildkitd 支持非 root 用户模式运行，可以通过非 root 用户来运行 BuildKit 的守护进程，避免了 docker daemon 的安全问题。

（2）Podman

Podman 是 Redhat 推出的一个无守护容器引擎，通过 Podman 在 Linux 系统上开发、管理和运行 OCI 容器。项目地址为 https://podman.io/。

Podman 的设计理念是完全按照 Docker 命令的模式来操作的，官方甚至推荐直接使用

“alias Docker=podman” 命令来替换 Docker 命令行。在 Podman 的架构设计中，没有采用 Docker 所采用的客户端/服务器模式，而是采用本地 fork/exec 模式，在运行的时候主动 fork 一个进程，所以 Podman 没有守护进程。通过这种方式，大大提升了容器生命周期中的安全性控制。

（3） Bazel

Bazel 是一个功能强大的多语言编译器，可以编译 Java、C++、Android、iOS、Golang 应用程序，同样也支持容器镜像的编译构建。其原理是通过扩展插件机制，来添加对新语言及新平台的支持。项目地址为 https://github.com/bazelbuild/bazel。

使用 Bazel 分为两个步骤，首先是创建一个工作空间，Bazel 从这个工作空间里查找编译文件和 Bazel 运行时所需要的配置文件。之后，创建 Bazel 所需要的 BUILD 文件，在 BUILD 文件中定义了编译构建的执行过程。当 Bazel 执行构建时，先加载与构建相关的文件，分析其输入和依赖关系，根据指定的规则生成动作图。再根据动作图执行构建操作，直至生产最终的容器镜像。Bazel 由谷歌公司开源，在谷歌内部有广泛的使用。

2. 保护 Dockerfile 和镜像构建服务器

虽然在新版本的 Kubernetes 中默认的容器运行时不再是 Docker 了，但是通过 Docker 命令构建出来的容器镜像格式仍然是符合 OCI 标准的。大部分容器镜像也都还是通过 Docker 命令或者 Docker 的下一代镜像构建工具 BuildKit 来构建生成的。容器镜像的构建分很多个步骤，在每个步骤中都有可能引入不同的安全问题。图 3-9 展示了镜像从代码到构建，再到部署的全过程阶段以及各阶段中可能存在的安全隐患。

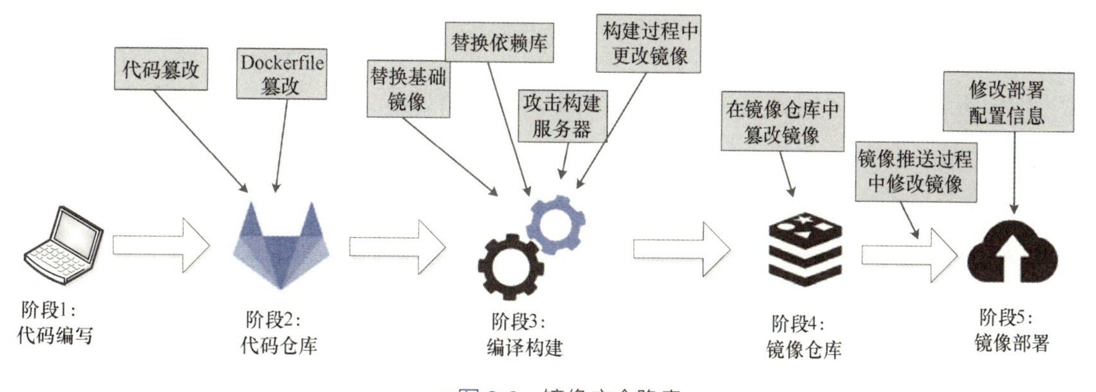

• 图 3-9　镜像安全隐患

对于 Dockerfile 和构建过程的安全保护建议有以下几条。

1） 不要把关键信息存储在 Dockerfile 中。

镜像是由一个 Dockerfile 来定义的。Dockerfile 中定义了镜像构建过程中的一系列指令，这些指令或者是用来修改镜像文件系统的内容，或者是用来更改镜像的配置信息。镜像文件系统和配置信息都保存在镜像中，获取了镜像就相当于获取了所有的数据。

从安全角度来看，要避免将涉密数据保存在镜像中，比如密码或令牌信息。

```
FROM alpine
RUN echo "top-secret" > /password.txt
RUN rm /password.txt
```

在上面的例子中，虽然在最后一步命令中，把 password. txt 文件删掉了，但是由于 Docker 的文件系统采用分层结构，在镜像构建完成后，通过 docker inspect 指令就可以轻易地查看到保存在镜像中的历史数据。这些数据又是涉及安全的机密数据，就有可能造成密码泄露。

2）合理地使用基础镜像。

Dockerfile 中的第一个指令是 From，后面跟着的那个镜像就是基础镜像。首先基础镜像必须来自正规的镜像仓库，比如 Docker 官方仓库或国内主流厂商提供的容器仓库等。如果使用其他非法镜像仓库中的镜像，可能在这个仓库里的镜像本身就被注入了漏洞。镜像的大小是一个简单而有效的安全性判断参数，同样功能的基础镜像，通常情况下，镜像越小越好。由于小的镜像去掉了无用的组件，组件越少，安全隐患就越少。Alpine Linux 是一个 Linux 社区开发的面向安全应用的轻量级 Linux 发行版，具有体积小、稳定、社区活跃、使用量大的优点，得到了广泛的使用。此外，体积小的镜像还有减少网络传输时间的好处。

在通过 Dockerfile 构建镜像的时候，Dockerfile 中的指令要进行精简。这里举个例子来说明怎么进行指令精简。比如把一个可执行程序打入镜像中有两种方式可以实现：一是在 Dockerfile 中写明编译指令，把代码编译成可执行文件，然后通过 COPY 指令打入镜像中；另一个方式是只在 Dockerfile 中写 COPY 指令，而可执行文件的编译过程则依赖其他工具来操作。根据精简的原则，应该使用第二种方式，以避免复杂的 Dockerfile，而且避免了在镜像中引入编译器等额外的工具，构建出来的镜像也会小很多。

3）使用非根用户。

通过 USER 指令指定 Dockefile 中的命令以非 root 用户来运行。在指定用户之前，需要确保这个用户在系统中。比如下面的例子就是以 redis 用户启动 redis-server 程序。

```
RUN groupadd -r redis && useradd -r -g redis redis
USER redis
RUN [ "redis-server" ]
```

使用 redis 用户而非 root 用户的原因是：在容器中以 root 用户运行的程序，在操作系统层面也同样会映射为 root 用户程序，会造成安全隐患。在 3.5 节会深入讲解相关内容。

4）避免挂载主机的重要路径。

Dockerfile 中的 VOLUME 指令可以把宿主机的某个目录挂载到容器中。VOLUME 指令的功能很强大，它可以把宿主机上的/etc 或/bin 这样的路径挂载到容器中。如果挂载了这些路径，那么就等于把系统的关键目录交给了容器中运行的应用程序，同时也把安全风险带给了容器。

5）保护镜像构建服务器。

在镜像的构建阶段，针对构建服务器的保护也尤其重要。由于业务系统运行的镜像都是从构建服务器中生成的，如果构建服务器被恶意侵入，黑客可以篡改容器所依赖的基础镜像，也可以修改构建过程中所依赖的第三方包，从而在系统底层引入了巨大的安全风险。在实际生产场景中，推荐使用独占的构建服务器或集群来专门负责编译构建任务，同时为服务器配置专门的网络访问策略和访问堡垒机，来保证构建服务器自身的安全。

3. 镜像仓库安全保护

镜像仓库用于存放容器镜像，每个镜像通过镜像的“仓库地址-镜像名称-镜像 Tag”来唯一标识。构建自己的私有镜像仓库便于企业精细控制对镜像的访问，通过设置认证权限和网络访问策略，可以更好地对镜像进行保护，同时也便于对镜像的存取进行可视化监控。此外，私有镜像仓库降低了通过 DNS 攻击来伪装仓库地址的可能性。

镜像仓库由上层的仓库软件和下层的存储支撑组成。常用的仓库软件系统有 Docker Registry 和 Harbor。Docker Registry 是最流行的开源私有镜像仓库，其最大的优点就是简单。下载运行一个 Docker Registry 容器并配上对应的文件存储即可启动一个简单的私有镜像仓库服务。Harbor 在 Docker Registry 的基础上扩充了基于角色的访问权限控制、漏洞扫描、可视化 UI 和监控审计功能，是最常见的可以在生产环境使用的镜像仓库服务。

对于镜像仓库所使用的底层存储的保护也是很重要的一个环节。假设在公有云上运行一个镜像，其底层的存储依赖于公有云提供的对象存储服务，需要为对象存储系统配置访问权限。

存储在镜像仓库中的镜像在其被使用之前，需要检查一下它的签名，以免这个镜像被恶意替换或修改，导致不知不觉中运行了有安全问题的应用镜像。

在镜像升级过程中，也很容易引入安全漏洞。常规操作下，基于镜像签名检查的镜像升级过程有如下三个步骤。

1）从镜像仓库中下载新版本的镜像和这个镜像的签名文件。

2）通过受信任的密钥来计算这个镜像的签名。

3）检查签名是否正确，如果比对无误，那么信任这个镜像是安全的。

在这个常规的镜像升级过程中，仍然潜藏着众多的安全隐患。常见的攻击者可能会通过下面这三个手段进行安全渗透。

1）攻击者提供一个新版本的，但是存在安全漏洞的镜像。

2）攻击者替换签名密钥，导致误认为是安全的镜像。

3）攻击者不间断地用同一个镜像发起版本升级，影响系统的稳定性。

TUF（The Update Framework）是 CNCF 社区中最为主流的，也是广泛使用的应用升级管理方案。在 TUF 官方网站上有比较全面的镜像升级过程中的安全问题描述（https://github.com/theupdateframework/tuf/blob/develop/docs/SECURITY.md）。TUF 在其存储库中为镜像文件存了一些额外的文件，这些文件被称为镜像的元数据文件。TUF 元数据文件包含附加信息，如哪些密钥受信任、文件的加密哈希、元数据上的签名、元数据版本号以及元数据应被视为过期的日期信息等。

将 TUF 集成到应用系统中，应用系统使用 TUF 来检查更新，TUF 在检查更新时，会自动检查元数据文件来确定是否需要更新。如果 TUF 报告有可用的更新，软件系统通过 TUF 下载镜像文件。下载完成后，根据 TUF 存储库中的元数据检查文件的合法性。如果下载的目标文件是可信的，TUF 通知软件更新系统来完成镜像升级。通过 TUF 进行升级管理可以有效地避免攻击者从镜像升级这个环节来影响云原生平台的安全性。

4. 镜像安全扫描

软件漏洞是指一种特定的软件缺陷，黑客攻击者可以利用这些软件缺陷达到非法访问或攻击系统的目的。如果一款大量使用的软件被发现有漏洞，就很可能会发生大范围的安全事件。在现今，有一整套的漏洞研究和汇报体系专门用来发掘软件漏洞，尤其是在基础操作系统和基础依赖软件库领域。一个新发现的软件漏洞会被 CVE 标号所标示，这个标号是全球唯一的。比如 2014 年发现的 ShellShock 漏洞，它的官方 CVE 编号是 CVE-2014-6271。CVE 的全称是“Common Vulnerabilities & Exposures（通用漏洞披露）”，其官方网站是 http://cve.mitre.org/。

软件应用包有很多的第三方库依赖，不同的编程语言有各自的依赖库管理软件。比如 Node.js 通过 npm 管理依赖包，Python 使用 pip，Java 使用 Maven 或 Gradle 等。使用这个依赖包管理软件下载的依赖库，在保证了应用所关联的依赖被满足的同时，也可能会引入软件漏洞风险。在 2021 年年底就爆出了 Apache Log4J 远程代码执行漏洞，作为 Java 世界中最为广泛使用的日志打印函数库，其所带来的影响可谓是核弹级，给业界的 Java 应用带来升级混乱的同时，也给重视和防范从第三方依赖库中引入安全漏洞这一问题做了一个大大的警示。

处理软件漏洞是应用安全控制中不可忽视的一个领域，通过漏洞扫描软件可以识别存在哪些漏洞并评估其严重性、确定其优先级。对于容器镜像也是这样的，在云原生平台中，需要对镜像进行扫描，识别出漏洞之后，分析并制定相应的处置手段来解决或缓解这些问题。

容器镜像扫描通常是作为镜像仓库的一个可插拔的扩展功能。当用户将镜像上传到镜像仓库时，系统自动或者用户手动触发镜像扫描功能，将当前镜像的风险漏洞展示出来，由用户自己决定是否下载或者系统直接隐藏包含很多高风险等级漏洞的镜像。镜像的扫描工具很多，在开源社区中比较主流的有 Trivy、Clair、Anchore 等，还有很多的商业化镜像扫描产品如 JFrog、Aqua 等。常见的镜像仓库服务比如 Harbor 也都集成了镜像扫描工具。

但镜像扫描工具并不是万能的，不能依靠镜像扫描来解决所有问题，各种镜像扫描手段也都有自身的局限和问题。以 Harbor 镜像仓库内置的镜像扫描工具 Clair 为例，Clair 的原理是找到每个镜像文件系统中已经安装的软件包与版本，然后跟官方系统公布的信息比对。官方已经给出了在哪个版本系统上哪个版本软件有哪些漏洞。比如 Debian 6 系统上，nginx 1.12.3 有哪些 CVE 漏洞，通过对逐个安装的软件包比对，就能得知当前这个镜像一共有多少 CVE。但如果 Debian 6 和 nginx 1.12.3 镜像中的软件包信息并不在 Clair 的信息库当中，那么就会出现漏扫的情况。另外漏洞扫描工具可能会因为软件包名冲突等原因，错误地汇报漏洞信息。在实际使用中，基本上每款漏洞扫描工具都会出现误报的情况。

镜像扫描的对象是静态的容器镜像，但是针对运行起来的容器镜像，并没有手段阻止运行在容器中的程序下载附属的程序，然后把附属的程序再运行起来。在容器中运行的程序自动下载程序的情况比较多见，在很多时候这种下载附属程序的行为会被用作自动更新应用程序的一种方式。在实际使用中，更推崇使用不可变容器镜像。不可变容器镜像是指一旦容器镜像运行起来后，这个容器镜像就不能再被修改。如果要发布新的软件版本，针对不可变容器镜像，正确的做法是编译构建新版本的容器镜像，通过持续交付工具自动对容器镜像进行漏洞扫描，把新版本的镜像发布到生产环境中。可以通过挂载只读文件系统的方式来实现不可变镜像，只需要在启动容器的时候添加 read-only，针对需要往容器中写入临时文件的应用程序，通过配置 tmpfs 来指定可写目录。

下面这个实例指定了/run 和/tmp 为可写路径，其他的文件路径为只读。

```
Docker run -d --read-only --tmpfs  /run  --tmpfs /tmp $ IMAGE
```

基于不可变容器镜像的理念，如果能够针对运行起来的容器，自动检查容器内容是否被修改，这也是一种有效防止漏洞注入的手段，这种手段叫作“漂移预防”。在为云原生平台引入镜像扫描工具和流程的同时，配合主动容器漂移预防手段，能够有效提升云原生平台的安全防护能力。在容器启动时，当有新的可执行文件运行时，漂移预防工具主动地检查这个程序是否是预置的。如果是预置的，再进一步检查可执行文件的指纹是否一致。如果发现文件被修改过，就主动阻止程序的运行。在 GitOps 流程中，将容器配置以代码的形式存储在版本库中，自动比对运行中的版本是否与代码版本库中的配置一致。在发现不一致的情况下，自动告警或中止执行。在第 8 章会继续重点讲解 GitOps。

3.3.2 容器运行态安全

容器的运行态是指在运行状态中的容器。运行的容器会相互干扰，一个有恶意行为的容器会干扰其他容器或者容器平台的正常运行。

1. 容器沙箱技术

假设在一个集群中有两个容器工作负载，理想情况是它们相互不干扰。一种方法是隔离它们，以便它们彼此不知道对方的存在，虚拟机就是采用这种方法隔离的。另一种方法是限制这些工作负载可以执行的操作，即使一个工作负载以某种方式知晓对方的存在，它也无法采取直接的行动来影响对方。这种隔离方式称为沙箱，即通过限制工作负载能够访问的资源和权限来控制程序之间相互影响的一种技术。

当在一个容器中运行一个应用程序时，这个容器就作为这个程序运行的沙箱。容器限制了这个应用程序运行的空间不超出容器所限定的范围，一旦这个容器被攻破了，攻击者就会试图扩大其攻击范围。而因为有沙箱的存在，限制了攻击扩大的范围。在容器技术领域，有很多通过限制容器访问能力来降低安全风险的沙箱类的技术，比较常用的是 Seccomp 安全技术模式和 gVisor 技术。

Seccomp（全称 Secure Computing Mode）在 2.6.12 版本（2005 年 3 月 8 日）中引入 Linux 内核，将进程可用的系统调用限制为四种：read、write、_exit、sigreturn。最初的这种模式是白名单方式，在这种安全模式下，除了已打开的文件描述符和允许的四种系统调用外，如果进程尝试其他系统调用，内核就会使用 SIGKILL 或 SIGSYS 终止该进程。

Seccomp 的限制非常严格，尽管其保证了主机的安全，但由于限制太强实际作用并不大。在实际应用中需要更加精细的限制，为了解决此问题，引入了 Seccomp-Berkley Packet Filter（Seccomp-BPF）。Seccomp-BPF 是 Seccomp 和 BPF 规则的结合，它允许用户使用可配置的策略过滤系统调用。该策略使用 Berkeley Packet Filter 规则实现，它可以对任意系统调用及其针对调用输入的常数参数进行过滤。Seccomp-BPF 在 3.5 版（2012 年 7 月 21 日）的 Linux 内核中（用于 x86 / x86_64 系统）和 Linux 内核 3.10 版（2013 年 6 月 30 日）被引入 Linux 内核。

BPF 是一种过滤机制，由网络阀（Network Tap）和包过滤器组成。网络阀用于从网卡设备驱动处收集网络数据包，并负责向已注册监听的用户态应用程序递交数据。过滤器则是用于决定收集的网络数据是否满足过滤器要求，满足条件的则进行后继的复制工作，否则丢弃该数据。当数据包到达网络接口时，链路层的设备驱动程序通常是将数据包直接传送给协议栈进行处理。而当 BPF 在该网络接口注册监听时，链路层驱动程序将数据包传送给协议栈之前，会先调用 BPF。

Seccomp-BPF 在过滤系统调用的时候，Seccomp-BPF 过滤器程序可以查看系统调用的操作码和参数，借助了 BPF 定义的过滤规则和 BPF 过滤器程序，决定这次调用是否是被允许的。在容器中有很多无意义的系统调用接口暴露给了在容器中运行的应用程序，这些无意义的系统调用有很多，比如，常见的 clock_adjtime 和 clock_setime 系统调用，在容器中几乎是没有场景需要调整系统时间的；又或者在容器中可以通过 create_module、delete_module 和 init_module 来安装或控制内核驱动模块，而这些驱动控制模块在容器里通常也是没有意义的。作为一个进程隔离的沙箱，容器对进程限制的粒度越精确越有效，对程序的隔离和安全控制的效果就越好。

与 Seccomp 相比，Seccomp-BPF 能够对越界行为进行更为精细的控制，它可以控制越界行为发生时的后续操作，包括终止程序或仅是调用跟踪程序。这种机制在容器及云原生环境下作用很大。

Docker 默认的 Seccomp 配置文件为容器提供了默认的安全设置。总体来说，默认全配置禁用了 300 多个系统调用中的 44 个。这个默认配置在提供适度保护性的同时，也考虑和平衡了上层应用程序的兼容性。下面是 Docker 默认的 Seccomp 配置文件的片段，通过这个配置文件片段来对 Seccomp 推荐配置建立一个初步印象，更细节的知识感兴趣的读者可再去查看专门的技术资料。

```
{
    "defaultAction": "SCMP_ACT_ERRNO",
    "archMap": [
        {
            "architecture": "SCMP_ARCH_X86_64",
            "subArchitectures": [
                "SCMP_ARCH_X86",
                "SCMP_ARCH_X32"
            ]
        },
        {
            "architecture": "SCMP_ARCH_AARCH64",
            "subArchitectures": [
                "SCMP_ARCH_ARM"
            ]
        },
...

    "syscalls": [
        {
            "names": [
...

                "chdir",
                "chmod",
                "chown",
                "chown32",
                "clock_adjtime",
                "clock_adjtime64",
                "clock_getres",
                "clock_getres_time64",
                "clock_gettime",
                "clock_gettime64",
                "clock_nanosleep",
...
```

完整的 Seccomp 配置文件的下载地址为 https://github.com/moby/moby/blob/master/profiles/seccomp/default.json。

启用 Seccomp 的方式并不复杂，在启动容器时，通过指定 security-opt 来启用 Seccomp，在参数中配置 security-opt 来指定 Seccomp 属性文件。

```
$ Docker run --rm \
        -it \
        --security-opt seccomp=/path/to/seccomp/profile.json \
        hello-world
```

但是 Kubernetes 没有默认支持的 Seccomp 配置文件，即使使用 Docker 作为容器运行时，Kubernetes 还是没有提供 Seccomp 支持。基于 OCI 标准的容器运行时（如 containerd），对 Seccomp 的支持还在快速发展当中，有部分商业化产品也已逐步成型。

gVisor 是谷歌发布的一种新型沙箱工具，它通过类似于虚拟机 hypervisor 层的实现机制，对容器的系统调用进行封装来进行访问隔离。gVisor 整体架构上有三个组件：Runsc，Sentry 和 Gofer。类似于 RunC，Runsc 也是一种容器运行时引擎，负责容器的创建与销毁。Sentry 提供了大部分 Linux 内核的系统调用，将容器内进程的系统调用转化为对这个“内核进程”的访问，容器内程序的系统调用都由它进行处理。Gofer 是文件系统的操作代理，I/O 请求都会由它转接到 Host 上。gVisor 的调用关系如图 3-10 所示。

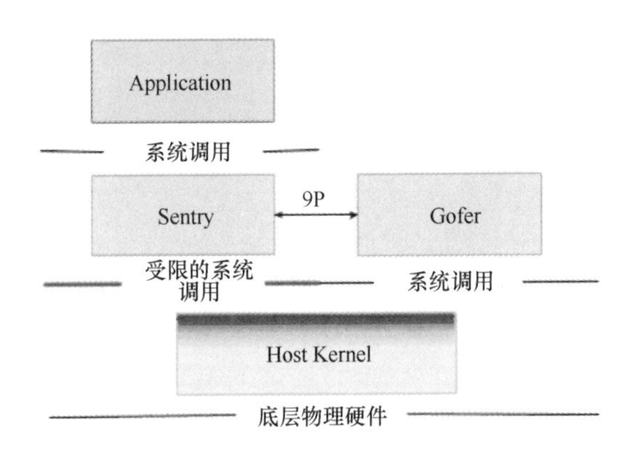

• 图 3-10 gVisor 通过 Sentry 封装底层系统调用

在 gVisor 中，Sentry 拦截了应用程序与主机系统调用的直接交互，取而代之的是由 Sentry 实现的系统调用接口。此外，Sentry 本身可访问的系统调用已经被最小化，Sentry 可访问的系统调用是一个更安全，且更受限制的集合。通过这两个手段，gVisor 将应用程序直接进行系统调用的可能性降到最低，另外将间接利用（通过有漏洞的 Sentry）漏洞的可能性也降低到最低。

gVisor 也跟 Linux 一样通过 Gofer 对文件系统做了一层抽象，提供了 VFS 层，在其下分别实现了具体的文件系统，有 9p、tmpfs、procfs、sysfs 等。gVisor 兼容 OCI，因此它的 rootfs

文件就来自容器 OCI 镜像各层聚合以后的 rootfs。为了减少 Guest App 直接对 Host 系统调用的依赖，Sentry 使用 9pfs，这是一个增强安全性的文件系统。应用程序通过 9p 协议与 Runsc 进程通信（内部运行 Gofer Server 的功能），通过 Runsc 间接地来对 Host 的 rootfs 进行操作。

通过 Runsc 启动容器即产生了一个安全的容器沙箱，下面的命令是启动 Runsc 和运行容器的示例。

```
/usr/local/bin/runsc install
sudo systemctl reload Docker
Docker run --rm --runtime=runsc hello-world
```

2. 使用非 root 用户来运行容器

在容器镜像安全一节中讲到过，在默认情况下容器运行时是以 root 用户身份运行的，除非为容器镜像指定了非 root 用户。默认情况下，同容器运行时一样，容器实例也将以 root 身份运行。通过下面这个例子可以看到，即使是由一个有 Docker 命令执行权限的非 root 账号启动一个容器，容器内的用户身份仍然还是 root。

```
$ whoami
lixf
$ Docker run -it alpine sh   #创建并进入一个容器
/ $ whoami
root
```

继续上面这个例子，在容器中执行一个命令，可以看到这个命令在主机操作系统层面上仍然也是以 root 身份运行的。

```
#创建并进入 alpine 容器,执行 sleep 命令
/ $ sleep 100
$ ps -fC sleep
UID PID PPID C STIME TTY TIME CMD
root 30223 30643 0 13:12 pts/0 00:00:00 sleep 100
```

从上面的示例中可以看到，在启动的容器中执行命令，在默认情况下，这些执行的命令也都是以 root 身份运行的。上面的例子使用的是 Docker 运行时，runc 运行时在默认配置下也是同样的表现。镜像中很可能存在已经被发现或者未被发现的安全漏洞，如果一个攻击者逃出了容器的限制，那么攻击者就可以把容器内部以 root 身份运行的程序作为跳板，获得主机的 root 权限，最终获得操作主机所有资源的能力。

针对运行的容器，通过一些手段可以避免以 root 身份运行程序。在使用 Docker 作为容器运行时的环境下，通过--user 指令来指定容器进程的用户属性，例如：

```
$ Docker run -it --user 2000alpine bash
```

对于使用 runc 运行时的 Kubernetes 集群，通过在 runc 的 config. json 文件中指定容器的 uid 来改变容器默认的用户。下面这个例子是 runc 的 config. json 配置文件。

```
...
"process": {
"terminal": true,
"user": {
"uid": 2000,
...
}
...
```

在命令行中，通过 runc 创建一个容器并进入容器内部执行一个指令。

```
 $ sudo runc run sh
/ $ whoami
whoami: unknown uid 2000
/ $ sleep 100
    $ ps -fC sleep
UID PID PPID C STIME TTY TIME CMD
2000 26909 26893 0 16:16 pts/0 00:00:00 sleep 50
```

上面的例子先在 runc 的配置文件中指定默认的用户是 uid 为 2000 的一个用户，然后通过 runc 创建一个容器，这个容器中运行的程序默认将以 uid 为 2000 的用户身份来运行。

在容器镜像安全一节中曾讲到，在 Dockerfile 中可以通过 USER 指令在镜像层中指定容器进程的用户属性。这也是一种在镜像中指定和固化程序用户属性的方式。但需要注意的一点是，通过公共镜像仓库下载的容器基础镜像，其默认用户都是 root，原因在于作为公共镜像，在镜像层中不能假定主机拥有什么账户名，所有公共镜像，它们的用户属性都是 root。以至于所有基于公共镜像运行的容器，如果不做专门处理，容器进程都是以 root 身份运行的。

这一节讲述了容器内的进程以 root 身份运行的问题。但是在大部分情况下，容器本身仍然需要使用 root 用户或者有 root 用户权限的用户来运行。其原因是：创建容器的过程中需要创建包括 namespace 的底层资源，这些底层资源的创建需要 root 权限来完成。在 Docker 运行时环境下，即使不直接用 root 账号来创建容器，也要求执行操作的账号属于一个叫作 Docker group 的用户组。这个用户组下的账号有权限往 Docker socket 上发送命令，然后通过 Docker daemon 来解析和执行命令，其本质上也仍然是由 root 账户操作的。

目前业界在容器运行时去 root 化上，采用的方法是使用用户命名空间（User Namespace）特性。用户命名空间将主机系统上的一个非 root 用户映射成为容器中的根用户，如果容器中的根用户逃逸出了容器的限制，那么在主机上，它仍然是一个权限受控的用户。User Namespace 特性需要底层文件系统的支撑，基于底层文件系统的能力来支持文件权限在用户及用户组之间的映射。

使用这种方法的容器，从容器自身看来，自己是以 root 用户来运行的，但是实际上从主机的角度来看，它仍然是一个普通用户。通过这种方式，容器不需要拥有超过其所需的权限和能力。在云原生平台技术领域，当前这部分是一个研究的热点。这方面的详细信息可参考 User Namespace 的帮助文档 https://man7.org/linux/man-pages/man7/user_namespaces.7.html。

3.3.3 安全容器 Kata

通过传统的容器运行时运行的容器，实际上是一个运行在主机系统 Namespace 中的一个进程。Kata 的做法不一样，Kata 是把容器运行在一个单独的虚拟机中，通过 Kata 实现了通过虚拟机的方式来运行容器，同时采用一种符合 OCI 标准的方式来管理这个容器。Kata 本质上是通过轻量级虚拟机来构建更为安全的容器运行时，这些虚拟机的操作，使用和性能均类似于容器。但是相比容器技术，Kata 使用硬件虚拟化技术提供额外的底层防御，支持更强的工作负载间的隔离性。

相比传统 OCI 容器运行时，Kata 首要的一个特征就是安全性。Kata 容器在专用的内核中运行，提供网络、I/O 和内存的隔离，并可以通过虚拟化 VT 扩展技术利用硬件的强制隔离能力。图 3-11 是 Kata 的逻辑架构图。

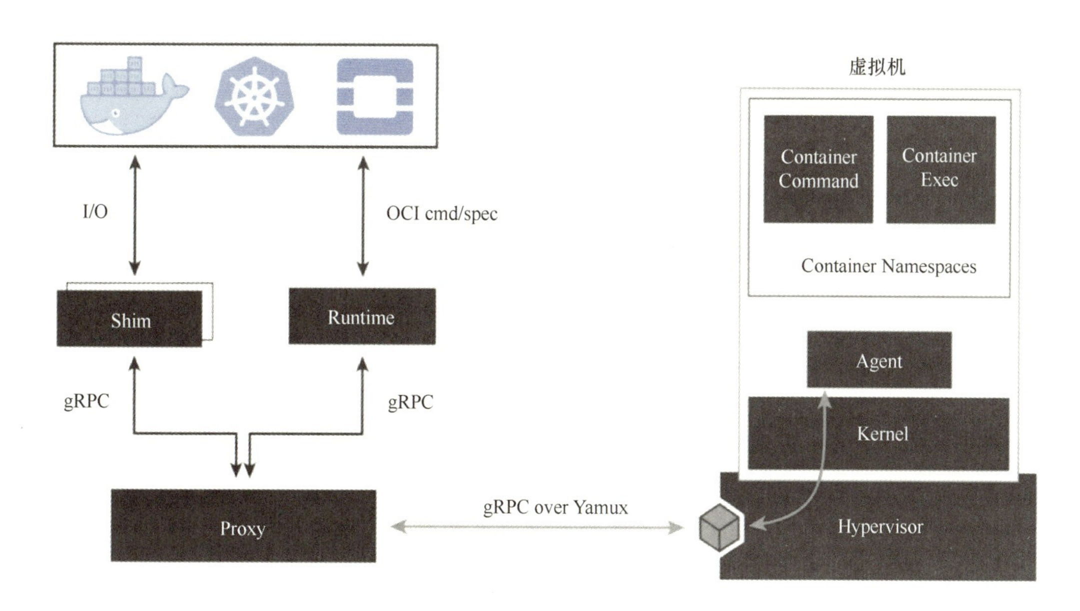

● 图 3-11 Kata 逻辑架构图

图 3-11 的左半边是 Kata 的接口层，运行在容器控制节点或 Kubernetes 集群的控制节点中。首先 Kata 是符合 OCI 标准的，对外呈现的接口支持云原生标准的调用方式。OCI 接口通过调用 Kata 的接口适配层来对接 Kata 服务，接口适配层即图 3-11 中的 Shim 组件。然后 Kata Shim 通过 gRPC 调用宿主机上的管理接口，这个管理接口是由 Hypervisor 提供的。Hypervisor 获取容器镜像，通过容器镜像来引导虚拟机。Kata 的容器镜像是基于 Clear Linux，

并针对内核启动时间和内存占用进行了高度优化而生成的，这个容器镜像被称为“迷你O/S”（mini O/S）。在这个 mini O/S 中，仅有系统引导程序 systemd 和 agent 两个服务，而真实的应用负载程序是由 libcontainer 来启动运行的，采用跟 runc 运行时一样的方式。

由于 Kata 容器中有完整的操作系统内核以及支持容器管理的代理进程，相比传统的容器技术，Kata 有了更好的隔离性和安全性保障，适合于一些对信息安全极端敏感的使用场景，比如金融或保险业务系统。同时 Kata 技术符合云原生的技术标准，弥补了云原生技术在这些场景下的不足，一定程度上解决了这些场景下对使用云原生技术的安全顾虑。

3.4 Kubernetes 安全

Kubernetes 安全是云原生平台层安全的重要组成部分。Kubernetes 中有很多关键的服务组件，例如 kube-apiserver、etcd、kube-scheduler 等。另外通过 Kubernetes 创建的 Pod 也需要通过安全上下文、安全策略等手段增强 Pod 级的安全控制。

这一节将介绍 Kubernetes 的组件安全、Pod 安全以及跟认证鉴权相关的 Kubernetes 访问控制安全保障机制。

3.4.1 Kubernetes 中的关键组件

Kubernetes 集群整体框架分为控制节点（也称为主节点）和工作节点两部分。这两部分之间的关系遵循客户端/服务器端架构，每个控制节点和工作节点运行着集群所需要的关键组件。控制节点上的关键服务有 kube-apiserver、etcd、kube-controller-manager、cloud-controller-manager 和 kube-scheduler。工作节点上有 kubelet、kube-proxy、容器运行时接口（CRI）组件、容器存储接口（CRI）组件等。

控制节点里的组件的具体作用如下。

- kube-apiserver：Kubernetes API Server 是一个控制平面组件，用于接收客户端请求并完成对集群中对象实体的配置。客户端的请求有可能来自真正的 API 调用，也有可能是来自对集群系统中事件的监听。当 kube-apiserver 监听到系统中有新的事件声明时，就针对性地做出响应。kube-apiserver 使用 REST 请求与各种对象进行交互。
- etcd：etcd 是一个高可用的键值存储系统，用于存取配置、状态及多种元数据。etcd 提供一种称为 watch 的监听功能，Kubernetes 的其他组件侦听配置更新，然后主动根据配置更新来执行相应的动作。
- kube-scheduler：kube-scheduler 是默认的调度程序。它会监视新创建的 Pod，并将 Pod 分配给集群中的节点。调度程序的工作原理是先根据 Pod 设置的规则（如亲和性等）过滤一组 Pod 可以在其上运行的节点。之后，调度程序基于这个节点列表对节点进行排名，确定最适合运行的节点。

- kube-controller-manager：通过 API Server 来监视集群的变化，自动将系统及工作负载的运行情况调节成目标运行的理想情况，包括节点的亲和性、副本的数量等，都通过 kube-controller-manager 自动地进行调整。kube-controller-manager 是多个控制器的集合，包括了节点控制器、DaemonSet 控制器、NameSpace 控制器等。
- cloud-controller-manager：从 Kubernetes 1.6 版本中开始引入这个组件，用于与 IaaS 云服务供应商进行对接集成，通过 cloud-controller-manger 实现将 Kubernetes 集群与云服务供应商提供的基础设施资源进行无缝对接。这里的资源包括虚拟机节点、网络 VPC、云硬盘和负载均衡等。
- CoreDNS：自 Kubernetes 1.11 版起，CoreDNS 取代了 kube-dns 成为集群默认的 DNS 服务器。与 kube-dns 不同，CoreDNS 使用多线程缓存并支持域名匹配失效情况下迅速返回的缓存机制，整体性能优于以前的 kube-dns。kube-dns 被取代的原因除了其固有的性能问题外，还有一方面原因是 kube-dns 使用了 Linux 的 dnsmasp 服务，这个服务有一些难以解决的安全问题。

在工作节点中的关键组件及其作用如下。

- kubelet：kubelet 在集群中的每个节点上都运行，它监控当前节点上运行的 Pod，并确保 Pod 中的容器正常运行。kubelet 监听分配到当前节点上的 Pod 请求，并将请求通过 CRI 接口发往容器运行时，由容器运行时完成容器的创建。
- kube-proxy：同 kubelet 一样，kube-proxy 运行在所有的节点上。它管理每个节点上的网络规则，并根据这些规则转发或过滤流量。

在 Kubernetes 中有多种对象实体（entity），每种 entity 都采用 yaml 文件来描述，在 yaml 文件中定义了 entity 的属性和依赖。Kubernetes 采用声明式的定义方式，声明式的定义方式也是云原生技术中最核心的几个原则之一，使用者只需要声明这个对象的类型及属性，平台自动根据声明来完成这个对象的创建和后续管理。下面简述一下 Kubernetes 平台中的几种主要常见的对象实体类型。

- Pod：Kubernetes 中最为基础的工作单元。与容器不同，同一个 Pod 可以有多个容器，同一个 Pod 中的多个容器共享同一个虚拟网卡，可以通过 localhost 域名互相访问。
- Deployment 和 ReplicaSet：ReplicaSet 可以控制同一个 Pod 在集群中同时运行的数量，以确保同一时刻有固定副本数据的 Pod 在运行。Deployment 在 ReplicaSet 和 Pod 之上，提供了滚动升级的能力。Deployment 是 Kubernetes 平台常用的用于管理无状态应用副本的组件，通常通过 Deployment 来启动 Pod，通过 Deployment 和 ReplicaSet 的配合，可以控制副本的数量以及支持 Pod 的滚动升级。

- Service：定义了一个 Pod 的逻辑分组以及访问这些 Pod 的策略。执行相同任务的 Pod 可以组成一个 Service，并以 Service 的 IP 提供服务。Service 的目标是提供一种桥梁，它会为访问者提供一个固定的访问地址，用于在访问时重定向到相应的后端容器。在访问时，Service 提供了基于 iptables 或 ipvs 的负载均衡访问能力。
- Volume：容器存储是短暂的，如果容器出错重启，所有存储在容器临时空间内的数据都会丢失，并且容器将以其镜像的初始状态启动。Kubernetes 卷可以解决容器数据持久化的问题。Kubernetes 将外部或宿主机上的磁盘卷挂载到容器 Pod 中，支持的存储类型包括 iSCSI、FC、NFS、S3 等。
- NameSpace：Kubernetes 通过 NameSpace 将一个集群划分为多个逻辑空间，每个逻辑空间都可以限定资源的使用量。不同的对象实体，比如 Deployment，从属不同的逻辑空间，通过 NameSpace 进行划分和隔离。
- Service Account：在 Kubernetes 中，Pod 使用服务账号（Service Account）与 kuber-apiserver 交互。Kubernetes 内置了几个默认的服务账号，包括 kube-proxy、CoreDNS、node-controller 等。另外，也可以通过自定义服务账号来控制集群内部的互访。
- Network Policy：网络策略定义了一组控制 Pod 间互相访问的规则，通过这些规则来控制哪些 Pod 可以访问另外一部分 Pod。网络策略可以控制出和入两个方向的访问。
- Pod Security Policy：简称 PSP，定义了一组条件，Pod 只有满足这些条件才被允许运行。

3.4.2 Kubernetes 的威胁来源和攻击模型

基于 Kubernetes 的各种组件形成了一套工作集群，在这个集群中相关的组件配合协作，一同确保了运行在集群中的各种业务服务能够按照业务规划来运行。比如，在集群中部署了一套 DeamonSet 后，Kubernetes 的各个组件确保每个节点都有一个相关的 Daemon 在运行。在节点添加后，自动为新添加的节点运行 Daemon；在节点清除后，自动删除对应的 Pod。再比如，如果对正在运行的 Deployment 进行滚动升级，在升级过程中，集群精确控制新建多少个新版本的 Pod，同时确保有多少比例的老版本 Pod 在运行。图 3-12 是 Kubernetes 集群组件的运行关联图。通过这张图，先看一下集群组件是如何协调配合工作的。

图 3-12 中有两种节点，分别是主节点（Master Node）和工作节点（Worker Node）。在两种节点中分别运行了集群的关键组件。在主节点中，包括了上节中讲到的 kube-apiserver、kube-scheduler、etcd、kube-controller-manager 等关键组件。在工作节点中，有工作负载启动和调度所需要的关键组件，包括 kube-proxy、kubelet 以及容器运行时。

在图 3-12 中，先在主节点的中心位置找到 kube-apiserver，事实上 kube-apiserver 也确实

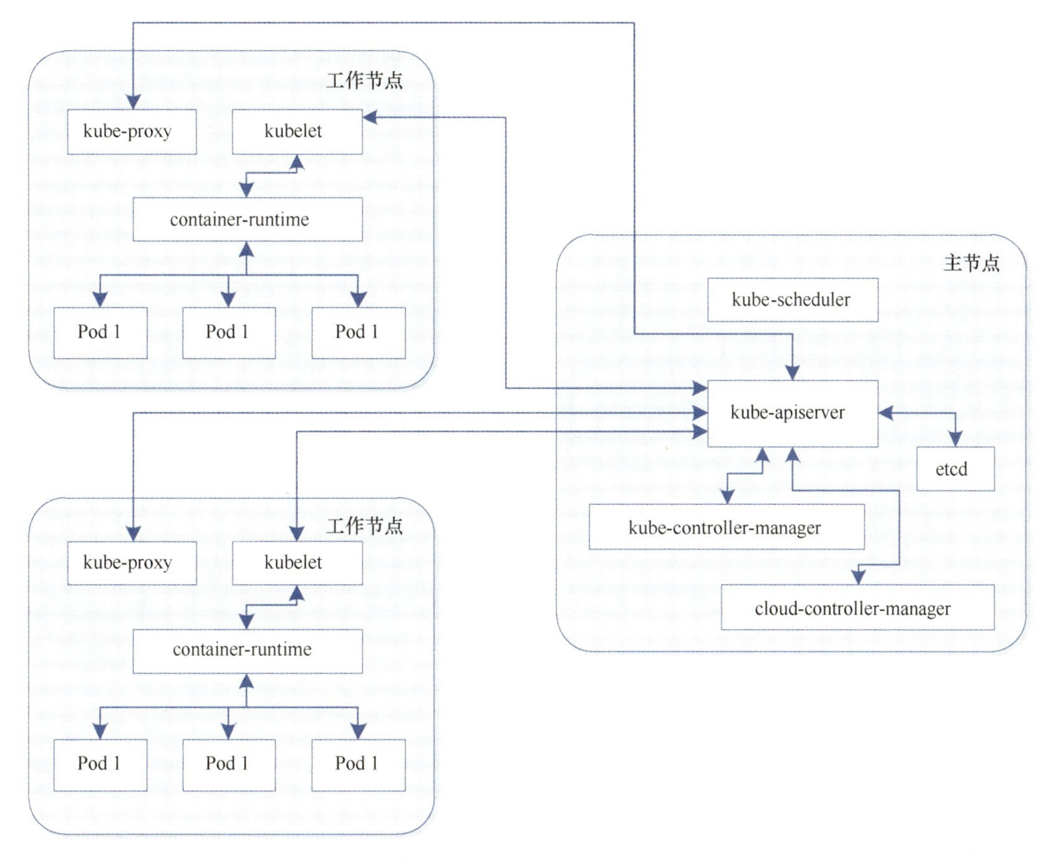

• 图 3-12　Kubernetes 组件关系图

是集群中最为中心的一个控制平面组件，它跟其他大部分集群组件都有交互，包括 etcd、kube-scheduler、kube-controller-manager、kubelet、kube-proxy 等。其他组件把数据配置到 etcd 库中，kube-apiserver 监听到数据更新，然后执行调用相应的操作。在工作节点中，kube-proxy 作为 Kubernetes Services 的网络转发组件，将收到的工作负载调用请求转发到实际执行工作的 Pod 上。kubelet 运行在每个工作节点当中，负责监听发送给当前工作节点的 Pod 创建请求，并完成 Pod 的创建。

下面通过一个创建 Deployment 的实际调用过程来看一下 Kubernetes 中的组件协作逻辑，如图 3-13 所示。

1）用户通过 HTTPS 形式向 kube-apiserver 发送请求，以创建一个 Deployment 工作负载。

2）经过对用户身份的验证，并校验用户授权，kube-apiserver 将 Deployment 工作负载的数据信息放在 etcd 数据库中。默认配置下，发往 etcd 的数据在传输过程和磁盘写入后，都是采用非加密的数据格式。

3）Deployment 控制器监视新的 Deployment 对象被创建，然后发送一个 Pod 创建请求到 kube-apiserver。

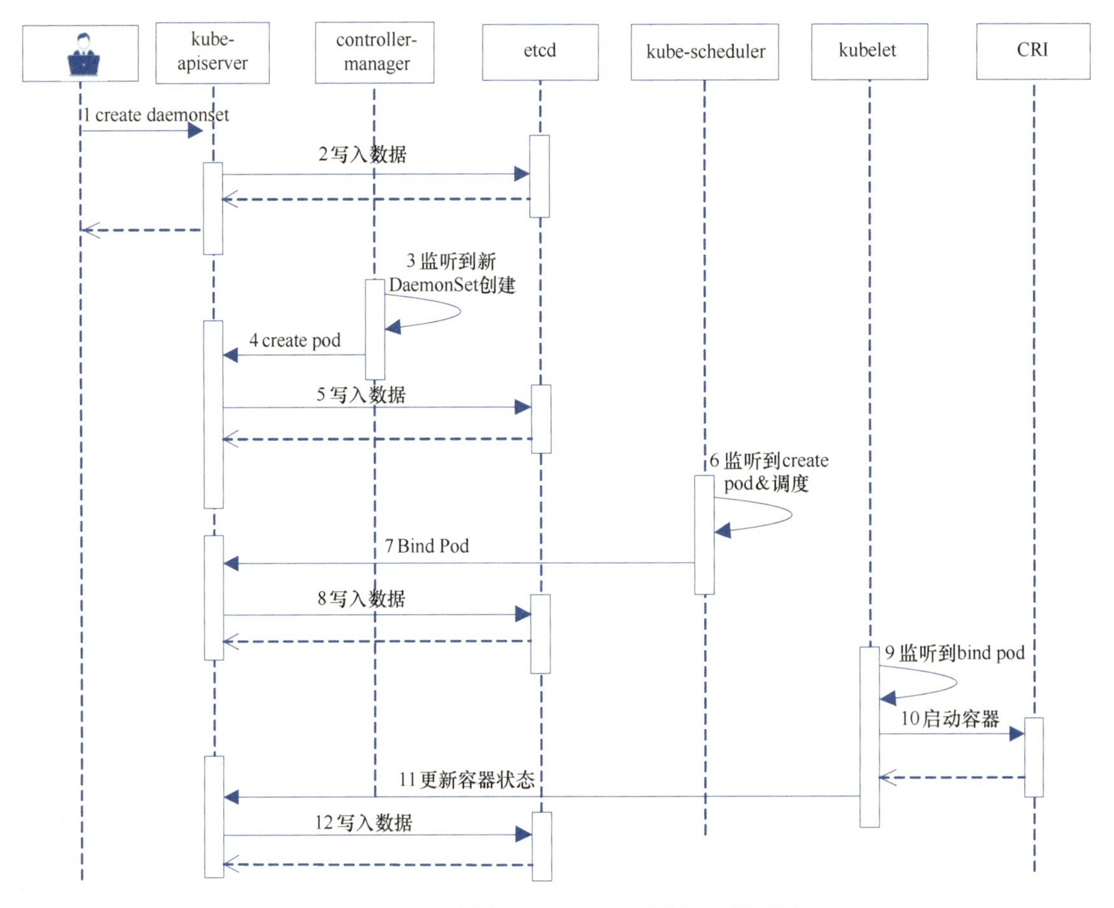

• 图 3-13　创建 Deployment 请求调用关系图

4）kube-apiserver 重复步骤 2）中的操作并在 etcd 数据库中创建 Pod 的工作负载对象信息。

5）kube-scheduler 监视到有新 Pod 创建的请求，根据当前的运行情况决定在哪个节点上运行这个 Pod。确定了运行节点之后，kube-scheduler 发送一个请求到 kube-apiserver，由 kube-apiserver 进行调用完成后续的操作。

6）kube-apiserver 接收来自 kube-scheduler 的请求，在 etcd 中更新 Pod 所在节点的信息。

7）在工作节点上运行的 kubelet 监视新 Pod 请求，然后将请求通过 CRI（Container Runtime Interface，容器运行时接口）发送到当前节点的容器运行时，由容器运行时完成容器的创建。创建完成后，kubelet 将 Pod 的状态返回给 kube-apiserver。

8）kube-apiserver 从 kubelet 收到 Pod 的状态更新信息后，将 Pod 的信息写入到 etcd 中。

至此，Deployment 就完成了创建。Deployment 所关联的 Pod 就可以与集群中其他的 Pod 进行交互。这个 Deployment 还可以将自己的端口通过 nodeport 或 ingress 的方式对外暴露出来，从而有了对外提供服务的能力。

在对 Kubernetes 里的组件以及组件之间协作逻辑有一定了解的基础上，接下来看一下对

Kubernetes 的攻击模式。了解攻击模式之前，先要明白针对 Kubernetes 集群有哪些可能带来威胁的人员角色。通过对人员进行分类，有助于理解针对 Kubernetes 的攻击模式。对 Kubernetes 集群以及运行在 Kubernetes 集群中的业务有可能带来安全威胁的角色大体上可以分为三类。

- 终端用户。终端用户是运行在集群中的业务应用的直接使用者，运行在集群中的业务通过多种方式对外提供业务支持能力。这些方式包括：通过把自身的服务注册到 ingress、通过主机网络对外提供 IP 和端口的服务方式、通过集群的 nodeport 支持对外提供业务能力。无论通过哪种方式，外部的终端用户都有可能经由这些服务访问对集群带来威胁和伤害。
- 集群内部攻击者。这类角色只拥有集群内小范围的访问权限，能利用集群中的单个或多个 Pod，经由这些 Pod 作为跳板，将威胁所能波及的范围逐步扩大，最终造成更大的危害。
- 拥有超级权限的攻击者。集群中有多个关键的组件，比如运行在主节点中的 kube-apiserver 和集群的配置数据库 etcd 等。一旦攻击者通过某些途径拥有了对这些关键组件的控制和访问权限，就能够对集群整体和在集群中运行的业务应用系统造成危害。

在图 3-14 中，可以看到这 3 种攻击角色以及它们的攻击路径。

结合针对集群的 3 种攻击角色以及不同角色的攻击模式，在表 3-4 中列举了针对集群的节点、组件及工作负载的攻击模式和保护手段。

表 3-4 针对集群的攻击模式和防护手段

<table>
<tr><th>组　件</th><th>威　胁</th><th>应对策略</th></tr>
<tr><td rowspan="2">kube-apiserver</td><td>没有认证策略，任何人都可以通过 kube-apiserver 来管理集群</td><td>设置--anonymous-auth 为 false</td></tr>
<tr><td>没有审计策略，执行的变更和操作无从追溯</td><td>为集群开启审计</td></tr>
<tr><td rowspan="3">etcd</td><td>etcd 中的数据以明文方式存储</td><td>为 etcd 开启数据加密</td></tr>
<tr><td>etcd 默认没有认证策略</td><td>为 etcd 开启 TLS 访问认证</td></tr>
<tr><td>集群中的任何组件都可以访问 etcd</td><td>使用 mTLS 生成专用的 CA 证书，配置禁用其他所有组件访问 etcd 的能力，只允许 kube-apiserver 访问</td></tr>
<tr><td>kube-scheduler</td><td>集群中的任何组件都可以访问 kube-scheduler</td><td>为 kube-scheduler 增加访问限制，只允许 kube-apiserver 来访问</td></tr>
<tr><td>kube-controller-manager</td><td>kube-controller-manager 拥有集群系统中的密钥等信息，而没有对这些信息进行有效的保护</td><td>使用 Kubernetes 的 Secrets 机制或第三方的 Secrets 保护手段</td></tr>
</table>

（续）

组　件	威　胁	应对策略
kubelet	节点中的 kubelet 可以被任意访问，导致 kubelet 对应的工作节点没有被安全地管控	为 kubelet 开启 CA 认证
Pod	Pod 以 root 用户运行，从而对主机的安全带来影响	将 Pod 设置为以非 root 用户运行
	Pod 可能被其他无关联的容器访问，自身的安全失去保障	使用网络策略
	默认情况下，每个 Pod 都以默认的服务账户来访问集群组件，有可能以 Pod 为跳板威胁整个集群的安全	禁用所有 Pod 可以通过默认服务账号访问集群组件的能力
Node	集群中的恶意节点可以给 Pod 注入有漏洞的内核模块	为容器配置内核模块的黑名单，禁止为容器随意注入内核模块
	恶意节点中的非法库和可执行 bin 文件可以注入 Pod 中，对运行在 Pod 中的业务带来威胁	使用精简、只读的容器镜像

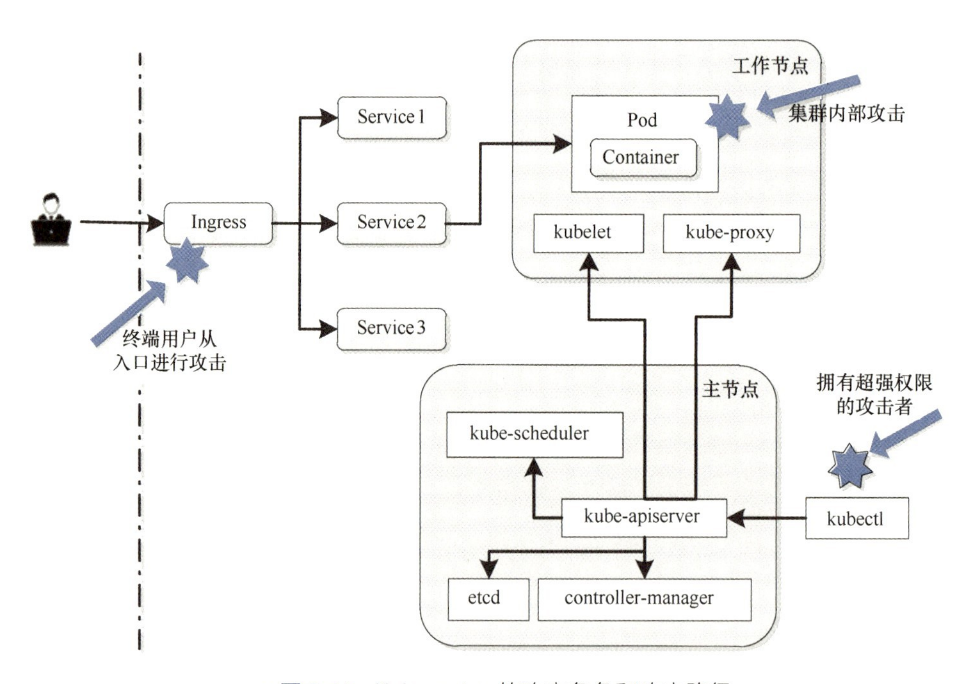

• 图 3-14　Kubernetes 的攻击角色和攻击路径

表 3-4 中描述了针对 Kubernetes 的不同组件的不同威胁来源，下面的章节将针对这些威胁来源详细讲述对应的安全加固手段。

3.4.3 Kubernetes 组件安全加固

1. kube-apiserver 安全加固

kube-apiserver 相当于集群的网关，是各消息处理和转发的中心。它以 REST 的形式提供 API，对请求进行授权并验证，调用并管理 Kubernetes 集群中的其他组件。具体来说 kube-apiserver 有 3 个主要功能。

- API 管理：kube-apiserver 对外暴露集群管理的 API，这些 API 由开发人员和集群管理员调用，通过这些接口可以修改集群的状态。
- 请求处理：验证并处理收到的对象实体管理及集群管理请求。
- 内部消息传递：kube-apiserver 还作为集群中相关组件进行交互的中转中心。

在处理请求之前，API Server 先完成认证、鉴权和准入控制这 3 个步骤。其中认证是通过客户端证书校验、令牌校验或 HTTP 认证等手段，验证客户端请求来源的合法性。一旦认证通过后，就进入鉴权。在鉴权这一步中，kube-apiserver 通过多种手段来验证请求发起方有足够的权限执行相应的操作。验证手段包括：基于角色的访问控制（Role-Based Access Control，RBAC）、基于属性的访问控制（Attribute-Based Access Control，ABAC）或对接外部的统一授权验证服务。到第三步是准入控制，kube-apiserver 对请求体进行解析，并通过准入控制器进行验证。如果经过准入控制器验证发现在集群中不允许执行这个操作，那么这个请求就会被丢弃。

kube-apiserver 是集群的大脑，一旦 kube-apiserver 被攻破，集群安全就等同于全盘崩溃，因此，保证 kube-apiserver 的安全是重中之重。在 Kubernetes 平台中有多重手段来保障 kube-apiserver 的安全。为了保障 kube-apiserver 的安全，需要执行表 3-5 里的配置。

表 3-5 kube-apiserver 安全加固手段

kube-apiserver 的安全加固项目	作用和说明
禁用匿名认证	配置 anonymous-auth = False，这样任何以匿名身份来访问的请求都会被丢弃
不要使用基本认证方式	基本认证是最为简单的认证方式之一，在调试环境中提供了调试的便利性，但又是很不安全的一种认证方式（只做静态的密码比对）。在 kube-apiserver 启动时，不要使用基本认证方式。确保没有配置 --basic-auth-file 参数
禁用令牌认证	kube-apiserver 的令牌认证也是一种初级的认证模式，这个令牌在 kube-apiserver 服务生命周期内都不会更改（除非重启 API Server）。确保没有配置--token-auth-file 参数

（续）

kube-apiserver 的安全加固项目	作用和说明
使用 https 方式来访问	通过配置--kubelet-https 为 True 确保 kube-apiserver 以 https 的方式提供接口
禁用调试模式	配置 profiling 参数为 False 禁用 kube-apiserver 调试模式。profiling 设置为 True 的情况下，kube-apiserver 对接口调用方提供了很多系统内部的敏感信息
不要开启 AlwaysAdmit	将 kube-apiserver 的 AlwaysAdmin 设置为 True 时，将会屏蔽 Admission Controller 的准入控制环节，即使--enable-admission-plugins 设置为 True 时也不会让 Admission Controller 生效
开启 RBAC 认证模式	RBAC（Role-Based Access Control）是 Kubernetes 默认的鉴权模式，相比较基于属性的访问控制（Attribute-Based Access Control，ABAC），RBAC 具有使用简单、易于更新等优势
不要开启授权 AlwaysAllow 模式	在 kube-apiserver 的配置中，通过--enabled-admission-plugins 来配置激活了的鉴权插件。kube-apiserver 通过鉴权机制来验证请求是否有足够的权限来执行操作，如果配置了 AlwaysAllow 插件将绕过请求鉴权
开启 AlwaysPullImages	这是一个准入控制器的插件。 Kubernetes 集群节点有镜像缓存的能力，一旦某个镜像已经被缓存在本地，那么在这个节点新启动一个 Pod 时，就可以通过配置 Pod 的镜像拉取策略为 IfNotPresent 来使用这个缓存的镜像。即使在这个时候并没有获取访问这个镜像的授权，同样也可以使用这个镜像，这就绕过了 Kubernetes 的资源使用控制机制。通过开启 AlwaysPullImages 来禁止这种行为
启用 PodSecurityPolicy	PodSecurityPolicy 用于定义 Pod 跟安全相关的多种策略规则，通过--enabled-admission-plugins 来配置激活了的鉴权插件，在插件列表中增加 PodSecurityPolicy 插件
开启 SecurityContextDeny	SecurityContextDeny 是一个准入控制器插件。这个插件禁止 Pod 更改自己的 SecurityContext（SecurityContext 在 Container 中定义了操作系统级别的安全设定，包括 uid、gid、capabilityes、SELinux 等）。在没有激活 PodSecurityPolicy 的情况下，SecurityContextDeny 插件需要被激活
开启 api server 审计	配置--audit-log-path 指向一个安全、合理的目录用来保存 kube-apiserver 操作审计；通过配置--audit-log-maxage 来指定审计日志的最长保存周期；通过配置--audit-log-maxbackup 来指定审计日志文件的个数限制
为 kube-apiserver 配置访问 kubelet 的安全证书	通过配置--kubelet-certificate-authority、--kubelet-client-key，和 --kubeletclient-key 这 3 个参数来确保使用正确的证书与 kubelet 组件进行加密通信

（续）

kube-apiserver 的安全加固项目	作用和说明
启用 service-account-lookup	配置 service-account-lookup 为 True，kube-apiserver 在接收到内部请求时，会从 etcd 中比对校验服务账号 token 的合法性。配置--service-account-lookup 为 True
使用服务账号的密钥文件	通过--service-account-key-file 来指定服务账号所使用的密钥文件。如果没有专门指定 key-file 的话，kube-apiserver 则会使用 TLS 私钥来认证服务账号的 token
启用 etcd 的访问认证	通过--etcd-certfile 和--etcd-keyfile 来配置对 etcd 的安全访问

kube-apiserver 的启动参数文件通常放置在/etc/Kubernetes/manifests/kube-apiserver. yaml 路径下，修改启动参数配置的方式是修改这个文件，将配置项填写在对应区域中。

2. kubelet 安全加固

作为 Kubernetes 集群中节点功能的代理服务，kubelet 的作用是至关重要的。kubelet 监听分配到当前节点上的 pod 请求，并将请求通过 CRI 接口发往容器运行时。由容器运行时完成容器的创建，以对工作负载进行生命周期管理。

对 kubelet 的安全加固策略见表 3-6。

表 3-6　kubelet 安全加固手段

kubelet 的安全加固项目	作用和说明
禁用匿名访问	通过配置--anonymous-auth = false 来禁用 kubelet 匿名认证，需要注意的是，kubelet 在每个工作节点上都会运行，所以要在全局配置。
配置鉴权模式	在 kubelet 启动时通过 config 指令设置鉴权配置文件，不要在配置文件中设置 AlwaysAllow 为 True
为 kubelet 配置 CA 证书	通过为 kubelet 配置证书来让 kubelet 与客户端建立 TLS 连接，通过在 kubelet 的配置文件中指定 ClientCAFile 来完成证书配置
配置证书轮换	kubelet 的证书可以通过在配置文件中指定 RotateCertificates 参数来支持轮换。在配置这个参数时，通常需要一同配置 RotateKubeletServerCertificate 参数，这个参数可以让 kubelet 在其引导客户端凭据后，还可以请求服务证书，并轮换该证书
禁用 kubelet 的只读端口	kubelet 默认开启了只读端口。这个端口提供了一种无认证、无鉴权的服务模式，这个端口在实际生产环境中是没有意义的，需要关闭。配置--read-only-port 为 0 表示只读端口不可用
为 kubelet 开启 NodeRestriction 准入控制器	NodeRestriction 是准入控制器（Admission Controller）的一个插件，这个插件限制 kubelet 只能修改 kubelet 当前运行节点的 Pods
配置只允许 kube-apiserver 调用 kubelet 的 API	在集群中只有 kube-apiserver 一个组件需要有 kubelet 交互，来自其他通道的 kubelet 接口调用需要被禁用，通过为 kubelet 配置 RBAC 参数来实现

kubelet 的启动参数文件通常放置在/var/lib/kubelet/config. yaml，也可以通过 kubelet 的运行命令（systemctl 或 ps 命令）来查找实际使用的 config. yaml 文件。修改这个文件中的配置内容，添加配置项并重启 kubelet 进程来激活配置参数。

3. etcd 安全加固

etcd 是 Kubernetes 集群的中心数据库，它以键-值对的方式提供数据存储。etcd 通常采用 3 个节点集群部署的模式，有高性能、高可靠性的特点。etcd 还提供了监听机制，在键-值对数据更新时，客户端能够感知并做出相应的处理。

在集群中，只有 kube-apiserver 需要访问 etcd，对 etcd 安全进行加固的策略见表 3-7。

表 3-7　etcd 安全加固策略

etcd 安全加固策略	作用和描述
限制能够访问 etcd 的节点	通过防火墙配置能够访问 etcd 的节点，除了这些节点外，其他节点不允许访问 etcd
为 etcd 配置 CA 证书	通过--cert-file 和--key-file 参数为 etcd 配置访问证书，让 kube-apiserver 与 etcd 之间建立 TLS 连接
限制不合法的证书	设置--auto-tls 为 False，屏蔽使用自签名的证书
为 kube-apiserver 存储到 etcd 中的数据配置加密措施	通过--encryption-provider-config 参数，在 kube-apiserver 启动时配置 Encryption-Configuration 文件。这个配置文件中包含密钥的来源及相关信息，以及需要加密存储的资源类型（比如 secrets）。通过这样的配置，kube-apiserver 在将信息存入 etcd 时，数据会自动根据 EncryptionConfiguration 中的密钥和加密方式进行加密，并进行存储

4. kube-scheduler 安全加固

Kube-scheduler 是默认的调度程序，它负责为 Pod 选择工作节点。调度程序的工作原理是先根据 Pod 设置的规则（如亲和性等）过滤一组 Pod 可以在其上运行的节点。之后再基于这个节点列表，对节点进行排名，确定最适合运行的节点。确定了工作节点之后，由 kubelet 完成后续 Pod 的创建工作。

对 kube-scheduler 的安全加固策略见表 3-8。

表 3-8　kube-scheduler 安全加固策略

kube-scheduler 安全加固策略	作用和说明
禁用调度器调优配置	kube-scheduler 通过配置 profiling 参数来对外提供更多详细的信息以助于调度器调优。但是这些在生产环境中是没有意义的，而且会暴露很多系统信息，需要禁用
禁用外部应用访问 kube-scheduler	当 AllowExtTrafficLocalEndpoints 配置为 True 时，kube-scheduler 允许外部的应用访问它。在实际使用环境中，这个参数需要被设置为 False
启用 AppArmor	启用 AppArmor 可以限制 kube-scheduler 程序的内核权限

3.4.4 Pod 安全

Pod 是云原生业务应用的承载体，是 Kubernetes 集群业务调度的最小单元。云原生采用的微服务架构运行起来后通常会有几十到几百个 Pod。大量的 Pod 在带来微服务业务拆分及独立扩展等能力的同时，针对 Pod 的安全顾虑和风险也随之增大。针对 Pod 进行的安全管控，可以直接切入到云原生平台的最小单元，能够提供粒度更精细的安全管控能力。

Kubernetes 平台提供了很多内置的安全加固功能用于增强 Pod 的安全性和隔离性。这些手段包括 Kubernetes 安全上下文（Security Context）和 Pod 安全策略（Pod Security Policy）。另外还有一些附属的工具，比如用来提供外部安全鉴别接口的代理组件 OPA（Open Policy Agent）等。

Kubernetes Security Context 是运行态容器安全保障的重要手段，它为单个运行的 Pod 提供了运行权限限制和 Pod 访问限制等安全设置。这些设置内容包括 Pod 是否以超级权限模式运行、Pod 的根文件系统是否以只读模式挂载、Pod 的用户 ID 和组 ID、允许进行的内核调用操作等。

securityContext 安全配置的作用有两种：首先通过这些手段提升了 Pod 对外部攻击的防御能力，让 Pod 不易被外部或内部攻击者利用。另外，securityContext 还可以减小从 Pod 发起的攻击范围，从一个被攻破或利用的 Pod 中，不容易将攻击成果扩大到其他 Pod 乃至整个集群本身，最终降低安全损失。

Pod 级别的 securityContext 默认会作用于 Pod 中包含的所有容器。在某些情况下，可能需要为 Pod 中的不同容器设置不同的安全边界。针对这样的场景，可以在容器的 manifest 文件中单独为容器配置 securityContext。这种情况下配置方式稍显复杂，在绝大多数情形下，只在 Pod 级别配置 securityContext 就足够了。

Kubernetes 中定义了代表软件应用程序构建基础模块的多种资源类型，例如 Deployments、StatefulSets 和 Services。Kubernetes 集群中的多种控制器会对这些资源的定义做出响应，根据配置创建相应的 Kubernetes 资源，或进行软硬件的配置来完成资源的设置。在 Kubernetes 集群中，通常通过 RBAC（基于角色的访问控制）规则来控制对这些资源的访问。List、get、create、modify 和 delete 是 RBAC 所关心的几种 API 操作，但是 RBAC 并不关心其控制资源的特殊性。举个简单的例子来说明这个问题，众所周知，在集群中运行的很多资源类型都叫作 Pod。Pod 几乎可以是任何东西，它可以是简单的 Web 服务器，也可以是一个特权容器，它甚至拥有对底层节点和底层数据的完全访问权限，但它们对于 RBAC 来说都是一样的，都是 Pod。这时就需要对集群中所运行的资源能够执行的动作进行专门控制，所以除了 RBAC 之外，就需要一种叫作“准入控制”的机制。从 Kubernetes 1.3 开始，Kubernetes 平台提供了 Pod 安全策略（Pod Security Policy，PSP）。与 securityContext 不同，PSP 并不是定义在单个 Pod 上的，而是作为一个资源对象定义在集群级别上，并可以作用于一组 Pod。

Pod 安全策略是作为准入控制器的一个增强插件来运行的。启动 Pod 安全策略的情况下，不满足安全策略要求的任何操作都会被 PSP 准入控制器拒绝。另外，PSP 还支持扩展机制，通过自定义准入控制器验证规则来扩充原生 Pod Security Policy 的能力。

Pod 安全策略的一个优点是，它利用了内置的准入控制器，是对 Kubernetes 原生访问认证能力的扩展。但是 Pod 安全策略在很多方面也有缺点和不足，首先，从 Pod Security Policy 的名字可以看出，PSP 仅作用于 Pod，这很大程度限制了它的能力覆盖范围；再者，还引入了管理安全策略的复杂性以及为 Pod 进行安全策略校验的开销。因为长久以来，Kubernetes 社区也一直在摸索和实现 Pod 安全策略的替代方法。

在 Kubernetes 1.21 版本中，社区宣布 PSP 被定义为“不推荐使用”，同时开始启动 PSP 替代品的开发方案。下一版的“PSP 替代策略（PSP Replacement Policy）”解决了 PSP 的固有问题，提供了一种更简便、更易用的安全策略管理方案。但在 PSP 替代策略开发完成之前，Pod Security Policy 将在后续的多个版本中继续具有完整的功能。

下面重点讲述 Security Context 和 Pod Security Policy 的相关配置和作用。

1. Pod 安全上下文

安全上下文（Security Context）定义了 Pod 或 Container 与访问控制和权限相关的配置。要为 Pod 设置安全上下文，可在 Pod 声明中定义 securityContext 字段，这个字段是一个 Pod-securityContext 对象，为 Pod 所设置的安全性配置会应用到 Pod 里的所有 Container 上。也可以在 Container 上设置安全性配置，通过在 Container 的声明里定义 securityContext 来实现，securityContext 字段是一个 securityContext 对象。下面是一个 Pod 的声明文件示例，这个声明中定义了 Pod 级别的 securityContext 和容器级别的 securityContext。

```
apiVersion: v1
kind: Pod
metadata:
  name: security-context-demo
spec:
  securityContext:
    runAsUser: 1000
    runAsGroup: 3000
    fsGroup: 2000
  volumes:
  - name: sec-ctx-vol
    emptyDir: {}
  containers:
  - name: sec-ctx-demo
```

```
      image: busybox
      command: [ "sh", "-c", "sleep 1h" ]
      volumeMounts:
      - name: sec-ctx-vol
        mountPath: /data/demo
      securityContext:
        allowPrivilegeEscalation: false
```

在上面的 Pod 配置文件中，为 Pod 定义了它的 securityContext，这个 securityContext 中有 runAsUser、runAsGroup 和 fsGroup 三个属性。同时在容器级别上也设置了 securityContext，二者同时配置时，首先容器级的 securityContext 会自动引用 Pod 级别的安全上下文配置。同时容器里对应配置的优先级高于 Pod 级别的，会自动覆盖声明在 Pod 级别的 securityContext。

Pod 的 securityContext 中的关键安全属性及其作用见表 3-9。

表 3-9　Pod securityContext 中的关键安全属性和作用

属　性	作　用
runAsUser	runAsUser 字段指定 Pod 中所有容器内的进程都使用指定的用户 ID 来运行
runAsGroup	runAsGroup 字段指定所有容器中的进程都以组指定的组 ID 来运行
runAsNonRoot	指示容器必须以非 root 用户身份运行。如果 runAsNotRoot 为 True，kubelet 将在容器运行时验证镜像，以确保它不会以 UID 0（根）的身份运行。如果未设置或为 False，则不会执行此类验证。也可以在 PodSecurityContext 中设置。PodSecurityContext 可以同时在 SecurityContext 和 PodSecurityContext 中设置，如果同时设置，以 securityContext 中指定的值优先
seLinuxOptions	为 Pod 指定 SELinux 上下文。如果未指定，则容器运行时将为每个容器分配一个随机的 SELinux 上下文，可以在 PodSecurityContext 中设置。如果同时在 securityContext 和 PodSecurityContext 中设置，则 securityContext 中指定的值优先
privileged	以特权模式或者非特权模式运行，以特权模式运行的容器等同于在主机上以 root 身份运行
capabilities	为容器中的进程赋予指定的部分特权，如果不指定 capabilities，将会默认为容器赋予以下这 14 种权限：CAP_SETPCAP、CAP_MKNOD、CAP_AUDIT_WRITE、CAP_CHOWN、CAP_NET_RAW、CAP_DAC_OVERRIDE、CAP_FOWNER、CAP_FSETID、CAP_KILL、CAP_SETGID、CAP_SETUID、CAP_NET_BIND_SERVICE、CAP_SYS_CHROOT、CAP_SETFCAP
AppArmor	使用 AppArmor 来限制容器中运行程序的权限能力，AppArmor 是一个 Linux 内核安全模块，在标准 Linux 基于用户和用户组权限控制的基础上，限制了进程对某些资源的访问权限。通过 AppArmor 可以配置 Linux 内核模块的访问、网络组件的配置以及文件权限，降低程序运行的安全风险、提升程序安全防御程度
AllowPrivilegeEscalation	控制进程是否可以获得超出其父进程的特权
readOnlyRootFilesystem	以只读方式加载容器的根文件系统

2. Pod 安全策略

Pod 安全策略（PodSecurityPolicy）是集群级别的资源，它能够控制 Pod 规约中与安全性相关的各个方面。PodSecurityPolicy 对象定义了一组 Pod 运行时必须遵循的条件及相关字段的默认值，只有 Pod 满足这些条件才会通过平台准入控制器的校验。

虽然 Pod 安全策略在 Kubernetes 未来的版本中会逐步移除并用新的安全策略组件来完成功能替换，但是 Pod 安全策略在其功能的完善度、控制粒度方面都有很多优势，只是在配置的复杂程度和易用性方面不是十分友好。在后续的几个 Kubernetes 版本中，Pod Security Policy 仍会作为 Kubernetes Pod 级重要的安全控制手段，直至在 Kubernetes1. 25 版本中被 Pod Security Admission 完全替代。这一节针对 PSP 的功能要点及关键的配置参数进行说明。

PodSecurityPolicy 资源被创建时，并不执行任何操作。为了使用该资源，需要对用户或服务账号进行授权配置，允许它们使用这个策略资源。下面是用户角色绑定 PodSecurityPolicy 的示例，整体过程分为三步，分别是创建 PodSecurityPolicy、创建 ClusterRole 和创建 Role-Binding。

1）创建 PodSecurityPolicy。在声明文件里的 allowedCapabilities 字段中定义了允许执行的权限，在 allowedHostPaths 限定了文件路径。

```
apiVersion: policy/v1beta1
kind: PodSecurityPolicy
metadata:
  name: example
spec:
  allowedCapabilities:
    - NET_ADMIN
    - IPC_LOCK
  allowedHostPaths:
    - pathPrefix: /dev
    - pathPrefix: /run- pathPrefix: /
  fsGroup:
    rule: RunAsAny
    hostNetwork: true
… ##其他配置项
```

通过“ $ kubectl apply -f example-psp. yaml”创建 PodSecurityPolicy。

2）创建 ClusterRole。在 ClusterRoles 中的 resourceNames 里指定使用的 psp 名，即刚刚创建的“example”。

```
apiVersion: rbac.authorization.k8s.io/v1
kind: ClusterRole
metadata:
name: use-example-psp
rules:
- apiGroups: ['policy']
  resources: ['podsecuritypolicies']#指定 ClusterRole 的 PodSecurityPolicy
  verbs: ['use']#ClusterRole 对 PodSecurityPolicy 的使用策略
```

```
resourceNames:
- example    ##PodSecurityPolicy 的名字
```

3）创建 RoleBinding。RoleBinding 中将 user 和 clusterRole 进行了关联。

```
apiVersion: rbac.authorization.k8s.io/v1
kind: ClusterRoleBinding
metadata:
  name:bindingExample
roleRef:
  kind: ClusterRole
  name: use-example-psp ##RoleBinding 的名字
  apiGroup: rbac.authorization.k8s.io
subjects:
- kind: ServiceAccount## 授权特定的服务账号
  name: <要授权的服务账号名称>
  namespace: <authorized pod namespace>
- kind: User## 授权特定的用户
  apiGroup: rbac.authorization.k8s.io
  name: <要授权的用户名>
```

PodSecurityPolicy 的关键属性及其功能见表 3-10。

表 3-10　PodSecurityPolicy 的关键属性和作用

属　性	作　用
privileged	是否允许运行特权容器
hostPID	是否允许 Pod 使用主机网络的 namespace（命名空间）
hostIPC	是否允许 Pod 使用主机 PID 的 namespace
hostNetwork	是否允许 Pod 使用主机网络
allowedCapabilities	指定允许为 Pod 配置的权限列表，默认值为空
defaultAddCapabilities	指定默认为 Pod 配置的权限列表，默认值为空
requiredDropCapabilities	指定默认将从 Pod 权限列表中删除的项，默认值为空
readOnlyRootFilesystem	当 readOnlyRootFilesystem 设置为 True 时，默认会将 Pod 设置为只读文件系统
runAsUser	runAsUser 是一个列表值，列表定义了允许 Pod 以哪些 UID 身份运行
runAsGroup	runAsGroup 是一个列表值，列表定义了允许 Pod 以哪些组的 ID 运行
allowPrivilegeEscalation	配置是否允许一个 Pod 能够获得超出其父进程的特权
allowedHostPaths	指定 Pod 可以挂载的主机文件系统路径，类型是一个列表值
volumes	指定 Pod 可以挂载的卷，比如：hostpath、secret、configmap
seLinux	指定在 Pod 的 SecurityContext 中可以指定的 seLinux 标签
allowedUnsafeSysctl	指定容器使用的 sysctl 模板

3.4.5 认证和鉴权

认证和鉴权在确保安全方面起着至关重要的作用，这两个术语在实际使用中经常互换使用，但二者有很大的不同。身份认证用来验证用户 ID 合法性，身份认证后，需要继续使用鉴权检查用户是否具有执行所需操作的权限。身份认证使用某种方式来验证用户的身份，最简单的形式是通过用户名和密码。一旦应用程序验证了用户的身份，它就会检查用户有权访问的资源和能够执行的操作列表，通过比对用户合法的操作权限列表和请求的属性来决定是否允许执行这个操作。

Kubernetes 集群中的 kube-apiserver 负责处理所有的请求。当一个请求到来时（请求可以通过外部用户和内部 Pod 两个途径过来），kube-apiserver 首先验证请求的来源，它可以使用一个或多个模块来验证请求来源，这些模块包括客户端证书、密码或令牌。在来源被认证之后，请求就会被传递到鉴权模块，通过鉴权模块验证是否允许执行这个请求动作。经过鉴权模块后，继续使用一系列准入控制器来对操作进行附加的操作。

图 3-15 展示了 API Server 执行一个动作前进行的验证操作。

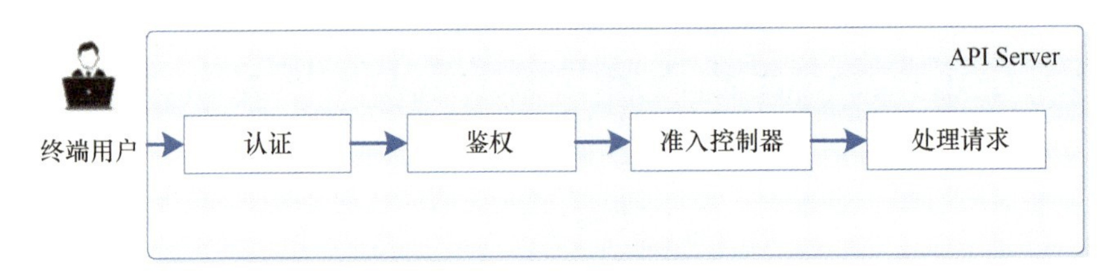

• 图 3-15　API Server 验证鉴权阶段

下面将对 API Server 的三种鉴权模式分别进行说明。

1. 通过内置的认证模式来进行认证

kube-apiserver 针对外部用户访问有多种认证模式，下面先简单过滤几种在生产环境下不推荐使用的认证方式。

首先是静态令牌模式，在 kube-apiserver 启动参数中，通过--token-authfile=<令牌文件路径>的方式来激活令牌认证模式。令牌文件是一个 CSV 格式的文件，在文件中设置了令牌的信息（包括密码、对应的用户、对应的用户组）。在访问 API Server 时，在 HTTP 请求头部通过“Authorization”字段将令牌传递进来。kube-apiserver 通过令牌比对确定用户的合法性并获取具体用户信息。令牌是静态的，只有通过重启 kube-apiserver 的方式才能更新令牌。

另外 kube-apiserver 还有一种基本认证模式。基本认证与令牌模式类似，也需要在 kube-apiserver 的启动参数中通过配置 basic-authfile 来启用。与令牌模式不同的是，基本认证配置文件中保存有用户名、密码、用户 id 和用户组等信息，通过在 HTTP 请求头中包含“Authentication: Basic base64 (<用户名>: <密码>)”来访问 API Server。与令牌模式一样，基本认证模式只有通过重启 kube-apiserver 的方式才能对用户认证信息进行更新。

上面这两种方式通常只在简单的调试环境中使用，在生产环境中应避免使用。

引导令牌模式是对静态令牌模式的一个改进，与静态令牌模式不同，引导令牌模式使用在 kube-system 中存储的密文作为令牌。这些令牌通过运行在 kube-controller-manager 中的自动清理程序来管理。通过 HTTP 请求调用 kube-apiserver 时，在 Header 中添加“Authorization: <tokenId> <token 密文>”，kube-apiserver 对收到的令牌进行验证。Controller Manager 会自动将过期的令牌从系统中清除出去，通过“--enable-bootstrap-token-auth”来激活这种模式。

通过 X509 CA 认证模式是在生产环境中最为常用的认证策略之一，通过在 kube-apiserver 的启动参数中配置“--client-ca-file=<认证文件路径>”来启动 CA 证书认证。在认证文件路径中保存了多个合法的 CA 证书，在访问 API Server 时，客户端建立 TLS 连接，通过传入证书的公钥来进行访问认证。

Kubernetes 中有两类用户，一类是用户账号（User Account），另一类是服务账号（Service Account）。用户账号的认证主体是操作集群的外部程序或外部应用，不同于普通的用户账号，服务账号的认证主体是系统中运行的 Pod，其主要被 Pod 用于访问 kube-apiserver。服务账号是 Kubernetes 内置的一种资源类型，在服务账号的资源声明体中包含了服务账号所使用的证书和令牌。在为一个 Pod 指定了 Service Account 后，Kubernetes 会为该 Service Account 生成一个 JWT token，并使用 secret 将该 Service Account Token 加载到 Pod 上。Pod 中的应用可以使用 Service Account Token 来访问 Api Server。Service Account 证书被用于生成和验证 Service Account Token。

总的来说，Kubernetes 提供了两种客户端认证的方法，控制面组件采用的是客户端数字证书，而在集群中部署的应用则采用 Service Account Token 的方式。

2. Kubernetes 鉴权

在请求来源的合法性通过认证模块验证后，Kubernetes 鉴权模块继续根据请求的多种属性值以及相应的策略来判断请求是否允许被执行。请求的属性值有以下几种。

- 用户：请求的发起方，在认证阶段进行验证。
- 用户组：发起请求的用户组信息，也是在认证阶段进行验证。
- API：请求将调用的接口地址。
- 请求动作：HTTP 的动作体，可以是 GET、CREATE、PATCH、DELETE 等。
- 命名空间：请求所要访问资源属于的 namepsace。
- 资源：请求所要访问的资源对象。
- 请求路径：针对非资源访问的请求（访问的对象不是 Kubernetes 中的资源），通过在请求路径中指定访问对象的路径来定义。

Kubernetes 的鉴权模块有三种鉴权模式，分别是基于角色的访问控制（Role-Based Access Control，RBAC）、基于属性的访问控制（Attribute-Based Access Control，ABAC）和通过 webhook 对接外部的统一授权验证服务。

通过 ABAC，API Server 可以根据请求的属性值来进行鉴权。通过为 kube-apiserver 配置“--authorization-policyfile=<策略文件路径>”和“--authorization-mode=ABAC”两个参数来定义 kube-apiserver 的 ABAC 鉴权策略。kube-apiserver 的 ABAC 策略文件中定义了多条策略，每条策略都包括 api Version、kind 和 spec 字段，在 spec 字段中定义了用户、用户组、命名空间、资源路径和对应的允许的操作等属性。下面是一条策略示例。

```
{"apiVersion":"abac.authorization.kubernetes.io/v1beta1","kind": "Policy", "spec": {"
user": "demo","namespace": "spacexx", "resource": "pods","readonly": true}}
```

在上面这条策略中，定义了运行用户 demo 在 spacexx 命名空间中对 pods 有只读权限。ABAC 的权限配置简单易读，但是在有大量配置策略同时存在的情况下，ABAC 的策略配置会因为难以维护而变得无法使用。在实际生产环境下，更多使用的是基于角色的权限控制方法。

RBAC 通过给用户赋予角色、为角色赋予操作某些资源和接口的权限来实现访问控制。在 Kubernetes 1.8 及后续的版本中，RBAC 作为默认的权限控制模式通过默认配置“--authorizationmode=RBAC”激活使用。

在 RBAC 中，首先需要定义 Role。在 Role 中定义了多种权限。之后通过一个 RoleBinding 对象，将 Role 绑定给具体的用户。下面是一个 Role 资源的定义。

```
kind: Role
apiVersion: rbac.authorization.k8s.io/v1beta1
metadata:
namespace: default
name: deployment-operator
rules:
- apiGroups: [""]resources: ["pods"]verbs: ["get", "list", "watch", "create","update"]
```

在 Role 定义中，允许针对 pods 类型的资源进行 get、list、watch、create 和 update 操作。这时还没有定义哪个用户可以对 pods 执行这些操作，用户与操作的关联是在 RoleBinding 资源体中定义的。

```
kind: RoleBinding
apiVersion: rbac.authorization.k8s.io/v1beta1
metadata:
    name: binding
    namespace: default
subjects:
-kind: User
```

```
    name:demo
    apiGroup: ""
roleRef:
    kind: Role
    name: deployment-operator
    apiGroup: ""
```

在上面的例子中，为 demo 用户绑定了名为 deployment-operator 的角色。这个角色可以针对 default 命名空间下的 pod 进行 get、list、wath、create、update 操作。

3. 通过外置的服务器进行认证和鉴权

Kubernetes 支持通过 webhook 模式将认证请求转向外置的认证服务上，由认证服务完成认证。在 kube-apiserver 的启动参数中，配置 “authorization-webhook-config-file=<认证配置文件>” 来启用 webhook 认证模式。在认证配置文件中，配置了认证服务的密钥以及访问认证的地址等信息。一个典型的 webhook 认证服务配置文件示例如下。

```
clusters:
- name: name-of-remote-authn-service     ##远端认证服务的名字
cluster:
certificate-authority: /path/to/ca.pem     ##远端认证服务器的访问证书
server:
https://authn.example.com/authenticate   ##远端访问服务器的地址
```

在进行认证时，API Server 会将一个 JSON 序列化的 “authorization. k8s. io/v1beta1 SubjectAccessReview” 对象请求通过 HTTP POST 发送给 webhook 认证服务器。这个对象请求体中包含了描述用户请求的字段，同时也包含了需要被访问资源或请求特征的具体信息。下面是一个请求体的示例。

```
{
  "apiVersion": "authorization.k8s.io/v1beta1",
  "kind": "SubjectAccessReview",
  "spec": {
    "resourceAttributes": {
      "namespace": "demo_namespace",
      "verb": "get",
      "group": "demo.example.org",
      "resource": "pods"
    },
    "user": "demo_user",
    "group": [
      "group1",
      "group2"
    ]
  }
}
```

远端 webhook 服务器接受并响应请求体消息，并返回一个 JSON 格式的消息体。在返回的消息体中包括是否允许此次操作的字段，如果不允许操作，在消息体中还包括具体的拒绝原因，返回消息体的示例结构如下。

```
{
  "apiVersion": "authorization.k8s.io/v1beta1",
  "kind": "SubjectAccessReview",
  "status": {
    "allowed": false,
    "reason": "user does not have read access to the namespace"
  }
}
```

webhook 服务也同样可用于鉴权，使用的方式同用户认证相同。在前面的 SubjectAccess-Review 资源体的例子中，在配置中指定 SubjectAccessReview，在 SubjectAccessReview 中配置了对应的 namespace 以及相关的资源和操作。通过认证接口，将请求的属性发给 webhook 服务器，由 webhook 服务器进行鉴权，并返回鉴权结果。

OPA（Open Policy Agent）是 CNCF 的孵化项目，实现了一个增强的 Kubernetes 访问安全控制，其架构与外置认证服务器的方式类似，但并没有采用 webhook 机制。

OPA 运行在一个专门的 OPA Pod 中，OPA Pod 有两个容器，分别是 kube-mgmt 和 opa 容器。其中 kube-mgmt 用于从 etcd 中加载 OPA 策略，而 opa 容器用于执行策略校验。通过 OPA 专用的 rego 格式脚本来定义 OPA 策略，通过 configmap 机制将 rego 策略注入进去。这些组件的关系如图 3-16 所示。

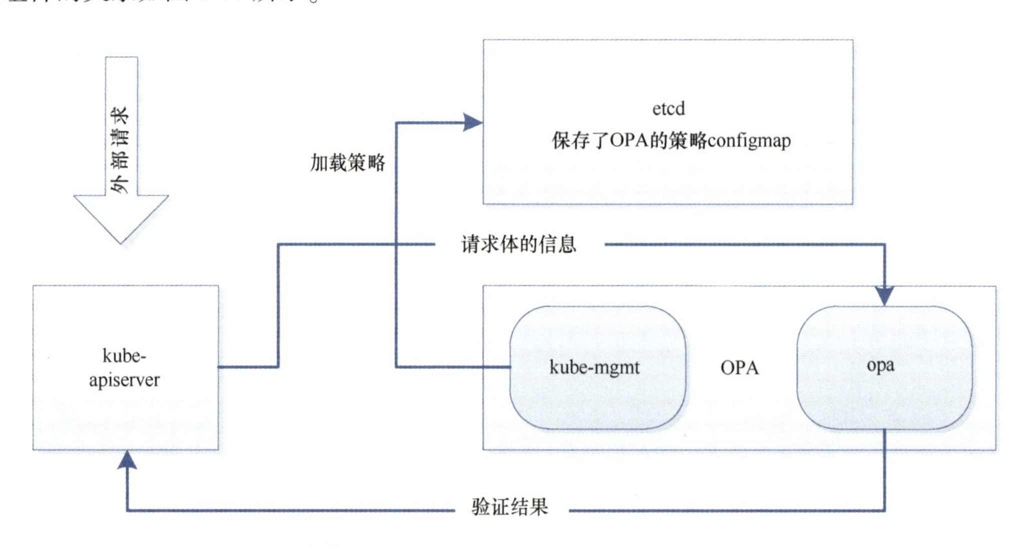

• 图 3-16　kube-apiserver 使用 OPA 进行鉴权

4. 准入控制器

准入控制器（Admission Controller）是 kube-apiserver 进行操作权限鉴定的最后一个步骤，在这一步中，对操作请求是否允许被执行在系统配置层面上进行进一步的判断。准入控制器由一系列单一的控制器构成，这些控制器分别对某一类执行操作进行判断。在进行准入判断的过程中，如果某一个控制器判定为该操作不被放行，那么该请求将会被直接终止。准入控制器也支持动态扩展，是系统平台在认证和鉴权的基础上，扩充和增加安全防控能力的强力手段。准入控制器通过 enable-admission-plugins 来激活使用。

几个主要的准入控制器功能组件如下。

（1）AlwaysPullImages

在 Kubernetes 组件安全加固章节中讲过，Kubernetes 集群节点有镜像缓存的能力，一旦某个镜像已经被缓存在本地，那么在这个节点上新启动一个 pod 时，就可以通过配置 pod 的镜像拉取策略为 IfNotPresent 来使用这个缓存的镜像，即使在这个时候并没有获取访问这个镜像的授权，同样也可以使用这个镜像，这就绕过了 Kubernetes 的资源使用控制机制。通过开启 AlwaysPullImages 可以禁止绕过集群对镜像资源的访问限制。

（2）EventRateLimit

DoS 攻击是一种常见的攻击，过多的无效请求消耗了大量的集群计算资源，影响了集群的稳定性。通过 EventRateLimit 可以增强集群抗击请求风暴的能力。EventRateLimit 值在配置文件中设置，通过为 kube-apiserver 配置--admission-control-config-file 参数来激活使用。EventRateLimit 有四类限制，分别是 Namespace、Server、User 和 ServiceAccount，依次对应命名空间、服务器、用户以及服务账号，为这四个类别配置对应的请求 QPS、请求峰值和请求缓存数。

一个 EventRateLimit 配置文件的例子如下。

```
limits:
- type: Namespace
  qps: 50
  burst: 100
  cacheSize: 200
- type: Server
  qps: 10
  burst: 50
  cacheSize: 200
```

在上面例子中，针对 Namepace 进行访问的 QPS 值是 50 个，访问峰值最多是 100 个，在 API Server 中最多有 200 个请求被缓存。

（3）LimitRanger

众所周知，对每个 Pod 都可以声明其资源限制的大小，比如限制 Pod 的资源占用不能超过 2 个核或 2GB 内存。但是这个限制是针对 Pod 的，特别是有一些非法的 Pod 或者无意间配置错误的 Pod，忽略了配置限制或是配置了太大的资源限制，在集群造成影响。LimitRanger 是在集群层面进行资源访问限定，以避免非法的资源超限占用，下面是一个 LimitRanger 的例子。

```
apiVersion: "v1"
kind: "LimitRange"
metadata:
```

```
    name: "pod-example"
spec:
limits:
- type: "Pod"
    max:
    memory: "1024Mi"
```

上面的例子中 Pod 的最大内存限制为 1024MB，超过这个限制的 Pod 配置将被准入控制器拒绝。

（4）NodeRestriction

在 kubelet 安全加固一节中讲过，NodeRestriction 是准入控制器（admission Controller）的一个插件。这个插件限制 kubelet 只能修改 kubelet 当前运行节点的 pods，从而限制了 kubelet 的活动范围，降低了安全问题扩大的风险。

（5）ValidatingAdmissionWebhook 和 MutatingAdmissionWebhook

在认证和鉴权环节中使用的外置控制器机制，也同样适用于准入控制阶段。通过 MutatingAdmissionWebhook 可以对请求体的属性进行修改，调节成适当的格式。通过 ValidatingAdmissionWebhook 可以对进来的请求体进行准入验证，判断是否允许操作。

3.5 基础 Linux 安全

为什么在云原生安全领域也要考虑基础 Linux 安全？云原生平台作为架构统一的应用运行平台，是构建在基础操作系统上的，这个基础操作系统是基于 Linux 内核的操作系统。为了构建全方位、综合性的安全保障基础能力，也需要在基础操作系统层上进行安全加固。这样就形成了综合网络边界、基础操作系统、基础容器平台以及本书下文将讲述的应用架构及应用流程上的立体化安全能力，如图 3-17 所示。

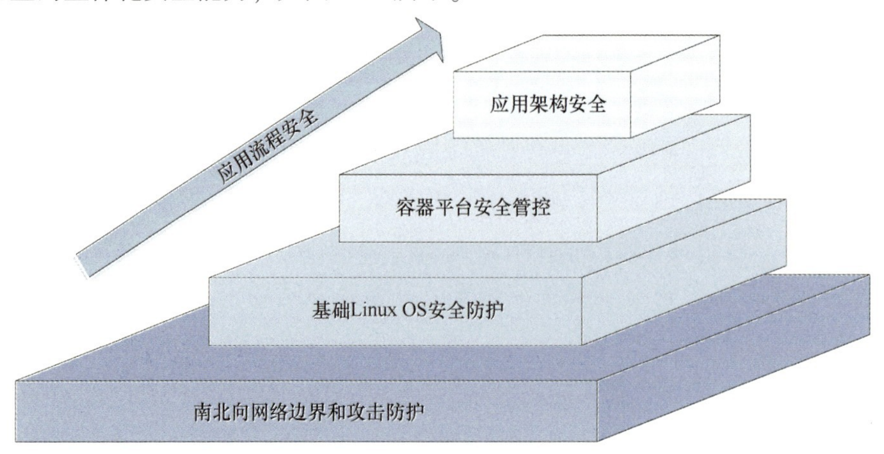

图 3-17　立体化云原生安全架构

本节将重点讲述基础 Linux 安全，针对操作系统级的安全防护能力进行汇总。这些基础 Linux 安全能力有很多细节需要考虑，忽略了这些细节，会导致操作系统层面的安全措施失效。

3.5.1 账户安全加固

这里的账户安全指的是云原生平台中单个主机的账户安全。云原生平台的主机有两个类型，分别是主节点（控制节点）和工作节点。这两类节点都是基于 Linux 内核的操作系统。Linux 的账户管理是最为基础的一环安全管理，账号密码有安全隐患就意味着恶意用户或恶意程序能够轻松地登录到主机中并获得高等级权限，那么其他的安全控制手段在这种情况下就都失效了。

在 Linux 常规账户管理的基础上，作为基础账户管理的一些补充，配置有效的安全增强，是提升 Linux 账户安全的重要手段。在云原生平台上，推荐配置使用下面这些安全增强手段。

1. 使用 sudo

Linux 的 root 账号是最高权限的账户，使用 root 账号来操作主机由于没有权限控制的因素，为运维人员的操作带来了很大的便利，让应用程序使用 root 身份在系统中运行可以简化应用程序的编程复杂度。但是使用 root 账号的安全隐患极大，首先有可能让用户或容器中的应用容器在不经意间误执行一些危险的操作，另外也给恶意用户留下了获取 root 账号和权限的机会，增加了系统被伤害的风险。sudo 是对普通用户执行超过其权限范围操作的一种方式，通过 sudo 可以在不暴露 root 账号密码的情况下，允许普通用户执行特殊权限的指令。同时 sudo 还可以针对性地为某些用户或用户组扩展指定文件的执行权限。

2. 配置登录失败的处理策略

在现在全面云化的数字化环境中，互联网上随时都可能有一些进行 shell 权限扫描的僵尸网络。一旦发现某个开放了 shell 登录的开放地址，就会发起对 root 密码的暴力破解，最终通过获取 root 账号的控制权来控制虚拟机。针对这种情况，通过调整用户登录次数限制，使其密码输入 3 次后自动锁定，并且设置锁定时间。在锁定时间内即使密码输入正确也无法登录，可以大大增强系统对抗 shell 权限扫描的能力。

登录重试次数和锁定时间的配置在 /etc/pam.d/sshd 文件中。打开这个文件，在“#%PAM-1.0”的下面，加入下面的内容。

```
#% PAM-1.0
auth required pam_failback.so deny=3 unlock_time=150 even_deny_root root_unlock_time300
auth      substack    password-auth
auth      include     postlogin
```

```
account    required    pam_sepermit.so
…
```

“deny=3 unlock_time=150”表示当普通用户的密码输入错误达到3次后，就锁定用户登录150秒；针对root账户，如果输入密码错误达到3次，锁定300秒。

3. 检查空密码和弱密码账户

操作系统身份鉴别信息应具有不易被冒用的特点，口令应有复杂度要求并定期更换。通过设置有效的密码策略，防止攻击者破解出密码。

Linux的密码文件是/etc/shadow，通过下面这个方式来检查空口令账号。

```
# awk -F: '($2 == ""){print $1}' /etc/shadow
```

在系统中通过人工或自动化工具来定期执行空密码检查。

4. 为密码增加更新周期策略

修改/etc/login. defs配置来更改密码周期策略，修改示例如下。

```
# Password aging controls:
#
PASS_MAX_DAYS  30
PASS_MIN_DAYS  0
PASS_MIN_LEN    8
PASS_WARN_AGE  7
```

其中PASS_MAX_DAYS代表密码最长的保持时间。通过上面的配置，限制了30天之内必须对密码进行修改，提前7天会在登录时进行提示。

5. 配置密码复杂度策略

密码复杂度在/etc/pam. d/system-auth和/etc/security/ pwquality. conf文件中配置。在system-auth中配置使用过的重复密码数，通过下面的语句配置过去5组密码不能重复，结合上面的密码更新策略，确保密码被定时更新并且不被重复使用。

```
password    sufficient    pam_unix.so try_first_pass use_authtok nullok sha512 shadow remem-
ber=5
```

在/etc/pam. d/pwquality. conf中配置密码的复杂度，密码复杂度示例。

```
minlen = 8
maxrepeat = 2
lcredit = 1
ucredit = 1
dcredit = 1
ocredit = 1
```

密码复杂度通过pam_cracklib. so进行校验，上面各配置参数意义如下。

- minlen：密码最小长度。
- maxrepeat：最大连续相同字符的个数。

- lcredit：最少小写字母。
- ucredit：最少大写字母。
- dcredit：最少数字。
- ocredit：最少特殊字符数。

6. 配置安全的远程管理方式

当对服务器进行远程管理时，应采取必要措施，防止鉴别信息在网络传输过程中被窃听。telnet 服务需要被禁用（检查 telnet 是否启用，启用时将其主动关闭）。

7. 处理无效的账号

应及时删除多余的账号，删除或禁用临时、过期及可疑的账号，防止被非法利用。

- 使用 usermod -L user 禁用账号，让账号无法登录，禁用后/etc/shadow 第二栏显示为以“!”开头。
- 使用 userdel user 删除 user 用户。
- 使用 userdel -r user 删除 user 用户，并且将/home 目录下的 user 目录一并删除。

8. 禁用根用户登录

通过公网暴露 sshd 服务，并且支持用 root 账户名和密码的方式登录，再加上在 root 账号密码比较弱的情形下，服务器特别容易遭受 sshd 扫描和暴力密码破解而面临安全问题。在大部分情况下，可以通过禁用 root 用户登录来大幅度降低安全风险。

在不同的操作系统下，有不同的禁用 root 账户的方法。下面以 CentOS 为例，通过配置 sshd_config 来禁用 root 用户登录。在/etc/ssh/sshd_config 文件中：

```
#LoginGraceTime 2m
#将 PermitRootLogin 配置为 no 来禁用 root 账户通过 sshd 登录
PermitRootLogin yes
```

9. 禁止使用用户名/密码的方式登录

使用用户名和密码是最为常见的登录服务器的方式，但这不是唯一的方式。在现今普遍使用云服务器的环境下，很多云服务器默认的登录方式是通过用户名和密钥文件，只要对密钥文件进行良好的保护和分发，就可以控制密码的泄露，而且密钥文件几乎是无法破解的。同时，使用云服务商提供的 AK/SK 管理来简化密钥的生成和分发，还可以定时对密钥进行轮换。所以禁用用户名和密码登录是推荐的账户登录模式，在 sshd_config 中，配置如下：

```
#将 PasswordAuthentication 配置为 no 来禁用密码登录方式
PasswordAuthenticationno
```

3.5.2 文件权限加固

DAC（Discretionary Access Control，自主访问控制）是传统的 Linux 访问控制方式，DAC

可以对文件、文件夹、共享资源等进行访问控制。通过“ls -l”查看文件的 DAC 配置，DAC 配置有 10 个字符表示，这 10 个字符的意义和作用可以查看下面的示意图。一个简单的修改文件的访问权限的方式是通过数字方式来修改，具体形式是“chmod 754 demo. sh”。在图 3-18 中，解释了“754”的意义。

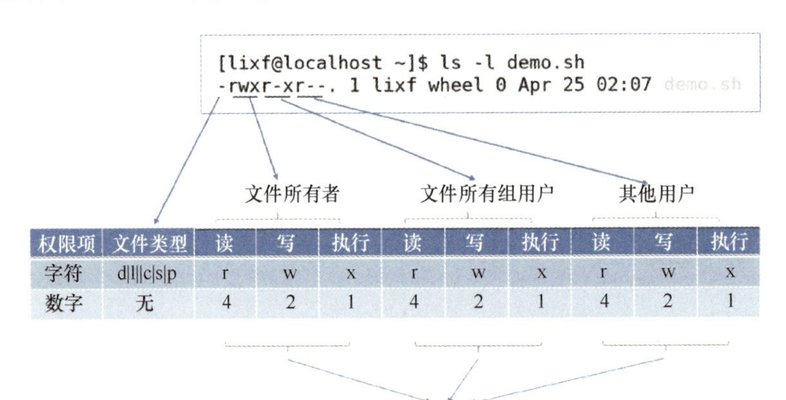

权限项	文件类型	读	写	执行	读	写	执行	读	写	执行
字符	d|l|c|s|p	r	w	x	r	w	x	r	w	x
数字	无	4	2	1	4	2	1	4	2	1

• 图 3-18　Linux 文件 DAC 权限控制

图 3-18 中简述了 Linux 文件权限控制的主要机制和配置方法。除了上述的这些基础配置方式外，Linux 还有一些很有用，但是容易被忽视的访问权限控制选项，包括 SUID、SGID 和文件权限扩展属性，下面依次了解一下这些访问权限控制选项的作用和用法。

1. 为文件配置 SUID 和 SGID 权限

SUID 和 SGID 权限是在基础的 rwx（读、写、执行）三种权限控制基础上的扩展。为文件设置 SUID 权限时，用户自动获得文件拥有者所拥有的所有权限。为文件设置 SGID 权限时，用户将自动获得组用户所拥有的权限。这个逻辑稍微有点不好懂，接下来用一个例子来说明 SUID 和 SGID 的作用以及这两个配置所带来的安全风险。

Linux 的用户名及密码配置文件是/etc/shadow，shadow 文件的访问权限配置很严格，只有 root 用户可以访问和修改。

```
[lixf@localhost etc]$ls -l /etc/shadow
----------. 1 root root 874 Apr 23 23:03 /etc/shadow
[lixf@localhost etc]$cat /etc/shadow
cat: /etc/shadow: Permission denied
```

当使用 passwd 指令修改账户的密码时，是可以修改成功的。修改完成后，通过“ls -l”查看文件的修改时间，可以看到文件的时间戳确实变化了，执行效果如下。

```
[lixf@localhost etc]$passwd
Changing password for user lixf.
Current password:
```

```
New password:
Retype new password:
passwd: all authentication tokens updated successfully.
[lixf@localhost etc] $ls -l /etc/shadow
----------. 1 root root 874Apr 25 02:41 /etc/shadow
```

为什么没有 shadow 文件访问权限的普通用户可以修改这个文件？其原因就在于 SUID 权限配置。shadow 文件是通过 passwd 命令修改的，passwd 命令也是一个文件，这个文件的权限是：

```
[lixf@localhost etc] $which passwd
/usr/bin/passwd
[lixf@localhost etc] $ls -l /usr/bin/passwd
-rwsr-xr-x. 1 root root 33600 Apr  6  2020 /usr/bin/passwd
```

注意一个细节，这个文件在文件所有者的执行权限位上是“s”，不是普通的“x”配置，而这个文件的所有者是 root。这个“s”权限即是 SUID 权限，表示执行这个文件的用户自动获得此文件所有者（即 root）的权限，而 root 是有权限更改 shadow 文件的。同理，在文件所属群组位上配置 SGID 权限，使用这个文件的用户会自动获得文件在群组上所配置的权限。

SUID 和 SGID 能够解决特定情况下的特定问题，但是滥用这两个标志位会带来隐含的安全问题。特别是误配的 SUID 和 SGID 权限，让某些非法用户或非法操作隐含地获得了超越常规的权限执行能力。在系统中，需要对文件权限进行扫描，鉴别误配或错配的 SUID 位和 SGID 位，从而规避潜在风险。

2. 对敏感文件配置扩展属性

Linux 的文件扩展属性有两个，分别是 a 属性（append，表示是否能够在文件的末端增加内容）和 i 属性（immutable，表示是否允许改变这个文件）。扩展属性的查看和配置使用 lsattr 和 chattr 两个命令。

```
#查看文件的扩展属性
[lixf@localhost ~] $lsattr demo.sh
-------------------- demo.sh
#为文件增加 i 属性
[lixf@localhost ~] $ sudo chattr +i demo.sh
[lixf@localhost ~] $ lsattr demo.sh
----i -------------- demo.sh
[lixf@localhost ~] $ ls -l demo.sh
-rwxr-xr--. 1 lixf wheel 0 Apr 25 02:07 demo.sh
#文件的所有者,对文件都有写权限,也无法删除这个文件
[lixf@localhost ~] $rm -f demo.sh
rm: cannot remove 'demo.sh': Operation not permitted
```

在云原生平台下，为关键的基础镜像配置 a 属性和 i 属性，可以防止镜像被恶意修改。

3.5.3 强制访问控制

如3.5.2节所讲，Linux传统的访问控制标准是自主访问控制（Discretionary Access Control，DAC）。在这种形式下，一个软件或守护进程以UID或SUID的身份运行，这使得恶意代码很容易运行在特定权限之下，从而取得访问关键子系统的权限。曾经在全球范围内造成重大影响的ShellShock漏洞就是一个典型的例子。

ShellShock漏洞本质上起源于Bash Shell程序中的一个bug。因为bash程序是以root身份运行的，攻击者利用这个漏洞获取了操作系统的root权限。类似于bash程序，docker进程也是以root身份运行的，容易让恶意的容器通过docker daemon获得管理员权限。

Linux内核2.6版本中引入新的安全控制策略，用以扩充访问控制安全配置机制。这个控制策略就是强制访问控制（Mandatory Access Control，MAC）。通过MAC可以限制标准权限之外的其他权限，让进程尽可能以最小系统权限运行，访问最有限的资源（包括文件，文件夹，网络端口等），并限制进程在其上执行其他操作。MAC机制有两个主流的实现，分别是SELinux和AppArmor，在Redhat衍生的发行版中提供的是SELinux（Security Enhanced Linux），在Ubuntu衍生发行版中提供的是AppArmor。

1. SELinux

SELinux中有主体（Subjects）、对象（Objects）、策略（Policy）、模式（Mode）等概念。一个主体是一个程序，主体尝试访问一个对象，比如一个文件就是一个对象。SELinux安全服务器在内核中根据配置的策略进行检查。基于当前的运行模式，如果SELinux安全服务器授予权限，该主体就能够访问该目标，否则就拒绝访问，同时在/var/log/messages中记录一条拒绝信息。

通过“ls -Z”命令查看一个文件的SELinux上下文信息（即对象的SELinux属性信息），示例如下。

```
[lixf@localhost ~] $ ls -lZ demo.sh
-rwxr-xr--. 1 lixf wheel unconfined_u:object_r:user_home_t:s0 0 Apr 25 02:07 demo.sh
```

通过ls -lZ命令显示的文件属性比常见的属性多出了不少内容，除了DAC信息以及用户和用户组信息外，“unconfined_u：object_r：user_home_t：s0”即SELinux属性信息，用“：”分割开的几部分依次为用户、角色、类型和等级属性。上面的示例中，文件的用户是unconfined_u、角色是object_r、类型是user_home_t、等级是s0级。这时如果把文件复制到/tmp目录下，文件的SELinux属性就发生了变化：

```
[lixf@localhost ~] $ cd /tmp
[lixf@localhost tmp] $ cp ~/demo.sh .
[lixf@localhost tmp] $ ls -lZ demo.sh
-rwxr-xr--. 1 lixf wheel unconfined_u: object_r: user_tmp_t: s0 0 Apr 25 08: 09 demo. sh
```

文件的 SELinux 的类型标签变成了 user_tmp_t。

类似普通文件，Linux 进程和用户也都有各自的 SELinux 标签，使用“ps -Z”和“id -Z”来查看相关的标签。

```
[lixf@localhost tmp]$ps -Z
LABEL                                                PID TTY          TIME CMD
unconfined_u:unconfined_r:unconfined_t:s0-s0:c0.c1023 2275 pts/0 00:00:00 bash
unconfined_u:unconfined_r:unconfined_t:s0-s0:c0.c1023 2331 pts/0 00:00:00 ps
[lixf@localhost tmp]$id -Z
unconfined_u:unconfined_r:unconfined_t:s0-s0:c0.c1023
```

SELinux 的安全服务就是通过 SELinux 标签信息来进行权限鉴别的。SELinux 可以阻止由未知的安全漏洞引起的安全问题。未知的安全漏洞是指在云原生平台上一些还没有被发现的、尚在运行的系统薄弱点。如果没有 SELinux 安全上下文的控制，恶意容器或程序可以利用这些薄弱点执行更高权限的操作。在 Kubernetes 的 runC 容器运行时就曾存在 CVE 漏洞，在有 SELinux 激活的情况下，平台对这些漏洞有天然的防护能力，其操作原理如图 3-19 所示。

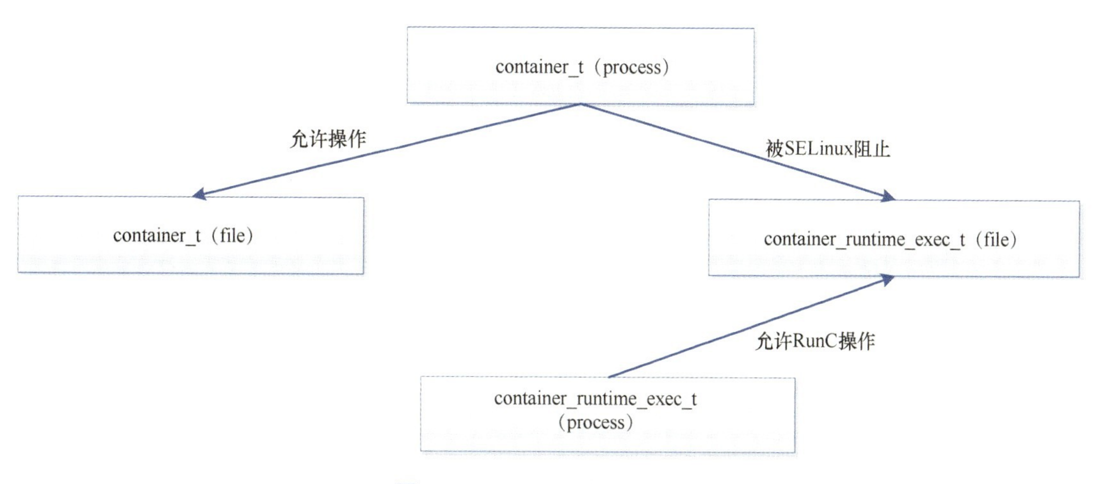

• 图 3-19　Linux 文件 MAC 权限控制

在图 3-19 中，标签为 container_t 的容器程序仅可以访问其被允许访问的文件，不论这个容器程序是否以 root 身份运行，或者通过系统漏洞获得了 root 权限。当它访问标签为 container_runtime_exec_t 的文件时，会被 SELinux 阻止，同时恶意访问的日志会被自动记录。而标签为 container_runtime_exec_t 的文件只允许被 runC 程序访问，runC 程序是标签为 container_runtime_exec_t 的进程。

Kubernetes 在 Pod 的声明 yaml 文件中有“securityContext：seLinuxOptions”字段，seLinuxOptions 字段定义了 Pod 中容器的 SELinux 上下文信息，其配置如下。

```
apiVersion: v1
kind: Pod
```

```
metadata:
    name: security-context-demo-3
spec:
...
securityContext:
  seLinuxOptions:
    level: "s0:c123,c456"
    role: unconfined_r
    user: unconfined_u
    type:container_t
```

通过 seLinuxOptions 来配置 Pod 的 SELinux 上下文属性。在上面的例子中，SecurityContext 段中配置了访问 level、role、user 和 type 属性，分别对应于 SELinux 的 4 个标签属性。

2. AppArmor

AppArmor 是 SUSE 和 Ubuntu 系列 Linux 操作系统的强制访问控制服务，功能与 SELinux 相似，但操作模式有很大的区别。

- SELinux 为系统内的所有文件（包括进程、普通文件、目录及网络端口等）打标签，针对普通文件和目录，SELinux 将标签存储在对应文件的 inode 节点上。在 Linux 中，inode 是基础的文件系统数据结构，保存了除文件内容外的其他相关信息。
- AppArmor 为文件建立配置文件，在对应的配置文件中保存强制访问策略。
- SELinux 构建了一个开箱即用的系统级访问控制，而 AppArmor 针对每个应用程序提供了精确的访问控制。
- 使用 SELinux 或 AppArmor 通常都需要为系统中的文件和模块进行很多配置工作。但是 AppArmor 的属性文件更简单，比 SELinux 的可读性更强。另外 AppArmor 还提供了图形化工具来简化配置。

AppArmor 的配置文件存储在/etc/apparmor. d 下，Kubernetes 一样也提供了 AppArmor 的安全上下文配置。与 SELinux 不同，为 Pod 配置 AppArmor 安全上下文之前，先要为 Pod 建立 AppArmor 的属性文件，然后在 Pod 的元数据中声明 AppArmor 配置并引入这个属性文件。

AppArmor 的属性文件示例如下。

```
#include <tunables/global>
profile k8s-apparmor-example-deny-write flags=(attach_disconnected) {
  #include <abstractions/base>
  file,
  # Deny all file writes.
  deny /* * w,
}
```

在这个文件中，定义了一个名为 k8s-apparmor-example-deny-write 的配置。在这个配置中，禁止了所有的文件写入操作。

在 Pod 的声明文件中引入如下所示的配置。

```
apiVersion: v1
kind: Pod
metadata:
  name: hello-apparmor
  annotations:
    # Tell Kubernetes to apply the AppArmor profile "k8s-apparmor-example-deny-write".
    container.apparmor.security.beta.kubernetes.io/hello: localhost/k8s-apparmor-example-
deny-write
spec:
  containers:
  - name: hello
    image: busybox
    command: [ "sh", "-c", "echo 'Hello AppArmor! ' && sleep 1h" ]
```

在上面的 Pod 声明文件中，通过 container. apparmor. security. beta. kubernetes. io/hello 的注解为名为 hello 的容器启用了 k8s-apparmor-example-deny-write 这个配置。

除了对容器安全上下文进行配置外，SELinux 和 AppArmor 在操作系统层面上能够支持的功能还有很多，比如它们能够配置类似 Kubernetes RBAC 的基于角色的安全控制。只是针对云原生平台，通常使用平台提供的 RBAC 能力即可，除非特殊情况，无须再使用 SELinux 和 AppArmor 提供的 RBAC 能力。

SELinux 和 AppArmor 的功能和细节很多，详细的配置参数和方法需要参考专门的书籍。本书重点讲解它们如何与云原生平台互相配合使用。

SELinux 和 AppArmor 与容器技术配合，在很大程度上可以增强平台的安全性。但在通常的生产环境下，目前使用它们的比例还较少，主要还是由于对云原生安全的忽视和云原生安全理念普及程度不够。

通常情况下，至少需要为特权容器配置 SELinux。特权容器是一种特殊的容器，通过将其 Pod 声明文件中的 securityContext. privileged 属性置为 True 来配置。以特权模式运行的容器等同于在主机上以 root 身份运行。比如常见的日志收集服务 fluentd，它需要挂载/var/log 目录，从这个目录中读取并解析日志，所以一般情况下 fluentd Pod 是以特权容器身份运行的。针对这类特权容器，激活使用 SELinux 的配置，限制其可以访问的路径及程序，可以避免这些高安全风险的业务出现安全漏洞。另外 SaaS 类业务在云平台上销售软件服务，为分散在各地的客户提供业务和数据访问能力，对数据和业务的隔离性要求很高，需要设置 SELinux 以增强安全隔离能力，阻止未知的非法访问。

3.5.4 iptables 与 Linux 防火墙

关于 iptables 长久以来有一个误解，即认为 iptables 是 Linux 默认的防火墙程序。其实

netfilter 才是 Linux 内置的防火墙，每个 Linux 发行版都带了 netfilter，而 iptables 只是 Linux 防火墙工作在用户空间的管理工具。

尽管新型的 Firewalld 防火墙已经投入使用多年，但是大量的企业在生产环境中依然出于各种原因而继续使用 iptables。Kubernetes 集群的 kube-proxy 默认也工作在 iptables 模式下。首先 Kubernetes 会分配给 Service 一个固定 IP，这个固定 IP 地址是一个虚拟 IP 地址，并不是一个真实的 IP 地址，在外部是无法寻址的。Kubernetes 通过 kube-proxy 实现虚拟 IP 路由及转发。在 iptables 模式下，创建 Service 时，Node 节点上的 kube-proxy 会建立两个 iptables 规则，一个为 Service 服务，用于将“服务虚拟 IP：端口”的流量转给后端；另一个为 Endpoints 创建，用于选择 Pod。在默认情况下，后端的选择是随机的。iptables 模式下的 kube-proxy 不需要在用户空间和内核空间之间进行切换，确保了流量的转发速率。

从 Kubernetes 1.8 版本开始，增加了通过 ipvs 模式进行代理转发。在 ipvs 模式下，kube-proxy 会调用 netlink 接口以创建相应的 ipvs 规则，并定期与 Service 和 Endpoint 同步 ipvs 规则，从而确保 ipvs 状态与期望一致。访问 Service 时，流量将被重定向到其中某一个后端 Pod。

作为“老派”的 Linux 防火墙管理程序，iptables 有很多优点。首先因为 netfilter/iptables 有很长时间的使用历史，对于大多数 Linux 管理员来说都非常熟悉。再者，iptables 在防火墙配置上有很大的灵活性，可以便捷地完成端口过滤器、路由转发或虚拟专用网的配置。而且 iptables 在几乎所有 Linux 发行版上都已经预装，提供了很大的便利性。

但是由于 iptable 有一些缺点，在后续的 Linux 版本中逐渐被新生代的防火墙程序所替代，比如 CentOS 中的 Firewalld 和 Ubuntu 上的 ufw，以及用于替代 iptables 的 nftables 管理程序。iptables 固有的一些缺点如下。

- 针对 IPv6，iptables 有不同的实现。所以在向 IPv6 迁移的过程中，需要分别为 IPv4 和 IPv6 运行两套防火墙程序。
- iptables 在修改了规则后必须全部刷新才可以生效。这就导致了在 iptables 模式下，针对有大量的 Service 的情况下，kube-proxy 需要配置大量的 iptables 规则。如果再进行规则修改，由于 iptables 的执行效率迅速下降，导致无法承载大量 Service 的更新。这个问题限制了 Kubernetes 集群的规模。
- 另外在功能上，iptables 也有众多限制，包括难以应对 IP 碎片攻击、不支持复杂协议、不能防止对应用层的攻击等。

1. Firewalld

相较于 iptables 防火墙而言，Firewalld 支持动态规则更新技术并加入了区域（Zone）的概念。简单来说，区域就是 Firewalld 预先准备的几套防火墙策略的集合（也称策略模板），用户可以根据生产场景的不同而选择合适的策略集合，从而实现防火墙策略之间的快速切换。动态规则更新技术可以让防火墙更新规则不破坏现有的会话和连接。

Firewalld 中有一些特殊的功能，这些功能增加了防火墙管理的便捷性，有助于更方便和有效地进行应用和网络流量管理。下面主要讲解 Firewalld 的应用管理服务和简易语法。

（1）应用管理服务

FirewallD 可以根据特定网络服务的预定义规则来允许相关流量通过。预定义规则中配置了应用服务的端口和协议，也可以创建自定义的服务规则，并将它们添加到相关的区域中。默认支持的服务配置文件位于 /usr/lib /firewalld/services 目录中，用户创建的服务文件在 /etc/firewalld/services 目录中。

查看内置的服务及其配置：

```
[lixf@localhost ~]$ cd /usr/lib/firewalld/services
[lixf@localhost ~]$ ls
amanda-client.xml       condor-collector.xml    freeipa-trust.xml
…
[lixf@localhost services]$cat redis.xml
<?xml version="1.0" encoding="utf-8"?>
<service>
  <short>redis</short>
  <description>Redis is an open source (BSD licensed), in-memory data structure store, 
used as a database, cache and message broker.</description>
  <port protocol="tcp" port="6379"/>
</service>
```

启用或禁用 redis 服务：

```
[lixf@localhost services]$sudo firewall-cmd --zone=public --add-service=redis --permanent
success
[lixf@localhost services]$sudo firewall-cmd --zone=public --remove-service=redis --perma-
nent
success
```

（2）简易语法

Firewalld 提供简易语法（Rich Language）规则来为端口、协议、地址和操作向区域添加自定义的防火墙规则。简易语法有很多，可以通过查看 Firewalld 的帮助文档来使用它们。简易语法以一种接近自然语言的方式来配置防火墙规则，提供了很大的便利性和可读性。

简易语法示例：

```
#允许来自主机 192.168.0.14 的所有 IPv4 流量
[lixf@localhost ~]$sudo firewall-cmd --zone=public --add-rich-rule 'rule family="ipv4" 
source address=192.168.0.14 accept'
#拒绝来自主机 192.168.1.10 到 22 端口的 IPv4 的 TCP 流量
[lixf@localhost ~]$sudo firewall-cmd --zone=public --add-rich-rule 'rule family="ipv4" 
source address="192.168.1.10" port port=22 protocol=tcp reject'
#允许来自主机 10.1.0.3 到 80 端口的 IPv4 的 TCP 流量,并将流量转发到 6532 端口上
[lixf@localhost ~]$sudo firewall-cmd --zone=public --add-rich-rule 'rule family=ipv4 
source address=10.1.0.3 forward-port port=80 protocol=tcp to-port=6532'
```

```
#将主机 172.31.4.2 上 80 端口的 IPv4 流量转发到 8080 端口(需要在区域上激活 masquerade)
[lixf@localhost ~]$sudo firewall-cmd --zone=public --add-rich-rule'rule family=ipv4 forward-port port=80 protocol=tcp to-port=8080 to-addr=172.31.4.2'
#列出当前的简易规则
[lixf@localhost ~]$sudo firewall-cmd --list-rich-rules
```

2. ufw 防火墙

ufw 全称为 Uncomplicated Firewall（简单防火墙）。其已经成为 Ubuntu 和 Debian 系列操作系统上默认的防火墙管理程序。ufw 的使用确实十分简单，它提供了很多简易的命令来配置防火墙规则。

ufw 操作示例：

```
#运行远端访问系统的 22 端口,进行 ssh 登录
lixf@ubuntu:~ $ sudo ufw allow 22/tcp
lixf@ubuntu:~ $ sudo ufw status
Status: active
To                       Action      From
--                       ------      ----
22                       ALLOW       192.168.0.0/24
9090                     ALLOW       Anywhere
9090 (v6)                ALLOW       Anywhere (v6)
#拒绝 smtp 访问
lixf@ubuntu:~ $ sudo ufw deny 25
#允许 http 访问
lixf@ubuntu:~ $ sudo ufw allow http
```

3.6 创建安全的云原生应用运行环境

下面通过一个案例，体验一下如何搭建一个云原生应用平台，然后对这个平台进行安全加固。通过这个过程，大家可以更容易地理解和掌握云原生平台层的安全加固方法。

3.6.1 创建应用运行集群并对系统进行加固

搭建一套安全加固的云原生环境并不复杂，对硬件的要求也不高。可以在 VMware Workstation Player 上安装虚拟机，并在虚拟机上安装 Kubernetes 环境。一个典型的 Kubernetes 集群需要 3 台物理机，为了降低对资源的要求，选择在虚拟机环境里安装。每个虚拟机的配置为：4 核 CPU、8GB 内存、80GB 硬盘。创建好的集群在不运行任何工作负载的情况下，资源消耗情况如图 3-20 所示。

图 3-20 所示是安装好的一套由 3 台 4 核 8GB 虚拟机组成的 Kubernetes 集群，可以看到这个集群的 3 个节点分别为 master1、node1 和 node2。master1 是主节点，上面运行了 Kuber-

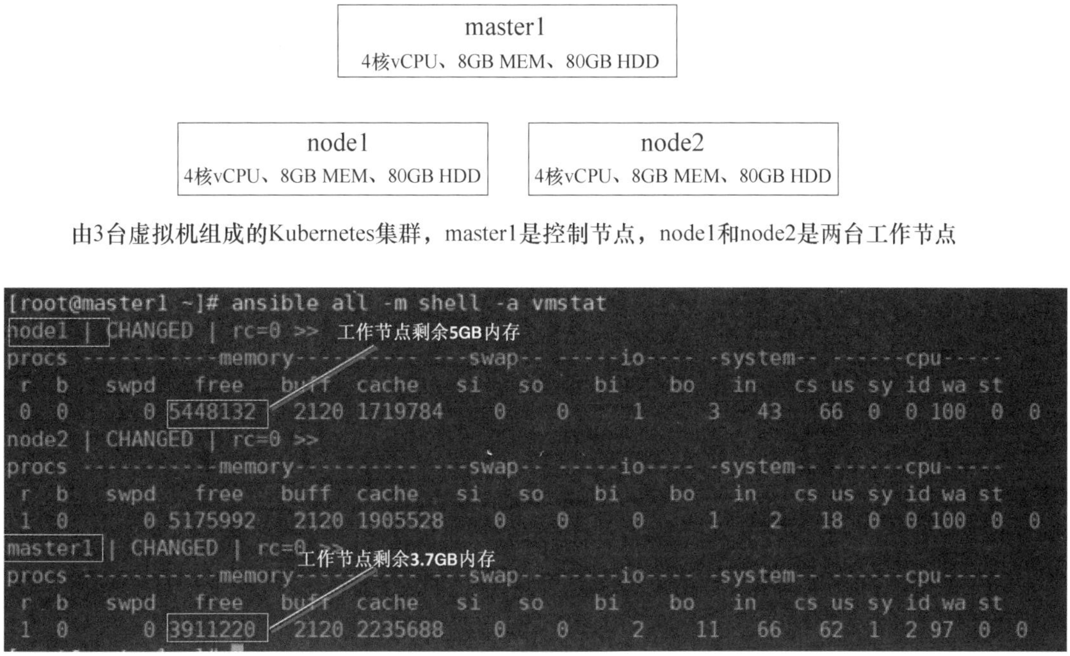

master1
4核vCPU、8GB MEM、80GB HDD

node1
4核vCPU、8GB MEM、80GB HDD

node2
4核vCPU、8GB MEM、80GB HDD

由3台虚拟机组成的Kubernetes集群，master1是控制节点，node1和node2是两台工作节点

```
[root@master1 ~]# ansible all -m shell -a vmstat
node1 | CHANGED | rc=0 >>   工作节点剩余5GB内存
procs -----------memory---------- ---swap-- -----io---- -system-- ------cpu-----
 r  b   swpd   free   buff  cache   si   so    bi    bo   in   cs us sy id wa st
 0  0      0 5448132   2120 1719784    0    0     1     3   43   66  0  0 100  0  0
node2 | CHANGED | rc=0 >>
procs -----------memory---------- ---swap-- -----io---- -system-- ------cpu-----
 r  b   swpd   free   buff  cache   si   so    bi    bo   in   cs us sy id wa st
 1  0      0 5175992   2120 1905528    0    0     0     1    2   18  0  0 100  0  0
master1 | CHANGED | rc=0 >>   工作节点剩余3.7GB内存
procs -----------memory---------- ---swap-- -----io---- -system-- ------cpu-----
 r  b   swpd   free   buff  cache   si   so    bi    bo   in   cs us sy id wa st
 1  0      0 3911220   2120 2235688    0    0     2    11   66   62  1  2 97  0  0
```

● 图 3-20　3 台 4 核 8GB Kubernetes 集群的资源占用情况

netes 控制节点的进程和服务。运行后，包括操作系统在内，共占用了约 4GB 的内存，还有 3. 7GB 剩余。node1 和 node2 占用的资源就更少了，还有约 5GB 的剩余。因为 node1 和 node2 接下来还留待作为工作节点运行工作负载，所以留多一些资源是合理的。

搭建一套 Kubernetes 集群有以下几个步骤，只需要按照部署依次执行即可。本书中案例都运行在 CentOS 8. 4 版本系统中，首先通过 VMware Workstation Player 创建 3 台 CentOS 8. 4 版本的虚拟机。VMware Workstation Player 是一款由 VMware 公司提供的免费软件，由于例子中不会用到如快照、网络设置等高级功能，所以不需要使用 VMWare Workstation 的付费商业版本。

需要注意的一点是：Kubernetes 集群的设计目标是 setup-and-run-forever（安装并永久运行）。在虚拟机中安装的 Kubernetes 集群会经常面对集群重启的情况，需要为 3 个节点设置静态 IP，不能使用 DHCP 动态 IP。

master1、node1、node2 分别作为 3 台服务器的主机名，master1 是控制节点，node1 和 node2 是工作节点。在图 3-21 中，显示了这 3 个节点的配置信息。

在 3 个节点上，搭建 Kubernetes 的过程如下。

1）在 3 个节点上都安装 Kubelet、Kubeadm、Kubectl、Containerd 程序。Kubelet 是运行在每个 Kubernetes 节点上的代理程序，负责节点的状态信息上报和本节点配置指令的执行；Kubeadm 是用来创建 Kubernetes 集群的工具；Containerd 是符合 CRI-O 标准的容器运行时；Kubectl 是 Kubernetes 的命令行客户端程序。

节点1	节点2	节点 3
主机名：master1 配置：4核、8GB、80GB硬盘 主机操作系统：CentOS 8.4 主机IP：192.168.171.121/24 kubernetes版本：1.21.4 Apiserver：apiserver.master1 Pod子网：10.100.0.0/16	主机名：node 1 配置：4核、8GB、80GB硬盘 主机操作系统：CentOS 8.4 主机IP：192.168.171.122/24 Kubernetes 版本：1.21.4	主机名：node 2 配置：4核、8GB、80GB硬盘 主机操作系统：CentOS 8.4 主机IP：192.168.171.123/24 Kubernetes 版本：1.21.4

• 图 3-21　集群中 3 台节点的配置及相关进程

社区上有一些方便安装这些基础程序的脚本，比如 Kuboard 提供的集群安装脚本能够一键完成基础程序的安装。在 3 个节点中，以 root 身份运行下面的示例 shell 脚本，即可完成 1.21.4 版本的基础程序安装。

```
export REGISTRY_MIRROR=https://registry.cn-hangzhou.aliyuncs.com
curl -sSLhttps://gitee.com/wellxf/cns/raw/master/platform/install_kubelet.sh | sh -s 1.21.4
/coredns
```

安装过程也比较简单，主要有配置 yum 资源库、使用 yum 安装各个组件、使用 systemctl 配置这些组件等步骤，这里不再赘述。

2）安装集群控制节点，即 master1 节点。Kubeadm 是社区提供的安装 Kubernetes 集群的便捷工具，在 Kubeadm 的 init 配置文件中指定两个关键的配置变量，分别是 Pod 的子网和 kube-apiserver 的访问地址。其中 Pod 子网用来配置和指定容器 Pod 使用的网段和掩码。master1 节点提供 kube-apiserver 服务，配置 apiserver 的地址和端口作为 Kubernetes 整个控制平面的访问入口地址。

控制节点的初始化过程也较为简单，具体如下。

```
#只在 master1 节点上执行。在实际执行过程中，替换 MASTER_IP 为对应的 IP
export MASTER_IP=192.168.171.121
#替换 apiserver.master1 为需要的主机名
export APISERVER_NAME=apiserver.master1
# Kubernetes 容器组所在的网段。该网段安装完成后，由 Kubernetes 创建，事先并不存在于物理网络中
export POD_SUBNET=10.100.0.0/16
echo "${MASTER_IP}    ${APISERVER_NAME}" >> /etc/hosts
curl -sSLhttps://gitee.com/wellxf/cns/raw/master/platform/init_master.sh | sh -s 1.21.4
/coredns
```

3）安装网络插件。Calico 网络插件是一款基于 BGP 的、纯 3 层的数据中心网络方案，功能强大、稳定性高，是最为常见的生成环境可用的虚拟化网络方案之一。这里使用 Calico 网络方案，这一步也只需要在 master1 上执行，安装过程为：

```
export POD_SUBNET=10.100.0.0/16
kubectl apply -fhttps://gitee.com/wellxf/cns/raw/master/platform/calico-operator.yaml
wget https://gitee.com/wellxf/cns/raw/master/platform/calico-custom-resources.yaml
```

```
sed -i "s#192.168.0.0/16#${POD_SUBNET}#" calico-custom-resources.yaml
kubectl apply -f calico-custom-resources.yaml
```

4）初始化 worker（工作）节点。worker 节点的初始化过程分两步，第一步是在 master1 节点上通过 kubeadm token create 指令生成 worker 节点用来加入集群的校验 token；第二步是在工作节点上使用 kubeadm join 来加入集群。

在 master1 上执行：

```
#只在 master1 节点执行
kubeadm token create --print-join-command
#执行后,在 master1 节点上生成并打印 token,将生成的命令在 worker 节点上执行
kubeadm join apiserver.master1:6443 --token b14rkp.avcszr53zg1912n4 --discovery-token-ca-cert-hash sha256:a7492999d05f70c76634416aaec5931ae6276db48bc2c7a0d3f72c97dcd5a75d
```

在两台 worker 节点 node1 和 node2 上分别执行：

```
export MASTER_IP=192.168.171.121
export APISERVER_NAME=apiserver.master1
echo "${MASTER_IP}    ${APISERVER_NAME}" >> /etc/hosts
#替换为 master1 节点上 kubeadm token create 命令的输出
kubeadm join apiserver.master1:6443 --token b14rkp.avcszr53zg1912n4 --discovery-token-ca-cert-hash sha256:a7492999d05f70c76634416aaec5931ae6276db48bc2c7a0d3f72c97dcd5a75d
```

5）验证集群安装结果。在 master1 节点上执行命令 kubectl get nodes，显示 3 个节点都是 ready 状态，即表示集群初始化成功。

```
[root@master1 ~]# kubectl get nodes
NAME      STATUS   ROLES                  AGE     VERSION
master1   Ready    control-plane,master   10min   v1.21.4
node1     Ready    <none>                 6min    v1.21.4
node2     Ready    <none>                 6min    v1.21.4
```

接下来对集群所运行的主机进行安全加固。首先配置集群操作系统的账户权限和密码策略，建议需要对集群操作系统账户权限进行的加固项如下。

- 对账户的登录次数进行检查，连续超过 3 次登录失败后，对用户锁定 150s。
- 配置用户密码的生命周期，限制其登录密码至少每隔一段时间就进行更新。
- 配置用户密码的复杂程度，规定密码的长度、大小写字符数、特殊符号数目。
- 禁止 root 用户远程登录（或禁止使用密码登录，强制使用证书登录）。普通用户登录系统后，通过 sudo 命令获得更高的执行权限。

通过下面的命令来完成上面这四个操作。

```
curl -sSL  https://gitee.com/wellxf/cns/raw/master/platform/ sys_enhance.sh | sh -s
```

在集群安装过程中，为了简化，禁用了 seLinux 服务，在安装完成后将其开启。

```
#修改 selinux 配置文件,配置默认策略为 enforcing
sed -i "s/SELINUX=disabled/SELINUX=enforcing/g" /etc/selinux/config
```

```
#启动 selinux,如果遇到提示 selinux 被 disable 的错误,需要重启一下操作系统
setenforce 1
```

3.6.2 Kubernetes 关键组件安全加固

接下来继续对 Kubernetes 的关键组件进行安全加固。Kubernetes 中主要涉及安全加固的组件有 kube-apiserver、kubelet、etcd 和 kube-scheduler。下面分别对这几个关键服务组件进行安全加固。

通过 ps 命令，查看 kube-apiserver 的启动命令。

```
[lixf@master1 ~]$ ps -ef |grep kube-apiserver
root        2148    1930  4 10:35 ?        00:02:00 kube-apiserver --advertise-address=192.168.171.121 --allow-privileged=true --authorization-mode=Node,RBAC--client-ca-file=/etc/kubernetes/pki/ca.crt --enable-admission-plugins=NodeRestriction --enable-bootstrap-token-auth=true --etcd-cafile=/etc/kubernetes/pki/etcd/ca.crt --etcd-certfile=/etc/kubernetes/pki/apiserver-etcd-client.crt --etcd-keyfile=/etc/kubernetes/pki/apiserver-etcd-client.key --etcd-servers=https://127.0.0.1:2379 --insecure-port=0 --kubelet-client-certificate=/etc/kubernetes/pki/apiserver-kubelet-client.crt --kubelet-client-key=/etc/kubernetes/pki/apiserver-kubelet-client.key --kubelet-preferred-address-types=InternalIP,ExternalIP,Hostname --proxy-client-cert-file=/etc/kubernetes/pki/front-proxy-client.crt --proxy-client-key-file=/etc/kubernetes/pki/front-proxy-client.key --requestheader-allowed-names=front-proxy-client --requestheader-client-ca-file=/etc/kubernetes/pki/front-proxy-ca.crt --requestheader-extra-headers-prefix=X-Remote-Extra- --requestheader-group-headers=X-Remote-Group --requestheader-username-headers=X-Remote-User --secure-port=6443 --service-account-issuer=https://kubernetes.default.svc.cluster.local --service-account-key-file=/etc/kubernetes/pki/sa.pub --service-account-signing-key-file=/etc/kubernetes/pki/sa.key --service-cluster-ip-range=10.96.0.0/16 --tls-cert-file=/etc/kubernetes/pki/apiserver.crt --tls-private-key-file=/etc/kubernetes/pki/apiserver.key
```

kube-apiserver 也是以容器方式运行的，它在 kube-system 命名空间里。它的 yaml 声明文件放在/etc/kubernetes/manifests 目录下。

```
[root@master1 ~]# kubectl get pods -n kube-system |grep kube-apiserver
kube-apiserver-master1            1/1     Running  3          19d
[root@master1 manifests]# ls /etc/kubernetes/manifests/
etcd.yamlkube-apiserver.yaml kube-controller-manager.yaml  kube-scheduler.yaml
```

kube-apiserver 通过编辑声明文件来修改 kube-apiserver 的配置。在编辑之前先备份 kube-apiserver.yaml 文件。在 kube-apiserver.yaml 配置文件中，配置 disable 匿名登录和 kubelet 使用 https 调用，禁用调试模式，同时为 kube-apiserver 配置 NodeRestriction、AlwaysPullImages、PodSecurityPolicy 和 ServiceAccount 插件。下面为 kube-apiserver 配置访问审计日志。

```
[root@master1 manifests]#cd /etc/kubernetes/manifests; cp kube-apiserver.yaml kube-apiserver-default.yaml
[root@master1 manifests]#vi kube-apiserver.yaml
...
```

```
spec:
  containers:
  - command:
    - kube-apiserver
      - --anonymous-auth=false
      - --kubelet-https=true
      - --profiling=false
      - --authorization-mode=Node,RBAC
        - --enable-admission-plugins = NodeRestriction, AlwaysPullImages,
PodSecurityPolicy,ServiceAccount
      - --audit-log-path=/var/log/kube-apiserver-audit.log
      - --audit-log-maxbackup=5
      - --audit-log-maxsize=100
      - --kubelet-certificate-authority=/etc/kubernetes/pki/apiserver-kubelet.pem
      - --service-account-lookup=true
      - --advertise-address=192.168.171.121
      - --allow-privileged=true
...
```

kubelet 组件是通过 systemctl 来管理的，kubelet 的配置文件放置在/usr/lib/systemd/system/kubelet. service 目录下，可以通过 systemctl 命令查看配置文件的路径。

```
[lixf@master1 ~]$ systemctl status kubelet
  kubelet.service - kubelet: The Kubernetes Node Agent
  Loaded: loaded (/usr/lib/systemd/system/kubelet. service; enabled; vendor preset: disa-
bled)
  Drop-In: /usr/lib/systemd/system/kubelet.service.d
          └─10-kubeadm.conf
  Active: active (running) since Fri 2021-10-01 10:47:18 CST; 16min ago
...
```

查看 kubelet 的启动文件。

```
[root@master1 kubelet.service.d]# cat 10-kubeadm.conf
# Note: This dropin only works with kubeadm and kubelet v1.11+
[Service]
Environment="KUBELET_KUBECONFIG_ARGS=--bootstrap-kubeconfig=/etc/kubernetes/bootstrap-
kubelet.conf --kubeconfig=/etc/kubernetes/kubelet.conf"
Environment="KUBELET_CONFIG_ARGS=--config=/var/lib/kubelet/config.yaml"
# This is a file that "kubeadm init" and "kubeadm join" generates at runtime, populating the
KUBELET_KUBEADM_ARGS variable dynamically
EnvironmentFile=-/var/lib/kubelet/kubeadm-flags.env
# This is a file that the user can use for overrides of the kubelet args as a last resort. Prefer-
ably, the user should use
# the .NodeRegistration.KubeletExtraArgs object in the configuration files instead. KUBELET_
EXTRA_ARGS should be sourced from this file.
EnvironmentFile=-/etc/sysconfig/kubelet
ExecStart=
ExecStart=/usr/bin/kubelet  $KUBELET_KUBECONFIG_ARGS  $KUBELET_CONFIG_ARGS  $KUBELET_
KUBEADM_ARGS  $KUBELET_EXTRA_ARGS
```

kubelet 的配置存放在"/etc/kubernetes/kubelet. conf""/var/lib/kubelet/config. yaml" 和

“/etc/sysconfig/kubelet”这三个地方。在config.yaml文件中配置anonymous为false、配置readOnlyPort为disable。在kubelet的EnvironmentFile中配置激活证书轮换。

```
[root@master1 kubelet]# pwd
/var/lib/kubelet
[root@master1 kubelet]# vi config.yaml
apiVersion: kubelet.config.k8s.io/v1beta1
authentication:
  anonymous:
    enabled: false
  webhook:
    cacheTTL: 0s
    enabled: true
  x509:
    clientCAFile: /etc/kubernetes/pki/ca.crt
authorization:
  mode: Webhook
  webhook:
    cacheAuthorizedTTL: 0s
    cacheUnauthorizedTTL: 0s
readOnlyPort: 0
…
[root@master1 kubelet # vi /etc/sysconfig/kubelet
[root@master1 kubelet.service.d]# vi /etc/sysconfig/kubelet
KUBELET_EXTRA_ARGS=--rotate-certificates
```

3.6.3 配置容器集群安全认证

作为一个安全加固的云原生平台，集群的匿名认证和基本认证都已经被屏蔽了，默认通过X509 CA认证模式来访问集群，这也是在生产环境中最为常用的认证策略。通过在kube-apiserver的启动参数中配置“--client-ca-file=<认证文件路径>”来启动CA证书认证。在认证文件路径中保存了多个合法的CA证书，在访问API Server时，客户端建立TLS连接，通过传入证书的公钥来进行访问认证。

接下来，在集群中为单独某个用户创建其证书和私钥。创建证书的过程是：先创建用户的私钥，再使用私钥创建证书签名请求文件，然后将这个请求文件经由集群的根CA文件进行证书签发，最终生成证书文件。

```
#创建用户私钥
[root@master1 nca]# openssl genrsa -out lixf-master1.key 2048
Generating RSA private key, 2048 bit long modulus (2 primes)
.....................................................+++++
.........+++++
e is 65537 (0x010001)
#私钥创建成功
```

```
[root@master1 nca]# ls
lixf-master1.key
#创建证书请求文件,文件名为 lixf-master1.csr
[root@master1 nca]# openssl req -new -key lixf-master1.key -out lixf-master1.csr -subj "/CN=
lixf/O=cloudnativesecurity"
[root@master1 nca]# ls
lixf-master1.csr  lixf-master1.key
#使用集群的 CA 证书和密钥对响应 csr 请求,并生成签名证书
[root@master1 nca]# openssl x509 -req -in lixf-master1.csr -CA /etc/kubernetes/pki/ca.crt -CAk-
ey /etc/kubernetes/pki/ca.key -CAcreateserial -out lixf-master1.crt -days 500
Signature ok
subject=CN = lixf, O = cloudnativesecurity
Getting CA Private Key
[root@master1 nca]# ls
lixf-master1.crt  lixf-master1.csr  lixf-master1.key
#分发证书。证书文件是 lixf-master1.crt,密钥文件是 lixf-master1.key
[root@master1 nca]# scp lixf-master1.crt lixf-master1.key node1:/home/lixf/.kube/
lixf-master1.crt
100% 1025    1.0MB/s  00:00
lixf-master1.key
100% 1679    2.4MB/s  00:00
#最后创建一个单独的 namespace,这个 namespace 稍后会作为客户端的指定 namespace
[root@master1 nca]# kubectl create namespace app1
namespace/app1 created
```

kubeconfig 是用于配置集群访问信息的文件，与集群交互时都需要身份认证，其认证所需要的信息会放在 kubeconfig 文件中。接下来创建 kubeconfig 文件，用于客户端访问集群。

```
#创建 context,并为 context 指定 cluster、namespace 和 user
[lixf@node1 .kube] $ kubectl config set-context lixf-context --cluster=cns-cluster --namespace
=app1 --user=lixf-master1
Context "lixf-context" created.
#配置 context 的 server
[lixf@node1 .kube] $ kubectl config set-cluster cns-cluster --server=https://apiserver.mas-
ter1:6443
Cluster "cns-cluster" set.
#配置 context 的 CA 证书
[lixf@node1 .kube] $ kubectl config set-cluster cns-cluster --certificate-authority=/etc/ku-
bernetes/pki/ca.crt
Cluster "cns-cluster" set.
#配置用户的客户端证书和密钥
[lixf@node1 .kube] $ kubectl config set-credentials lixf --client-certificate=/home/lixf/.
kube/lixf-master1.crt
User "lixf" set.
[lixf@node1 .kube] $ kubectl config set-credentials lixf --client-key=/home/lixf/.kube/lixf-
master1.key
User "lixf" set.
#配置默认使用的 context
[lixf@node1 .kube] $ kubectl config use-context lixf-context
Switched to context "lixf-context".
```

```
#查看生成的 kubeconfig 配置
[lixf@node1 .kube] $ kubectl config view
apiVersion: v1
clusters:
- cluster:
    certificate-authority: /etc/kubernetes/pki/ca.crt
    server: https://apiserver.master1:6443
  name: cns-cluster
contexts:
- context:
    cluster: cns-cluster
    namespace:app1
    user: lixf
  name: lixf-context
current-context: lixf-context
kind: Config
preferences: {}
users:
- name: lixf-master1
  user:
    client-certificate: lixf-master1.crt
    client-key: lixf-master1.key
```

此时，在 node1 上，通过 kubectl 命令调用远端 kube-apiserver，会提示没有权限：

```
[lixf@node1 .kube] $ kubectl get pods
Error from server (Forbidden): pods is forbidden: User "lixf" cannot list resource "pods" in
API group "" in the namespace "app1"
```

这是因为目前只是在 master1 上生成了客户端证书，并在 node1 上配置了客户端访问所使用的 kubeconfig。下一步，就为这个客户端配置其访问的权限，这里使用 RBAC 权限认证策略。

1）先创建一个 role，这个 role 拥有在 app1 空间下的所有权限。

```
[root@master1 nca]# cat <<EOF >> lixf-role.yaml
> apiVersion: rbac.authorization.k8s.io/v1
> kind: Role
metadata> metadata:
>   name: lixf-role
>   namespace:app1
> rules:
roup> - apiGroups: ["", "extensions", "apps"]
>   resources: ["* "]
>   verbs: ["get", "list", "watch", "create", "update", "patch", "delete"]
> EOF
[root@master1 nca]# kubectl create -f lixf-role.yaml
role.rbac.authorization.k8s.io/lixf-role created
[root@master1 nca]# kubectl get roles -n app1
NAME        CREATED AT
lixf-role   2021-10-02T08:38:57Z
```

2）role 创建完成后，还需要将 role 赋给 lixf-master1 用户，这就是为用户配置角色的过程。下面使用 RoleBinding 对象来配置角色。

```
[root@master1 nca]# cat <<EOF >> lixf-rolebinding.yaml
> apiVersion: rbac.authorization.k8s.io/v1
> kind: RoleBinding
> metadata:
>   name: lixf-rolebinding
>   namespace: app1
> subjects:
> - kind: User
>   name: lixf
>   apiGroup: ""
> roleRef:
>   kind: Role
>   name: lixf-role
>   apiGroup: ""
> EOF
[root@master1 nca]# kubectl create -f lixf-rolebinding.yaml
rolebinding.rbac.authorization.k8s.io/lixf-rolebinding created
```

3）再通过命令行访问时，就可以看到权限配置已经生效了。

```
[lixf@node1 .kube]$ kubectl get pods
No resources found in app1 namespace.
```

第4章　应用架构安全

云原生平台的首要作用是运行云原生应用。那么运行在云原生平台上的应用是不是就是云原生应用了？答案为否。成为云原生应用至少需要满足下面几个特点。

- 使用微服务架构对业务进行拆分。单个微服务是个自治的服务领域，对这个领域内的业务实体能够进行独立的、完整的、自洽的管理。“独立”指的是不依赖其他服务；“完整”指的是这个微服务能够管理对应业务实体的整体，而不是部分性的管理；“自洽”指的是微服务本身对业务实体的管理是合理的，不会出现逻辑不完整或逻辑相悖的情况。
- 使用云原生的中间件。微服务通常会依赖常用的中间件，比如消息通信中间件、内存缓存中间件等，采用的中间件技术也是云原生的。
- 应用需要能够自动检查故障并从故障中恢复。微服务本身需要配置可用性检查和存活性检查，在自动化地发现故障后，能够自动通过重启、迁移等方式进行自动恢复。
- 应用能够自动地进行弹性伸缩。云原生需要能够自动统计、感知业务请求压力超过阈值，同时根据请求压力大小自动进行弹性扩缩容。
- 应用配置外置。一个应用运行所需要的配置数据需要存储到一个外置的空间中，这个空间可以独立地管理并进行数据修改。应用能够自动使用并感知这个配置的改变，然后根据配置进行自动调整。

在满足上述对应用架构几点要求的基础上，再辅助云原生平台提供的容器化运行、声明式发布以及使用服务监测和治理，就形成了云原生应用的架构。

云原生的安全管理是一套立体化的管理，除了在基础操作系统和平台层上做安全性管控增强外，应用需要在架构层面上以及应用内生性的安全上做加固。本章针对云原生应用在架构层面上的安全管理及注意事项进行讲述。

4.1　云原生典型应用架构

百行百业有百种业务架构，这些业务架构又有无穷多的应用架构。在当今云原生数字化转型的进程中，这些应用架构在云原生平台上呈现出了一些统一的架构特点，比如通常都会使用一款云原生的数据库，再比如单个微服务本身都有健康检查的能力等。本节将对云原生应用架构的典型特点进行汇总分析。

首先云原生应用架构中普遍会使用一种或多种中间件。中间件是分布式软件应用中通用的一些基础软件，这些软件具有功能专一、稳定性和可靠性有保障、性能经过优化、对外呈现易用和实用的接口等特点。常用的典型中间件如下。

- 内存缓存中间件，常用的有 Redis、Memcached。
- 消息通信中间件，常用的有 Kafka、RabbitMQ、RocketMQ。
- 分布式事务中间件，典型的是 Seata。
- 日志采集和处理中间件，有 Logstash、Filebeat、Fluentd 等。
- 分布式配置及一致性保障中间件，典型的是 Kubernetes 使用的 etcd、Zookeeper、Consul 等。

通常来说，由于中间件使用的便利性以及它们的实用性很强，在应用架构中，使用中间件能够大幅简化系统实现的难度，对系统的容量扩展和性能提升都有很大益处。有一些中间件，比如 Redis，本身的设计目的和用途之一就是提升系统性能。另外，有一些中间件比如消息通信类服务，能够降低系统组件的耦合程度。在常规云原生应用架构中，中间件的使用十分常见，甚至因为太常见以至于大家常常忽略它们的存在，因为忽略而导致安全问题发生。

在众多的中间件当中，Redis 和 RabbitMQ 是最为常用的两个，后面的章节会对这两个中间件的安全加固策略进行说明。

除了中间件之外，云原生应用架构的另外一个特点是其具备故障检查、故障恢复及线性扩展的能力，这些能力主要依靠云原生平台来实现。云原生平台上还提供对应用的监测和治理能力，监测是治理的前提，通过治理可以让业务应用运行得更加顺畅。另外监测也是一种提升应用安全可视化程度的手段，由于把一个应用拆分成了细粒度的微服务，微服务之间的调用和流量监视的复杂程度大幅提升，依赖服务网络技术的服务治理很大程度降低了复杂性，解决了这个问题。使用基于服务网络技术的微服务监测治理功能是云原生应用架构的另外一个典型特征。

云原生微服务架构本身还依赖一些支持组件，这些组件大部分都是使用云原生平台提供的能力，包括注册中心、配置中心以及网络转发服务。另外微服务应用通常需要通过 API 网关来将其内部的服务接口发布出去，供集群外部的客户端或第三方应用访问。通过 API 网关暴露内部的服务接口，它的好处，一方面是能够在网关处做一层接口的映射，避免直接暴露内部的接口地址和访问方式；另一方面可以在网关上面进行流量控制和安全控制。

最后，一整套云原生应用架构不能缺少数据类服务的支撑，包括数据采集、数据预处理、结构和非结构数据的存储以及数据的查询和分析能力。

综上所述，云原生应用的典型架构如图 4-1 所示。

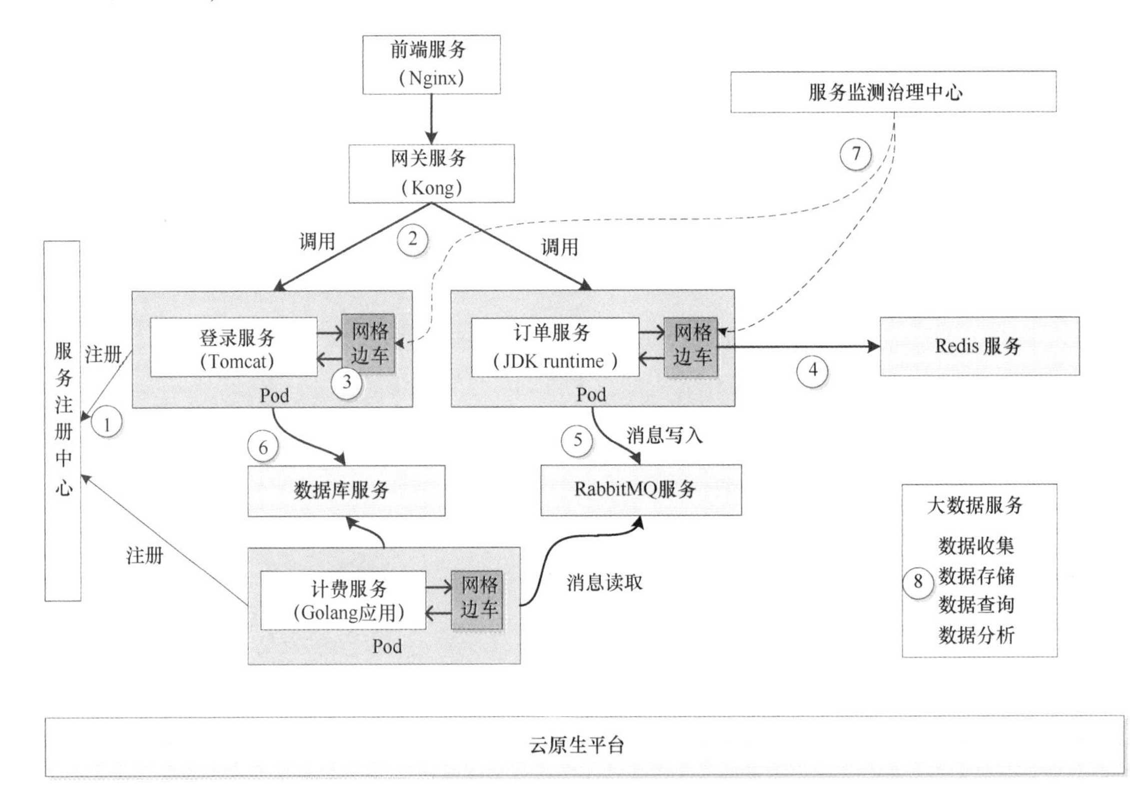

● 图 4-1　云原生应用典型架构图

图 4-1 是典型的云原生应用架构图，从图上看到：

1）在标号①的位置，服务通过注册中心将自己的地址和服务名等数据注册到注册中心。微服务通过在服务注册中心查询目标服务名来获取目标服务的访问地址和端口，然后发起对目标服务的访问。在这个典型云原生应用架构中，用三个微服务 Pod 来作为示例，分别是登录服务、订单服务和计费服务。这三个服务的实现机制分别是 Tomcat Web 服务、常规 Java Http 服务和使用 Golang Web 框架编写的服务。

2）在标号②的位置展现了云原生架构中外部网关服务的功能，内部的服务将其 REST 接口声明和地址注册到网关上，外部的客户端（如前端页面或其他第三方 App）通过网关地址发起对微服务业务系统的请求。

3）针对每个微服务 Pod，都有一个服务网络的边车（sidecar）。网络边车接管了容器中服务进程对外的流量转发，Pod 中的某个业务请求调用其他 Pod 中的服务时，先把请求转发给自己 Pod 内部的边车服务，由边车对请求进行监测及治理后转发出去；对服务的被调用方而言，首先也同样是通过自己 Pod 内部的边车来接收请求，边车对这个请求进行一些安全或流控检测后，运行请求进入内部业务处理服务，最终完成一次请求调用。

4）在这个业务架构图中，使用了 Redis 服务。Redis 在云原生应用的使用中十分普遍，主要是因为 Redis 服务本身简单、稳定、易用，同时功能全面和强大，又有较好的可扩展性。

5）同 Redis 一样，在云原生架构中，消息中间件的使用也非常普遍。通过消息中间件，实现了服务之间的依赖解耦，消息产生方不需要明确知道消息消费方的存在，而消息消费方也只需要从消息中间件中获取消息并处理即可。常用的主流消息中间件是 RabbitMQ 和 Kafka。相比较 RabbitMQ，Kafka 在集群规模以及消息的持久化上有更强的支持能力，但同时 Kafka 的配置和使用也更复杂。另外 RocketMQ 也是一种常用的消息中间件。

6）标号⑥的位置是一个关系型数据库，关系型数据有 rds 和 drds 两大类，分别对应为基于主从复制和读写分离技术的高可用关系型数据库，以及基于分库和分表技术的分布式关系型数据库。drds 的特点是将表数据存储和表数据计算功能在集群内部分离，有专门负责对表数据及索引进行存储的节点和专门对表数据进行聚合和查询的计算节点，能够支持亿级以上的记录数，其规模更大、能力更强。

7）标号⑦是服务治理中心，服务治理中心依赖服务网络技术，它从服务网络的边车中搜集和汇总数据，从而实现对流量请求数据的监测。另外，治理中心还可以将高级网络安全控制路由规则转换为网络边车的配置数据，将配置数据推送给边车，以实现对微服务系统的流量治理。

8）一个完整的云原生应用系统通常离不开大数据技术，大数据技术支持海量的非结构化和文档型数据，对数据提供长时间、大容量的存储，同时对存储的数据提供数据清理、数据转化等治理能力。最后，大数据技术的另外一个技术领域就是数据分析，通过离线分析和实时分析算法框架，对存储的海量数据进行分析运算，提取出更有价值的信息。

图 4-1 中的架构代表了主流的云原生应用的架构特点，读者可以根据图中的架构，抽象并理解当前业务系统软件架构的模型，从模型中整理和识别影响云原生应用安全运行的关键问题，从而针对性地进行安全监测和安全加固。后面的章节将讲解应用经常使用的云服务组件以及这些组件的安全加固方法。

4.2 应用使用的云服务组件

云服务组件是云服务供应商提供的、可以即取即用的软件服务组件，云原生应用使用的云服务组件按功能分以下几个大类。

（1）关系型数据库类

不同的云服务供应商普遍提供自有特点的关系型数据类服务，比如阿里云提供的 PolarDB，其主打的特点是 100%兼容 MySQL 和 PostgreSQL，底层采用计算与存储分离技术、一主多从、读写分离架构。华为云对应提供了基于高性能存储、利用计算存储分离技术的GaussDB，底层不需要使用分库分表技术就能支持海量的数据存储。

在私有云平台，普遍都提供了自有的关系型数据库服务。云原生应用最常用的关系型数据库是底层基于 MySQL Server、架构上采用读写分离和一主多从技术的数据库服务。在云原生社区最为主流的数据库服务 Vitness 也是底层基于 MySQL、通过数据分片技术实现的可横向扩展分布式关系型数据库。

这些云服务数据库与传统常用的数据库服务的区别主要是：云服务数据无须关心底层计算存储资源并能够进行横向扩展；此外云服务数据库通过界面可视化操作，能够在界面上完成数据库实例的增删改查管理以及数据库参数配置及调优工作。

在云原生应用中，数据库是最为重要的组件之一，也是体现云服务供应商差异性的一个关键服务组件。乱花渐欲迷人眼，纷繁多样的关系型数据库服务产品让人难以比较和选择。通常情况下，最重要的关系型数据库选型依据是数据规模，针对海量数据规模的情况（比如面向省级或全国级的业务应用），需要选择各家云服务供应商提供的能力最强的数据库服务。另外，除非有较强的自主维护能力，并不推荐使用开源云原生社区提供的开源数据库服务，而应优先选择由云服务厂商提供技术保障和技术支持的产品来作为生产环境使用的数据库服务。

（2）云缓存服务 Redis

在多种缓存技术中，Redis 服务是使用量最大、最为常用和普及的缓存服务技术之一。各云厂商都提供了基于 Redis 的缓存服务。与传统的 Redis 服务相比，云 Redis 服务支持按规格自主获取 Redis 服务、界面可视化数据备份管理、集群规模自助调整等服务能力。作为最主流的缓存服务以及一种支持数据存取的服务，Redis 服务本身的安全管理十分重要，后续的章节会专门分析针对 Redis 缓存服务的安全加固策略。

（3）消息队列 MQ 服务

消息队列也是云原生应用常用的服务。在社区中最为主流和活跃的消息队列技术是RabbitMQ 和 Kafka。各云平台以及云原生社区中都提供了这两种主流技术服务。一些具有云平台厂商特点的消息队列服务也有较广的使用，比如阿里云提供的 RocketMQ。后续的章节会针对 RabbitMQ 的安全加固策略进行重点讲解。

（4）其他常用的云服务

API 网关服务，提供 API 托管服务，覆盖设计、开发、测试、发布、售卖、运维监测、安全管控、下线等 API 各生命周期阶段。通过 API 网关构建以 API 为核心的系统架构，满足新技术引入、系统集成、业务中台等诸多场景需要。各主流云平台都提供了相应的 API 网关服务。API 网关与应用接口的对外发布和利用外部应用的能力（即应用集成）相关，在构建和利用应用生态的场景下使用较多。

事务管理服务提供了一个云化的事务协调器，事务发起方与事务协调器交互，通过事务协调器来开启、提交或回滚分布式事务。事务协调器提供可视化界面，可以查看事务的运行统计，在事务执行异常情况下（比如死锁等）进行人为干预。

分布式事务服务有多种实现方式，利用分布式事务管理服务是其中较为简单的一种实现情况，另外还有依赖数据库层本身的分布式事务支持能力等方式。分布式事务并非在所有场景下都有必要使用，主要使用的场景还是在电商和金融领域。

应用配置管理服务是在分布式架构环境中对应用配置进行集中管理和推送的服务，提供配置变更、配置推送、历史版本管理、灰度发布、配置变更审计等配置管理工具。在云原生应用场景下，应用配置管理服务并不是必需的，更多的是使用基础云原生平台层提供的应用配置能力，而不是使用应用配置服务。

除了上面讲的一些应用云服务能力外，一个云原生应用还可能会使用偏向业务层而非应用架构层的一些云服务，比如短信通知服务、通用认证服务等。这类应用云服务种类多，每一个都应用于其固定的领域，对于这些云服务的安全性保障方案有其自身独有的特点及方法，通常在遇到固定的场景时再做针对性的分析和处理。

4.3 微服务与 Web 层架构安全

微服务是独立运行的、能够独立承担对某个业务体的管理功能的服务。在云原生环境下，这个服务以 Pod 为载体在平台中运行。微服务之间通过接口调用结合起来，形成了一套完整的业务系统。

微服务之间的接口调用通常都采用 REST 协议，REST 通过 URI（Uniform Resource Identifiers，统一资源标识）来定位和标识一个资源，通过 REST 约束的几个动作来对资源进行操作，并通过展现层展示出来。REST 通过 HTTP 协议来承载，在技术层面下体现为通过 HTTP 的 get、post、list、put 和 delete 动作对以 HTTP URI 格式定义的资源进行查询和操作。

微服务通常以 HTTP 形式对外提供访问接口。这一节将针对最为常见的 HTTP 协议的微服务进行剖析，讲述在云原生应用架构中微服务与 Web 层的架构安全。

OWASP 是一个开源的、非盈利的全球性安全组织，致力于应用软件的安全研究。该组织以使应用软件更加安全、使企业和组织能够对应用安全风险做出更清晰的决策为使命，在全球拥有 250 个分部近 7 万名会员，共同推动了安全标准、安全测试工具、安全指导手册等应用安全技术的发展。

OWASP 每年都发布当年排名前十名的 Web 安全漏洞。在 2020 年，OWASP 发布的十大 Web 安全漏洞如下。

- 注入。注入是一个老生常谈的应用层安全漏洞问题，当攻击者将无效数据发送到

Web 应用程序以使其执行该应用程序未设计的操作时，就会发生代码注入。此安全漏洞最常见的例子是输入和使用恶意数据来发起的 SQL 查询。

- 身份验证和会话管理失效。身份验证和会话管理失效通常是指在应用程序身份验证机制上发生逻辑问题，例如恶意行为者暴力破解系统中的有效用户，使攻击者能够尝试控制他们在系统中想要的任何账户，甚至获得对系统的完全控制。
- 敏感信息泄露。敏感信息泄露主要是指应该受到保护的数据被泄露出去，是一个常见的漏洞，同时也是在当今 IT 云化环境下最危险且最易发生的漏洞之一。
- XML 外部实体注入攻击（XXE）。XML 外部实体注入攻击是针对包含 XML 输入解析功能的应用程序的一种攻击。当弱配置的 XML 解析器处理包含外部实体引用的 XML 输入时，就会发生此攻击。
- 存取控制中断。存取控制中断是指在一个 Web 应用中，对用户能够访问什么页面没有足够的控制，导致恶意用户非法访问了某些页面。
- 安全性错误配置。安全性错误配置是指在一个 Web 应用中，错误地使用了默认配置，这些默认配置的安全级别不够，另外还有诸如 ad hoc 配置、云存储访问配置、错误的 HTTP header 配置、错误的 HTTP 返回体等。这些配置通常比较琐碎，但是这些琐碎的配置往往是能够被恶意攻击者所利用的攻击点。
- 跨站脚本攻击（XSS）。跨站脚本攻击是一个广泛存在的漏洞，会影响许多 Web 应用程序。XSS 攻击是将恶意的客户端脚本注入网站并修改其显示方式，从而迫使受害者的浏览器在加载页面时执行攻击者提供的代码。
- 不安全的反序列化。反序列化的过程是将字节字符串转换为对象，安全问题通常出现在反序列化程序在不进行任何验证的情况下对数据进行解析，使攻击者可以模拟序列化的数据并发送给应用程序以达到非法目的。
- 使用具有已知漏洞的组件。一个 Web 服务会使用多种多样的外部依赖库，这些依赖库中很可能存在已知的 CVE，使用这些依赖库意味着 Web 服务容易被利用和攻击。
- 日志记录和监控不足。利用完善的监控和日志机制，可以让 Web 应用受到定期监控，在发生问题时立即采取行动。如果没有有效的日志记录和监视过程，则会增加网站受到危害的程度。

4.3.1 防护跨站脚本攻击

跨站脚本攻击（XSS）是一种针对 Web 应用程序的安全漏洞攻击，也是代码注入的一种。

XSS 是由于 Web 应用程序对用户的输入过滤不足而产生的。攻击者利用网站漏洞把恶意的脚本代码注入网页之中，当其他用户浏览这些网页时，就会执行其中的恶意代码，对受害者可能采取 Cookie 窃取、会话劫持、钓鱼欺骗等各种攻击。

XSS 攻击发生的根本原因在于服务器端过去信任客户端发送过来的数据，恶意攻击者利用网站对客户端提交数据的信任，在数据中插入一些符号以及 JavaScript 代码。那么这些数据将会成为应用代码中的一部分，攻击者可以利用这一漏洞发起后续攻击。

如下是一个最简单的 XSS 攻击的例子。

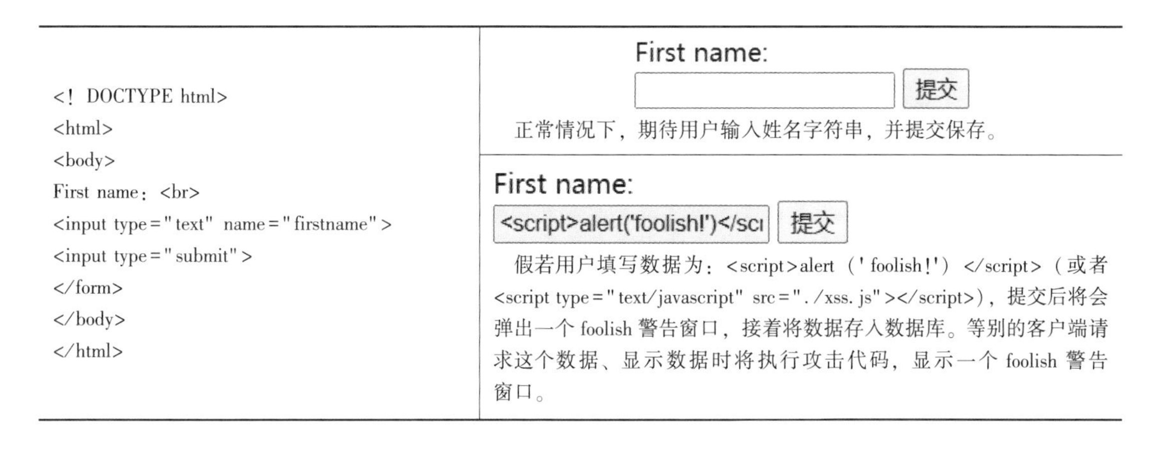

```
<! DOCTYPE html>
<html>
<body>
First name：<br>
<input type="text"  name="firstname">
<input type="submit">
</form>
</body>
</html>
```


正常情况下，期待用户输入姓名字符串，并提交保存。

假若用户填写数据为：<script>alert（'foolish!'）</script>（或者 <script type="text/javascript" src="./xss.js"></script>），提交后将会弹出一个 foolish 警告窗口，接着将数据存入数据库。等别的客户端请求这个数据、显示数据时将执行攻击代码，显示一个 foolish 警告窗口。

上面的这个例子就是一种最简单的 XSS 攻击，也叫作“反射型 XSS 攻击”。这个问题出现的原因是，服务端脚本在没有正确过滤请求就立即进行解析。

另外一种 XSS 攻击类型叫作持久型 XSS 攻击。攻击者的数据保存到了服务器上，这些数据会被访问并且执行。一个典型的例子就是在线留言板，允许用户发布 html 格式的信息，可以让其他用户看到，每当用户打开页面查看内容时脚本将自动执行。

XSS 攻击有很多变种的形式，比如通过修改页面的 DOM 节点形成的 XSS，称为 DOM 型 XSS。这种攻击通过修改浏览器页面中的 DOM 对象并显示在浏览器上，从效果上来说它也是反射型 XSS。

下面通过一个例子，看一下如何通过 XSS 非法获取用户 sessionID 的情况。

1）假设一个服务的地址是 http：//service-a.test.com，攻击者的服务地址是 http：//attack-a.test.com，在 service-a 中有一个表单，其代码和显示效果如图 4-2 所示。

```
<!DOCTYPE html>
<html>
<head>
    <title>xss攻击</title>
    <meta charset="utf-8">
</head>
<body>

<form action="./gets.php" method="post">
留言：<input type="text" name="content" value="">
<br/>
<input type="submit" name="" value='提交'>
</form>
<br/>留言记录：<br/>
</body>
</html>
```


● 图 4-2　通过 XSS 非法获取 sessionID 初始表单

2）攻击者将攻击代码插入到留言记录中，并在自己的服务器（http：//attack-a. test. com）中设置解析获取 sessionID 的代码，如图 4-3 所示。

● 图 4-3　攻击者将恶意代码注入表单并在攻击服务器中植入 sessionID 解析代码

3）客户端通过 http：//servie-a. test. com 获取自己的 sessionID。

4）客户端访问 XSS 注入的页面，如图 4-4 所示。

● 图 4-4　客户端访问 XSS 注入的页面

5）用户的 sessionID 信息发至 attack-a 攻击服务器上，由攻击服务器上的代码进行解析，最后造成 sessionID 泄露。

通过下面这些方法可以防范 XSS 攻击。

- 对用户输入的信息进行验证。比如上面的例子，对用户通过表单输入的留言信息进行过滤，通过正则表达式解析是否为恶意的代码。
- 将所有返回给用户的数据进行转义后再呈现在页面中。大多数编程语言都有专门的转义库，下面的代码示例是采用 Golang 编写的对字符进行转义的功能。

```
package main
import (
    "fmt"
    "html"
)
func main() {
    escaped := html.EscapeString(
    `<script type='text/javascript'>alert('xss');</script>`)
    fmt.Println(escaped)
}
#转义之后的输出:
Output: &lt;script type=&#39;text/javascript&#39;&gt;alert(&#39;xss&#39;);&lt;/script&gt;
```

对接收到的数据进行验证以及对输出的数据进行转义是防范 XSS 攻击的有效方法，但是这两种方法有以下两个缺点。

- 开发人员需要对所有涉及字符解析和输出的地方都进行编码，工作量较大，容易出现遗漏的情况。
- 如果客户端 Web 或程序接收复杂格式作为输入，比如 XML 或 SVG，对这些格式的数据进行转义的难度很大，容易出现转义后由于兼容性导致的数据被错误还原的情况。

除了对数据进行处理的方法外，还应该使用 CSP（Content Security Policy，内容安全策略）。CSP 是指后端服务器通知前端浏览器针对内容安全进行指定安全检测的机制。比如可以在页面数据中声明禁止对内联的脚本进行解析。CSP 声明放在 HTTP 返回体的 header 里。配置 default-src 为“self”，表示所有内容均来自网站自己的域，同时禁用内联脚本解析。

```
Content-Security-Policy: default-src 'self';
```

在 HTTP 请求返回体中，通过代码默认注入 CSP 策略，下面是 Golang 语言示例。

```
func getIndex(w http.ResponseWriter, r *http.Request) {
    w.Header().Add("Content-Security-Policy", "default-src 'self';")
    ...
}  //默认在所有的返回体中激活默认 CSP 策略,禁用内联脚本解析
```

除了定义 default-src 之外，CSP 还有丰富的资源加载策略定义，包括对图片、样式库、多媒体、字体等的加载策略。

4.3.2 跨站请求伪造防护

跨站请求伪造（Cross-Site Request Forgery，CSRF）是指无端的、被引诱或不知情的情况下，对目标服务发起请求。这里的目标服务并非恶意的或非法的服务，而是合法提供正常业务的服务站点。问题在于：对这个目标服务发起的请求本身并不是由合法用户的个人行为触发的，而是由另外一个服务站点（这个站点是恶意的）通过恶意植入链接等行为所操纵发起的。

与跨网站脚本（XSS）相比，XSS 利用的是用户对指定网站的信任（信任网站发送过来的数据都是安全可信的），而 CSRF 利用的是网站对用户客户端或浏览器的信任，认为从客户端发送过来的请求都是经由正常途径、由合法用户个人主动发起的。

图 4-5 所示是一个简单的 CSRF 攻击行为图，从图上看一下用户小李是如何被欺骗完成了一次非正常转账活动的。

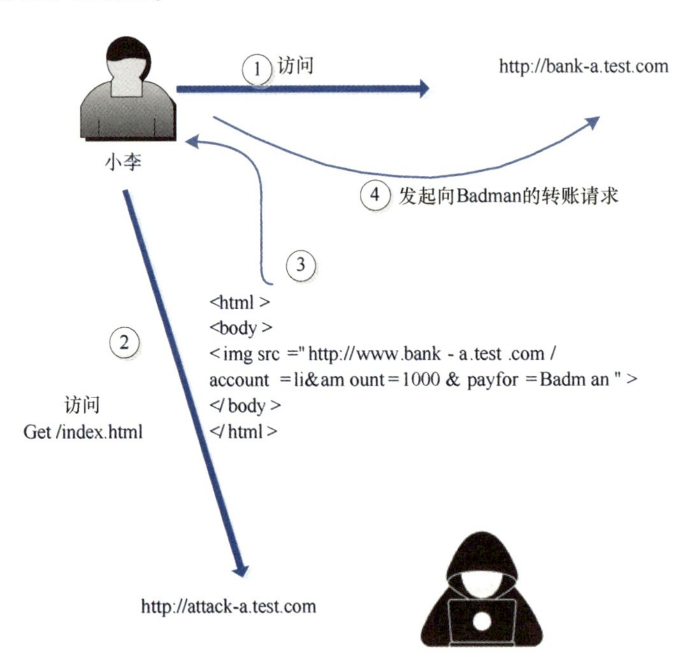

• 图 4-5　跨站请求伪造示例

首先用户小李正常登录了 http://bank-a.test.com 网站，输入用户密码后，后台服务返回给前端 cookie；此时，小李被诱导访问一个恶意的网站 http://attack-a.test.com，恶意网站的页面上有个<img>标签，标签的定义为：

```
<img src="http://www.attack-a.test.com/account=li&amount=1000&payfor=Badman" >
```

图 4-5 中<img>标签的 src 不指向一张图片，而是一个 http 请求，这个请求向银行要求将

小李的 1000 元转给 Badman。由于小李的浏览器上有 cookie（第一步登录获取），这样浏览器发出的这个请求就能得到响应执行。

在现实情况下，通过银行系统的恶意转账并不会这么容易就被通过，是因为这些系统对 CSRF 攻击已经做了足够的防护。但是对于常规的业务应用系统，对于 CSRF 的防护就容易被忽视。

对于 CSRF 的防护手段的核心是如何验证操作是正常的用户发起，而不是由伪造的请求所发起的。可以通过下面这些具体的手段来防止 CSRF 漏洞。

（1）使用验证码机制

对于关键的请求添加验证码来识别是不是用户主动去发起的这个请求。验证码是一种简单且有效的方式，能够过滤掉大部分由脚本或代码触发的请求操作，但是这个方式也对真实的用户造成一些操作上的不便。

（2）使用 Referer 字段来验证 HTTP 请求来源

在 HTTP 请求头部有一个 Referer 字段，这个字段记录了请求的来源地址，在服务器端可以对这个 Referer 字段进行检查，以鉴别请求来源是否合法。使用请求来源检查机制可以屏蔽掉大部分简单的 CSRF 攻击，但是 Referer 需要由浏览器主动设置，相当于依赖浏览器的实现来解决安全问题，在一些老版本的浏览器中对 Referer 字段的支持不完整，可能会引起兼容性问题。

（3）Token 校验

Token 校验是一种在微服务框架中经常使用的安全验证机制。首先客户端使用用户名和密码进行请求登录，服务端收到请求并验证用户名与密码，验证成功后，服务端会签发一个 Token，再把这个 Token 发送给客户端。客户端收到 Token 以后把它存储在表单的隐藏字段里，客户端每次向服务端请求资源的时候需要带着服务端签发的 Token，服务端收到请求之后就去验证客户端请求里面带着的 Token。如果验证成功，就向客户端返回请求的数据。

Token 是有时效的，一段时间之后用户需要重新验证，以防止 Token 泄露。Token 也有撤回的操作，通过 Token 撤回操作可以使一个特定的 Token 失效。在服务端，会从 http header 中获取 Token，并根据 Token 映射成前端的用户（映射的机制是在后端缓存或数据库中存储了 Token 与用户信息的映射表），这样就知晓具体操作是由哪个用户发起的了。

在图 4-6 里，通过上面转账的例子讲述如何通过 Token 验证来避免 CSRF 漏洞。首先在服务器端通过 HMAC 函数生成 Token。HMAC 函数全称是 Hash-Based Message Authentication Code，即基于哈希的消息验证码生成函数，它接收两个参数，分别是一个输入的随机码和一个密钥，通过这两个参数随机产生一个固定长度的 Token 码。

第二步，前端将收到的 CSRFToken 值保存在隐藏字段中。第三步，在向服务端发送请求前通过 JS 代码从表单中获取 CSRFToken，转换为 X-CSRF-Token 属性将它放在 HTTP 的

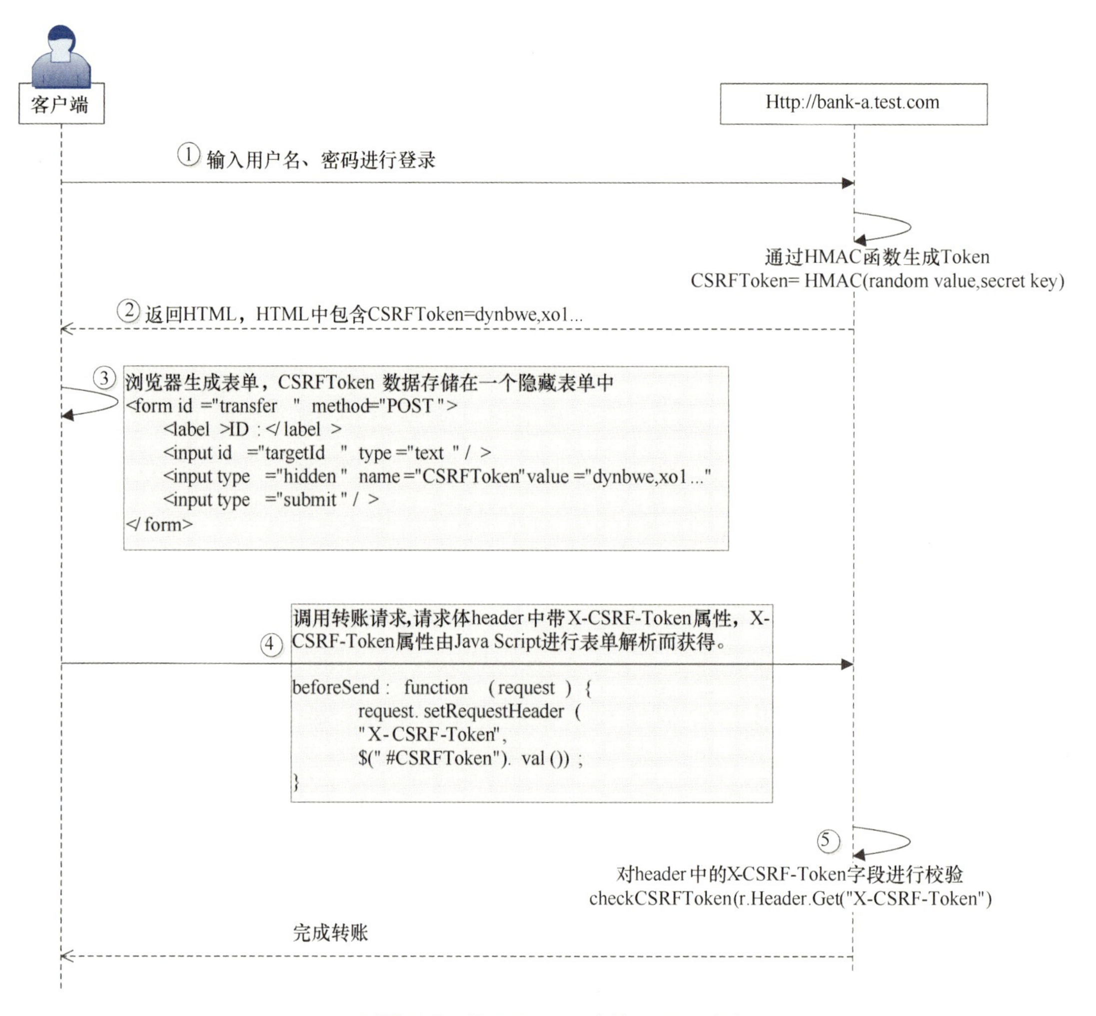

• 图 4-6 使用 Token 防范 CSRF 攻击

header 中，之后发给后端服务。后端服务实现中，从 HTTP header 中取出 X-CSRF-Token，并做检验，验证无误后执行转账操作。

这个示例只是一个简单的例子，用来说明防范 CSRF 的基本方法。在真实的金融转账应用场景中，还需要结合短信验证码或银行密码校验进行双重认证，这样方可确保关键业务的安全性。

4.3.3 防范 XML 外部实体攻击

XML 外部实体（XML External Entity，XXE）攻击是指利用 XML 自身能够支持外部实体定义这一漏洞来发起的攻击。

XML 文档结构包括 XML 声明、文档类型定义（Document Type Definition，DTD）（可

选）、文档元素三部分，如图 4-7 所示。

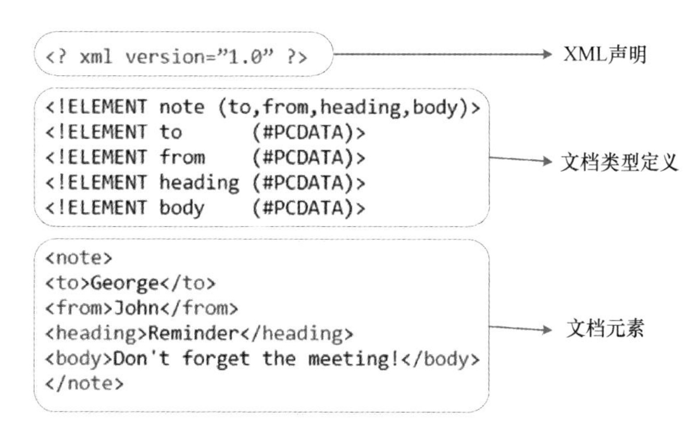

<? xml version="1.0" ?>
XML声明
<!ELEMENT note (to,from,heading,body)>
<!ELEMENT to (#PCDATA)>
<!ELEMENT from (#PCDATA)>
<!ELEMENT heading (#PCDATA)>
<!ELEMENT body (#PCDATA)>
文档类型定义
<note>
<to>George</to>
<from>John</from>
<heading>Reminder</heading>
<body>Don't forget the meeting!</body>
</note>
文档元素

● 图 4-7　XML 结构中有三个部分：XML 声明、文档类型定义和文档元素

常见的 XML 格式只有最上面的声明部分和最下面的文档元素部分，中间关于文档类型定义部分常常被忽略，而文档类型定义部分恰恰是 XML 外部实体攻击的源头。

文档类型定义的作用是定义 XML 文档的合法构建模块。文档类型定义可以在 XML 文档内声明，也可以外部引用。当引用外部实体时，通过构造恶意内容，可导致读取任意文件、执行系统命令、探测内网端口、攻击内网网站等危害。下面用一个例子来说明 XML 外部实体攻击的行为方式。

```
<?xml version="1.0" encoding="UTF-8"? >
<!-此处引入外部实体,名为 passwd->
<! DOCTYPE a [<! ENTITY passwd SYSTEM "file:///etc/passwd">]>
<a>
<!-引用外部实体定义:passwd->
        <value>&passwd;</value>
</a>
```

上面的 XML 定义了一个外部实体，这个外部实体名为 passwd，其内容是通过 file 协议获取/etc/passwd 文件中的内容。当后端程序解析这个 XML 时，会执行 XML 的文档类型定义，而这个定义是返回/etc/passwd 文件中的内容。

不同语言实现的 XML 解析器支持不同的外部协议，比如 Libxml2 支持 file、http 和 ftp 协议，而 Java 和 PHP 支持更多类型的外部协议，比如 jar、zip 等。但是大部分 XML 解析器都支持 file 协议。当上面的 XML 被后端服务解析后，由于解析文件异常，会返回错误，而错误信息就包含了 paaswd 文件中的内容。

```
{"error": "no results for description root:x:0:0:root:/root:/bin/bash
daemon:x:1:1:daemon:/usr/sbin:/bin/sh
bin:x:2:2:bin:/bin:/bin/sh
sys:x:3:3:sys:/dev:/bin/sh
sync:x:4:65534:sync:/bin:/bin/sync...
```

除了上面获取目标文件内容的攻击行为外，使用 XML 外部实体攻击还可以强制服务器向指定的目标地址和端口发送 http 请求，比如下面这个例子。

```
<?xml version="1.0"? >
<!DOCTYPE GVI [<!ENTITY xxe SYSTEM "http://110.30.5.28:8080" >]>
<catalog>
  <core id="test101">
    <description>&xxe;</description>
  </core>
</catalog>
```

XML 外部实体漏洞的修复方法是禁用对外部实体的解析。在 Java 中：

```
DocumentBuilderFactory dbf =DocumentBuilderFactory.newInstance();
dbf.setExpandEntityReferences(false);
```

在 PHP 中：

```
libxml_disable_entity_loader(true);
```

4.3.4 SQL 注入攻击防护

SQL 注入（SQL Injection）是发生在 Web 程序数据库层的安全漏洞，是应用服务存在最多也是最简单的漏洞。主要原因是程序对用户输入数据的合法性没有判断和处理，导致攻击者可以在 Web 应用程序事先定义好的 SQL 语句中添加额外的 SQL 语句，在管理员不知情的情况下实现非法操作，以此来实现欺骗数据库服务器执行非授权的任意查询，从而进一步获取数据信息。

比如最简单的 SQL 注入漏洞发生在登录过程。普通应用的登录验证机制是将用户输入的用户名和密码与数据库中存储的值进行比对，如果攻击者在用户名框中填写“'a' or 1 = 1”，那么在完全没有 SQL 注入攻击防范的情况下，转化成的语句就可能变为：

```
SELECT * FROM users WHERE user_id = $user_id转化为：
SELECT * FROM users WHERE user_id ='a'or 1=1
```

这条语句在数据库端执行总会返回记录值，从而验证通过。

这是一个最为简单的 SQL 注入漏洞攻击，假如攻击者输入的不是“'a' or 1 = 1”而是“'a'; DELETE FROM USERS”，那么造成的后果就极其严重了。

为了避免 SQL 注入攻击，通过 SQL 拼接来产生完成 SQL 语句的方式是不可取的，应该使用参数化查询的方式，它是预防 SQL 注入攻击最有效的方法。参数化查询是指在设计与数据库连接并访问数据时，在需要填入数值或数据的地方，使用参数（Parameter）来赋值。

MySQL 的参数格式是以“?”字符加上参数名称而成，形如下面的格式：

```
UPDATE myTable SET c1 = ?, c2 = ? WHERE c3 = ? c3
```

在使用参数化查询的情况下，数据库服务器不会将参数的内容视为 SQL 语句的一部分来进行处理，而是在数据库完成 SQL 语句的编译之后，才套用参数运行。因此即使参数中含有破坏性的指令，也不会被数据库所运行。

下面通过一个 Java PreparedStatement 类的示例来看一下如何防止 SQL 注入攻击。

```
public ResultSet checkUserLogin(){
        String username = "a' or password =";
        String password = " or '1'='1";
        String sql = "select *  from users where username=?" + " and password=?";
        PreparedStatement  preparedStatement = connection.prepareStatement(sql);
        preparedStatement.setString(1, username);
        preparedStatement.setString(2, password);
        ResultSet resultSet = preparedStatement.executeQuery();
        return resultSet;
}
```

上面的例子中，通过 PreparedStatement 生成的 SQL 语句保证一定是按照预设值的 SQL 结构来执行。SQL 结构中的待填充项用“?”来代替，即使填充的值是类似于“or ' 1 ' = 1”这样的恶意值，也会通过转义符使它成为待比对的数据库字段值。

4.4 应用中间件安全

云原生应用使用的中间件类型很多，最常见的有三类，分别是缓存中间件、消息中间件和网关中间件。其中 Redis 和 RabbitMQ 分别是最为常见的缓存和消息中间件，本节将讲解这两种中间件的安全保障方法。

4.4.1 Redis 缓存安全

Redis（Remote Dictionary Server，远程字典服务）是当前开源内存缓存软件的绝对主流，在 Redis Github 网站上有超过 10 亿次的下载量。Redis 将数据保存在内存里，为应用层提供亚毫秒级的数据存取能力，广泛应用于各种行业应用中。

针对 Redis 的安全问题也十分突出。在趋势科技 2020 年发布的报告中，各大公有云厂商提供的 8000 多个 Redis 服务中有严重的安全问题，其中有约 1/4 的服务是运行在我国的服务器上的。这些安全问题包括在传输层没有使用 TLS 加密传输、在公网暴露 Redis 访问端口、Redis 服务没有使用密码登录验证等。

虽然 Redis 只是一个内存缓存服务，但由 Redis 引起的安全问题的严重等级并不亚于由传统数据库引起的问题。攻击者可以盗取 Redis 中存储的数据，造成关键数据泄露；还可以把 Redis 作为跳板，发起 SQL 注入、跨站脚本执行甚至上传恶意文件等形式的攻击。

在云原生平台上，Redis 以容器形态部署和运行，当作为生产环境的缓存服务时，需要部署成集群模式。在云原生平台中，Redis 集群的运行架构如图 4-8 所示。

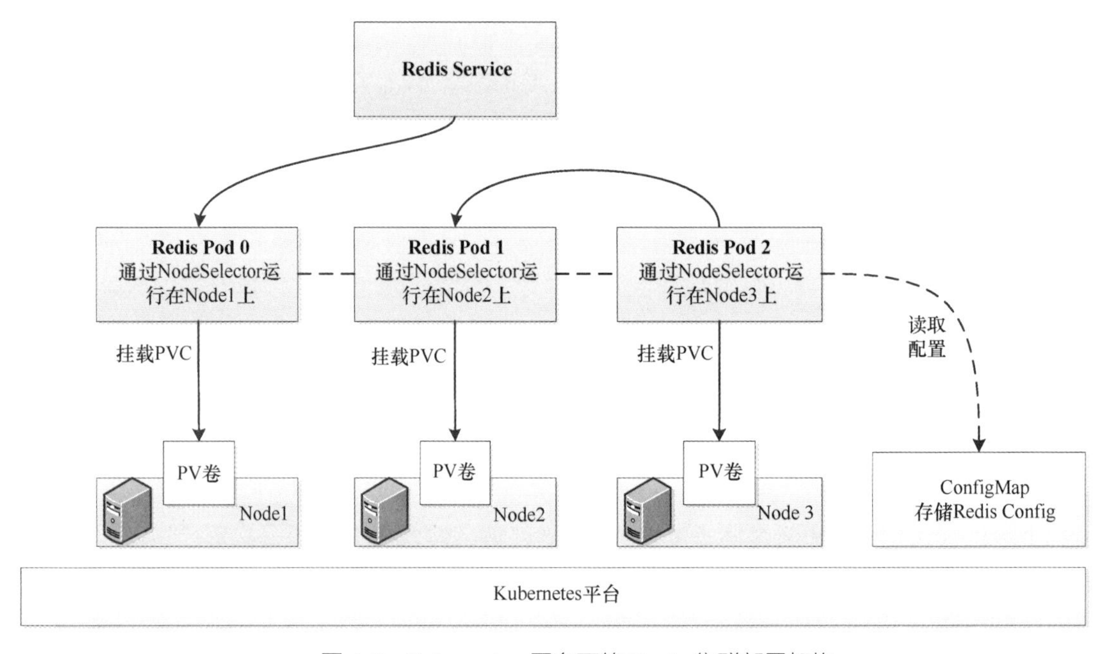

● 图 4-8　Kubernetes 平台下的 Redis 集群部署架构

在图 4-8 中，Redis 有三个 Pod，为了保障 Pod 的性能及高可用能力，每个 Pod 通过 NodeSelector 配置指定运行在固定的节点上。Redis Pod 通过 PVC 挂载存储卷，存储卷的底层介质依赖于共享存储（可由 Ceph 支持）。Redis 集群本身的配置属性存放在 ConfigMap 中，在 Redis Pod 启动过程中，从 ConfigMap 读取自身的配置和密钥信息。Redis 集群对外以 Redis Service 的形式提供服务，Redis Service 通过 Pod Selector 选择后端的 Redis 服务实例，进行服务转发。Redis 集群的实现方式有两种，分别是依赖主从复制的哨兵模式和依赖数据分片的集群模式。由于我们的关注点在集群的安全性上，为了简化，图 4-8 中忽略了集群的实现模式，仅用三个节点表示 Redis 集群。

Redis 集群的安全加固主要着眼于下面这四个方面。

1）为 Redis 启用密码验证。

2）限制允许访问 Redis 服务的 Pod 和 IP。

3）使用 TLS 对访问 Redis 的流量和数据进行加密。

4）禁用特殊权限的接口。

1. 为 Redis 启用密码验证

默认情况下，Redis 不执行任何密码身份验证。能够通过 IP 端口连接 Redis 的客户端均可以直接访问 Redis 中的数据。在启动 Redis 服务时，通过设置 requirepass 为 true 来打开身份验证。启用身份验证后，Redis 将拒绝未经身份验证的客户端的查询。客户端需要通过发送 AUTH 命令和密码来对自己进行身份验证。

在云原生平台下，将密码信息保存为 Kubernetes 的 Secrets 资源，然后在 redis deployment 声明文件中引用。下面是创建 Redis Secret 的示例 yaml 描述文件。

```
apiVersion: v1
kind: Secret
metadata:
  name:redisresecret
type: Opaque
data:
  requirepass: * * * * * * * * * *
```

在创建 Redis Pod 时，指定引用 Secrets。

```
apiVersion: apps/v1
kind: Deployment
metadata:
  name: redis
  namespace:app1
  labels:
    app: redis
spec:
  replicas: 1
  selector:
    matchLabels:
      app: redis
…
volumes:
        - name: config
          secret:
              secretName:redisresecret
…
```

此时再访问 Redis，就会提示限制登录。

```
$ redis-cli
127.0.0.1:6379> set key 1
(error) NOAUTH Authentication required.
```

2. 限制允许访问 Redis 服务的 Pod 和 IP

通常情况下，Redis 服务仅作为业务应用内部使用的一个缓存服务，只需要对集群内部使用这个 Redis 服务的业务容器开放，对大部分其他的 Pod 不需要开放，尤其在大部分情况下都不能通过集群 nodeport 或弹性 IP 的方式对外部网络开放。在云原生平台下，需要对 Redis 配置专门的网络策略，限制只允许指定标签的 Pod 访问。

网络策略（Network Policy）是 Kubernetes 中的一种资源类型，它从属于某个 Namespace，在集群中用来实现隔离性，只有匹配规则的流量才能进入 Pod，同理只有匹配规则的流量才可以离开 Pod。

网络策略的内容包含两个关键部分：一是 Pod 选择器，基于标签选择相同 Namespace 下的 Pod，将其中定义的规则作用于选中的 Pod；二是网络流量进出 Pod 的规则，其采用的是白名单模式，符合规则的通过，不符合规则的拒绝。

在图 4-9 中显示了 Network Policy 的配置方法以及各字段的意义。

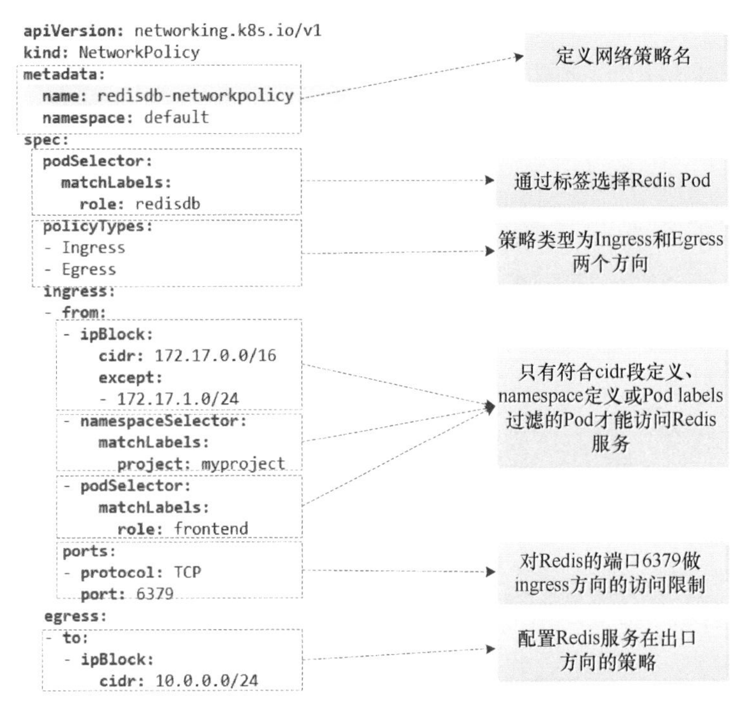
apiVersion: networking.k8s.io/v1
kind: NetworkPolicy
metadata:
name: redisdb-networkpolicy
namespace: default
spec:
podSelector:
matchLabels:
role: redisdb
policyTypes:
- Ingress
- Egress
ingress:
- from:
- ipBlock:
cidr: 172.17.0.0/16
except:
- 172.17.1.0/24
- namespaceSelector:
matchLabels:
project: myproject
- podSelector:
matchLabels:
role: frontend
ports:
- protocol: TCP
port: 6379
egress:
- to:
- ipBlock:
cidr: 10.0.0.0/24
定义网络策略名
通过标签选择Redis Pod
策略类型为Ingress和Egress两个方向
只有符合cidr段定义、namespace定义或Pod labels过滤的Pod才能访问Redis服务
对Redis的端口6379做ingress方向的访问限制
配置Redis服务在出口方向的策略

● 图 4-9　使用网络策略限制 Pod 对 Redis 的访问

图 4-9 中的网络策略配置限制了能够访问 Redis 的 Namespace、Pods 以及 IP 段。这样就确保在一个集群内只有指定的资源能够访问 Redis。此外，允许访问的 Redis 的 Pod 也要经过服务器的 AUTH 认证，只有认证通过的服务才允许访问 Redis 的接口进行数据的插入和查询，最后形成的 Redis 安全部署架构如图 4-10 所示。

在图 4-10 中，针对 Redis 的安全部署有三部分安全加固。首先是 Redis 只对集群内部提供服务，而不将其服务 IP 暴露于外部网络；另外通过集群的网络策略对集群内的 Redis 提供一层网络访问上的隔离；最后，激活 Redis 内部的认证机制，应用侧需提供 Redis Server 的访问密码，经过认证后方可接入。

在新版本的 Redis 企业版中，为 Redis Server 提供了基于 ACL（Access Control List，访问控制列表）的授权验证功能。其工作方式是为用户配置能够访问的数据库资源以及针对这个数据库运行的操作，客户端提供用户名和有效密码。如果身份验证阶段成功，则该连接与给定用户关联，对超过资源和操作权限范围的接口调用进行阻止。ACL 功能增加了对 Redis

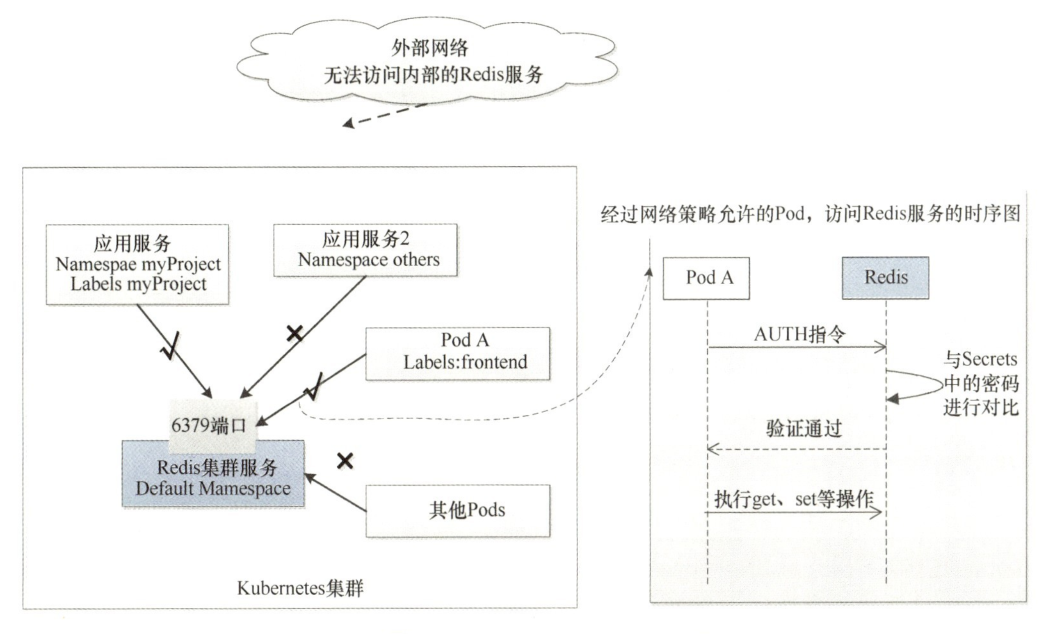

• 图 4-10　Redis 安全部署架构图

Server 更细粒度的安全管控，能够将管控能力细化到资源和操作级别。但是 ACL 同时也增加了 Redis 进行鉴权的操作开销，影响了 Redis 的性能和吞吐量。

除了使用网络策略外，还可以使用基于服务网络（Service Mesh）的流量管控技术，通过将流量策略配置在 Pod 的边车上实现类似的功能。关于服务网络技术的使用将在后面的章节中详解。

3. 使用 TLS 对访问 Redis 的流量和数据进行加密

Redis 从 6.0 版本开始支持 TLS 访问流量加密，通过在 Redis 的启动命令行参数中指定 TLS 证书来激活 TLS 模式。

```
./src/redis-server --tls-port 6379 --port 0 \
    --tls-cert-file ./tls/redis.crt \
    --tls-key-file ./tls/redis.key \
    --tls-ca-cert-file ./tls/ca.crt
```

在上面的配置中，配置 6379 为 TLS 连接断开，指定 port 为 0 表示禁用普通连接，只能通过 TLS 与 Redis 建立连接。在客户端连接时，指定对应的证书和密钥来与服务器建立连接。

```
./src/redis-cli --tls \
    --cert ./tests/tls/redis.crt \
    --key ./tests/tls/redis.key \
    --cacert ./tests/tls/ca.crt
```

服务网络技术可以通过配置使 Pod 之间基于 TLS 通信，使请求从明文模式平滑过渡至双向 TLS 模式。对于 Redis 服务，就不需要在 Redis Server 层启动 TLS 模式，而直接在网络上进行配置。这种配置方式有很大的便利性和灵活性，同时还能利用服务网络的监控能力，对访问调用进行详细的审计和监控。关于服务网络和 Istio 技术将在后续的章节中详细描述。

4. 禁用特殊权限的接口

Redis Server 提供了很多管理接口，这些接口同数据操作类的接口（如 get、set、list 等）一样都是 Redis 的常规服务接口。但是调用这些接口带来的影响范围更大，容易被攻击者利用，对保存在 Redis Server 中的数据进行破坏或窃取，有些接口还能影响 Redis Server 本身甚至 Redis Server 所在节点的正常运行。这类接口有 FLUSHDB、FLUSHALL、KEYS、PEXPIRE、DEL、CONFIG、SHUTDOWN、BGREWRITEAOF、BGSAVE、SAVE、SPOP、SREM、RENAME、DEBUG 和 EVAL。

其中 EVAL 接口用于发送 Lua 脚本，设计之初是为了在服务器端执行输入的 Lua 脚本来完成复杂的数据操作。虽然 Redis 内部实现是在一个沙箱中运行 Lua 脚本，但是从安全角度来看，这个命令接口仍然是系统漏洞的温床，大部分情况下也都不需要这个功能。

DEBUG 接口可以执行无效的内存访问，通常在开发阶段用于模拟错误。一旦被滥用，它可以允许攻击者执行拒绝服务攻击，使 Redis 崩溃。

FLUSHALL 命令能够清空或删除所有数据库中存在的所有键。如果 FLUSHALL 命令被恶意或意外使用，则它可以清除整个服务器中所有的密钥或数据，从而导致数据丢失，尤其是针对未配置备份策略的 Redis Server 上的数据。

通过在 redis. conf 中的 rename-command 指令对这些命令进行更名，更改为一些不容易被猜到的名字可以防止这些命令被滥用，如果通过 rename-command 指令将命令改为空字符串，就代表完全禁用这个命令。

```
[lixf@localhost etc]$vi /etc/redis/redis.conf
...
rename-command CONFIG "hide_CONFIG"
#forbid flushall
rename-command flushall ""
#forbid eval
rename-commandeval ""
...
```

4.4.2 消息中间件安全

消息中间件是云原生微服务架构应用系统中经常用到的一个服务组件，它主要的作用是作为消息通信的通道和媒介。一端是消息的生产者（Producer），负责产生消息；另一端是消息的消费者（Consumer），负责监听消息通道（Topic），并从通道上获取并处理消息。通过对消息的处理，完成一次业务调用。

使用消息中间件的核心好处是解耦，它使得消息的发送方和消息的接收方从以往简单的逻辑调用关系（比如 REST 接口调用）转变为单纯依靠消息的传递和处理的关系，实现了彼此的解耦。消息的生产方从某种意义上来讲，并不需要确切地关心和知道消息消费方的位置和状态，它把重点放在了消息的产生和发送上。而消息的接收和转发由专门的中间件来处理，这个中间件就是消息中间件。消息中间件的功能如图 4-11 所示。

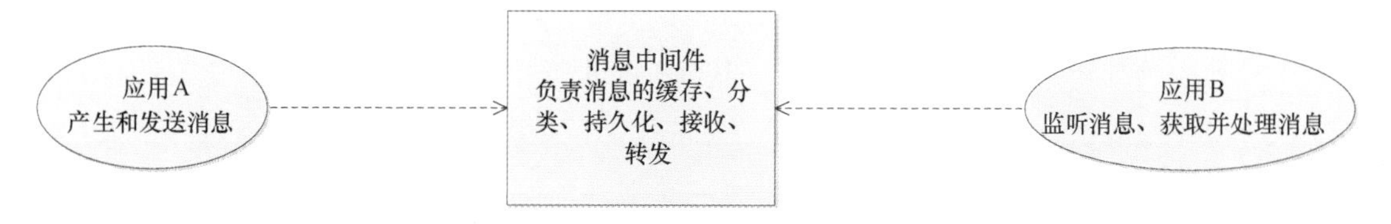

• 图 4-11　消息中间件与事件驱动模型

基于消息的产生、发送和处理来驱动业务模型运转的架构模式成为事件驱动架构（Event Driven Architecture，EDA）。事件驱动架构所依赖的核心组件就是消息中间件。在 IoT 物联网应用系统中，EDA 架构得到了广泛的应用。EDA 的原理和架构实际上很容易理解，其本质就是 IoT 设备产生很多的事件，依赖消息中间件稳定和实时的消息转发能力，让这些事件得到了及时的处理，同时在架构层面也是耦合性极低的一个架构实现。大家经常用到的移动互联网打车应用，其顶层系统架构就是一个事件驱动架构：手机端发送打车消息，车主从平台上接收消息并进行相应处理，最后交易达成完成行程。

“消息”本身就是数据的一种形态，消息中间件本质上也是一个数据存储和处理的组件，而且消息中间件存储的数据也同缓存数据库一样，是十分重要的。设想一个 IoT 设备，比如医院病床的某个设备，发送的实时事件如果被恶意监听或破坏，那可能造成的后果是不堪想象的。所以在云原生生态中，对消息中间件的安全加固是十分重要的。

本节针对最常用的开源消息中间件 RabbitMQ 在安全上的加固策略进行讲解，通过对 RabbitMQ 的分析，可以将加固策略类比和推广至其他类似的中间件，比如 Kafka 或 RocketMQ 等。

RabbitMQ 是使用最为广泛的消息中间件，针对它的加固策略主要有以下三点。

- 配置 RabbitMQ 的认证策略，客户端需要进行认证才可以与 RabbitMQ Server 建立连接。
- 对 RabbitMQ 中的数据配置访问策略，固定的用户只允许对固定范围内的数据执行有限的操作。
- 对客户端和服务器之间，或者是说生产者/消费者与 RabbitMQ Server 之间的消息通信进行加密。

1. 配置 RabbitMQ 的认证策略

应用程序与 RabbitMQ Server 建立连接并能够进行消息收发之前，需要通过 RabbitMQ 的认证校验。RabbitMQ 的认证校验方式有两种，分别是基于用户/密码验证的基本认证和基于 X. 509 证书的认证策略。无论用哪种认证策略，在生产环境下，激活连接认证是必要的安全保障手段。

RabbitMQ 作为一个功能全面、性能和稳定性表现均衡、大量被使用的消息中间件服务，在连接认证方面有较为完整的功能支持。使用基于用户/密码的认证策略时，RabbitMQ 后端可以对接包括内部认证服务、LDAP 服务、HTTP 认证服务、AMAP 认证服务在内的多种认证手段。除了内部认证服务外，其他三种认证手段都是依赖外部的认证服务并通过嵌入插件的方式来完成认证对接的。通过在 rabbitmq. conf 文件中配置来激活与内部或外部认证服务的对接。

RabbitMQ 认证服务配置示例。

```
# rabbitmq.conf
# 配置为 internal 表示使用 RabbitMQ 内部的认证插件 rabbit_auth_backend_internal,其他可以支持的插件有 ldap、http、amap
auth_backends.1 = internal
```

通过 RabbitMQ 命令行配置账号密码。

```
[lixf@localhost etc] $ rabbitmqctl add_user $UserName $Password
```

2. 对 RabbitMQ 中的数据配置访问策略

在 RabbitMQ Server 首次启动时，自动创建一个根虚拟消息服务器（Virtual Host），并且创建一个默认账户 guest（其用户名和密码都是 guest），这个 guest 账户拥有根虚拟消息服务器的所有权限。

在 RabbitMQ 中，Virtual Host 相当于一个相对独立的 RabbitMQ 服务器，所有 Virtual Host 是相互隔离的，是控制消息收发及权限的单元。在 RabbitMQ 中，Virtual Host 相当于 MySQL Server 中的 Database。

首先这个默认账户 guest 需要被禁用，尤其是默认情况下，guest 拥有远程登录和访问 RabbitMQ 的权限，给 RabbitMQ 中的消息安全带来很大的隐患。通过编辑 RabbitMQ 的配置文件可修改 guest 账号的权限。

```
# DANGER ZONE!
#
# allowing remote connections for default user is highly discouraged
# as it dramatically decreases the security of the system. Delete the user
# instead and create a new one with generated secure credentials.
loopback_users =localhost
```

通过配置 loopback_users 为 localhost，限制 guest 账户只能在 server 本机登录。

下面是 RabbitMQ 添加并设置用户密码，以及配置用户权限的操作示例。

```
#增加一个名为 test_user,密码是 test_password 的账户
[lixf@localhost etc] $ rabbitmqctl add_usertest_user test_paasword
#为 test_user 设置权限。test_user 对名为 demo_virtual_host 的虚拟消息服务器有配置、读、写的权限
[lixf@localhost etc] $ rabbitmqctl set_permissions -pdemo_virutal_host test_user ".* " ".* "
".* "
```

3. 客户端和服务器之间的消息通道进行加密

在云原生平台中，通常情况下 RabbitMQ 服务是作为业务应用系统内部使用的一个服务。大部分情况下，最常使用的是基于证书的认证，并在客户端和服务器之间建立 TLS 通道，进行加密通信。

为了加密客户端和 RabbitMQ 群集之间的通信，必须为 RabbitMQ 集群配置服务器证书和 CA 签名的密钥对，使客户端可以验证服务器是否受信任，并且使用服务器的密钥对客户端和服务器之间发送的通信进行加密。

为 RabbitMQ 配置双向认证的过程如下。

1）首先在集群中配置 secret，secret 中包含了服务器证书和客户端密钥，作为服务器端的证书。

```
kubectl create secret tlsrabbitmq-server-certs --cert=server.pem --key=server-key.pem
```

2）为 RabbitMQ 集群配置对客户端进行认证的 CA 证书和密钥对。

```
kubectl create secret generic rabbitmq-ca-cert --from-file=ca.crt=ca.pem
```

3）配置好 secret 后，配置 RabbitMQ 使用 TLS secret。

```
apiVersion: rabbitmq.com/v1beta1
kind: RabbitmqCluster
metadata:
  name: rabbitmqcluster-sample
spec:
  tls:
    secretName: rabbitmq-server-certs
    caSecretName: rabbitmq-ca-cert
    disableNonTLSListeners: true
```

diableNonTLSListeners 表示禁用 RabbitMQ 的非 TLS 链接，强制使用 TLS。

4.5 微服务与应用通信

在云原生应用中，微服务是业务应用的单一承载体，应用开发商开发的代码经编译构建出来的镜像就是以微服务的形式运行的。微服务之间有调用关系，通过微服务之间的调用让

彼此之间联系起来，形成了一套完整的应用系统。在本节中，将重点讲解微服务之间通信过程中的安全防护手段。

4.5.1 TLS 与 HTTPS 通信加密

一个应用包含多个微服务，微服务之间的调用通常都在 Kubernetes 集群内部进行，一部分微服务需要对集群外部提供接口，而另一部分服务属于内部的基础服务而不会对外提供访问接口。通常情况下，云原生应用是通过一个统一的应用出口组件来对外提供服务的，这个应用出口组件可以是网关服务或是 Kubernetes 集群的 Ingress 服务。需要对外提供服务能力的微服务，把自己的接口（通常是 REST 格式）注册到网关或 Ingress 服务上，外界通过网关或 Ingress 来进行服务调用。

下面通过一个典型的网上购物业务应用来看一下云原生应用在微服务层级的调用关系，如图 4-12 所示。

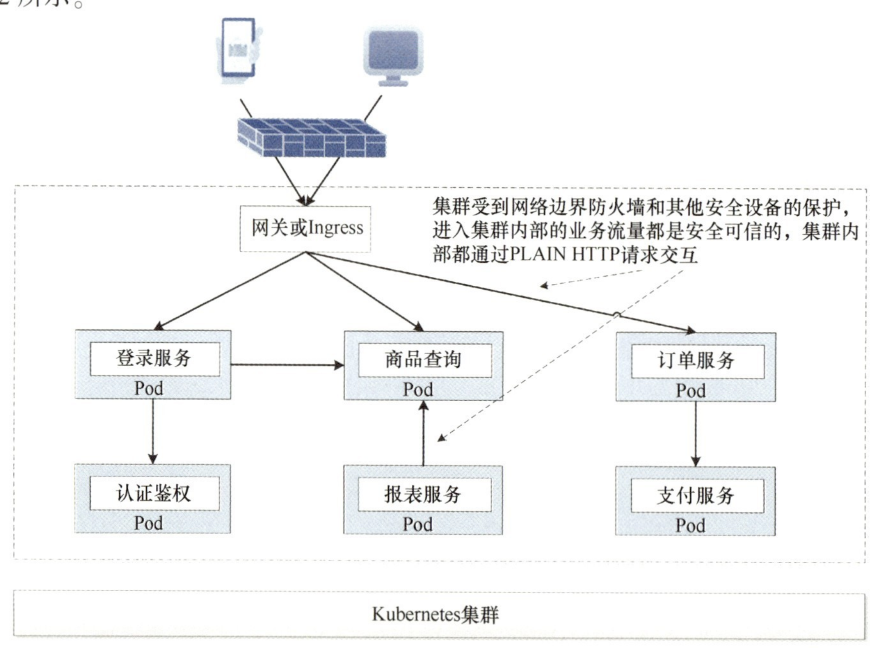

• 图 4-12　微服务之间的调用关系

图 4-12 里有 6 个微服务，其中登录服务、商品查询和订单服务通过网关对客户端 App 提供服务能力。内部的认证鉴权、报表统计和支付服务只对内提供业务支撑能力，由内部服务调用，不直接对外暴露接口。

图 4-12 展示的是最为简单的一个微服务应用例子，这个应用部署在单个的 Kubernetes 集群中，而且这个集群只部署这一套应用系统。在上面这种情况下，集群受到网络边界防火墙和其他安全设备的保护，进入到集群内部的业务流量都是安全可信的，所以集群内部微服

务之间的调用可以走 HTTP 明文请求。

在常见的云原生平台应用架构中，情况往往会复杂得多。首先，一套平台通常会进行租户隔离，这就意味着同一套平台里，来自不同租户或组织的业务应用会运行在一起。另外，随着 IT 数字化转型和业务全面云化的进展，业务系统之间会抽象出一层通用的服务组件，这些服务组件会给不同组织的不同业务系统提供服务支撑能力，这层服务组件就是服务中台组件。把这些情况以图形化的方式展示出来就形成了图 4-13 所示的场景。

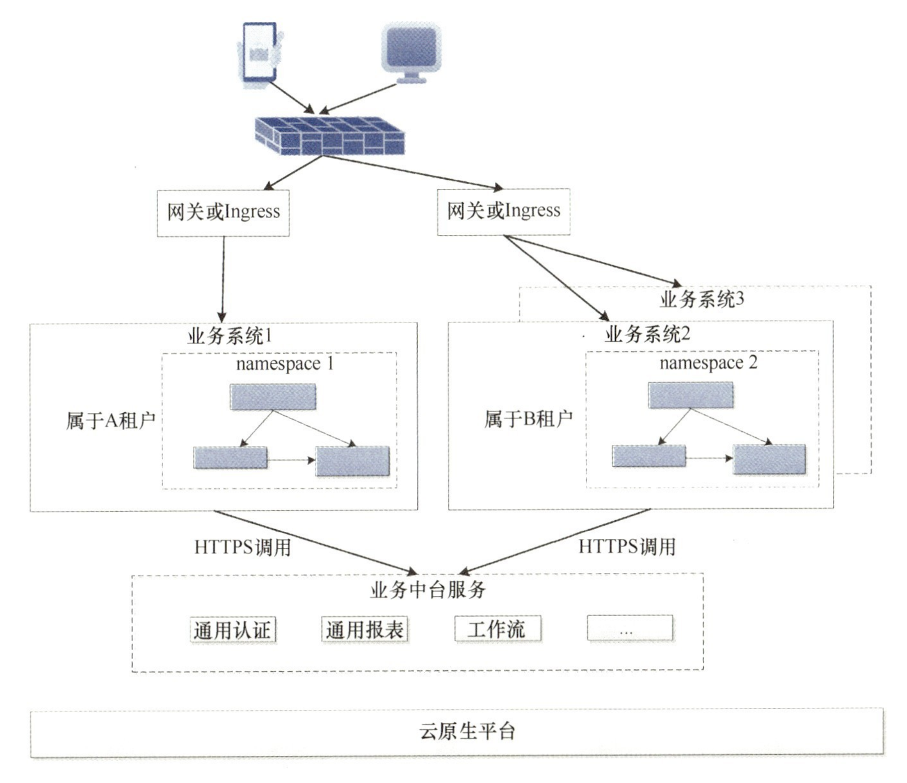

• 图 4-13　多租户和服务中台化场景下的云原生应用调用关系

在图 4-13 中，有两个租户，其中租户 A 有一套业务系统，运行在 namespace1 下；租户 B 有两套业务系统，分别运行在独立的 namespace 下。两个租户的业务系统都依赖于同一套业务中台服务。这些业务应用系统都运行在同一套云原生平台里。

由于业务中台服务需要对多个不同组织的业务应用提供服务，需要确保接口请求数据传输的安全性和完整性，这就要求业务系统与业务中台之间的链路是基于 TLS 的。通过 TLS 通道，还能够确保业务系统能够无误地发给真实的中台服务，一个虚假的、被替换了的中台服务，由于拿不到 TLS 的私钥而不能提供服务。

业务系统彼此之间通过 namespace 隔离，在云原生平台中，结合网络策略配置限制不同 namespace 之间的互访。网络策略是 Kubernetes 集群中的一种资源，当 NetworkPolicy 资源类型被创建后，Kubernetes 网络组件中的策略控制器监听到网络策略资源创建，根据 Network-

Policy 的配置，在 iptables 上配置对应防火墙规则，从而实现了 namespace 的隔离。

在同一套云原生平台中，由于不同的租户可能会登录到 Kubernetes 集群的后台进行操作，为了避免租户间通过网络抓包等手段获取其他租户的业务调用信息，推荐微服务之间全部都使用 HTTPS 访问，对流量进行加密。这种方式能最大限度地保障信息的安全。缺点是由于 TLS 加解密的开销，对系统的性能和吞吐量造成一定比例的下降。

在微服务之间实现双向 TLS 有两种方式。

- 由微服务自己实现。
- 利用平台层的服务网络来实现。

第一种方式由微服务自身定义通信安全策略并执行身份验证和加密，它需要在每个微服务的代码中实现身份验证机制，定义授权策略和流量加密。这种方式由于必须将验证和加密代码写入每个微服务中，在开发效率上是低效的。第二种方式依赖服务网络，通信安全的保障工作转移到了每个微服务 Pod 的边车（sidecar）里。

当两个微服务需要通信时，将由 Sidecar 建立 mTLS 连接，加密的流量将通过该 mTLS 连接来转发。Sidecar 首先检查网络控制平面推送的策略配置，以控制是否允许微服务之间进行通信。如果允许通信，Sidecar 将使用密钥建立安全链接，微服务之间的所有数据都将被加密。微服务应用程序代码本身不受影响，从而使应用程序的开发更加敏捷和高效。在 4.6 节中将对利用服务网络技术实现双向 TLS 进行详述。

4.5.2 微服务限流与应用防攻击

分布式拒绝服务（Distributed Denial of Service，DDoS）是一种常见的攻击形式，它是将多台计算机联合起来作为攻击平台，通过远程连接利用恶意程序，对一个或多个目标发起 DoS 攻击，消耗目标服务器性能或网络带宽，从而造成服务器无法正常地提供服务。在分布式微服务应用架构下，单个微服务对外提供访问接口，容易受到恶意的、类似于 DDoS 的攻击，有时候也不一定是恶意的访问，也有可能只是调用方没有控制好调用的速度和并发量，而引起微服务不能正常工作，从而影响整个业务系统的稳定运行。

云原生平台为应用层提供了弹性扩容的能力，当接收到的请求数量增加，随着微服务资源消耗量的增加（比如 CPU、内存等），平台检测到资源量已经超过了预定的阈值时，会自动增加微服务的副本数，以支持更多的并发量。如果遇到恶意的 DDoS 攻击，也会引起微服务副本数量的增加，从而消耗更多的底层资源，云资源使用费用也随着增加。

所以在云原生平台中，针对微服务本身，需要根据实际的业务量进行规划，配置其流量上限，防止接口被恶意地调用。在微服务架构中，除了限流外，还可以配置服务的熔断规则或降级规则，这几个手段除了能够增加应用系统整体运行的稳定性外，同时也是微服务进行自身安全防护、防止恶意攻击的办法。限流、熔断和降级的意义和作用如下。

- 限流：只允许系统能够承受的访问量进来，超出的会被丢弃，通过限流可以避免整个应用系统的资源被消耗殆尽。
- 熔断：目的是应对外部系统的故障。比如 A 依赖 B 服务的某个接口，当 B 服务接口响应很慢时，A 服务 X 功能的响应也会被拖慢，进一步导致 A 服务执行线程被占用，影响 A 服务的整体性能。如果配置了熔断机制，即 A 服务不再请求 B 服务的问题接口，而直接返回异常，这样可以避免整个 A 服务被拖垮。
- 降级：系统将某些不重要的业务或接口的功能降低，可以只提供部分功能。比如购物 App 通常会为每个用户推荐不同的首页购物清单，当系统因为某些原因，无力承担运行用户推荐算法的开销时，就把首页功能降级，直接返回默认页面。

在云原生平台中，限流、熔断和降级规则配置在服务网络中。最主流的服务网络技术是 Istio，下面是一个简单的例子，通过这个例子看一下在 Istio 中的限流策略。

```
apiVersion: v1
kind: ConfigMap
metadata:
  name: ratelimit-config
data:
  config.yaml: |
    domain: productpage-ratelimit
    descriptors:
      - key: PATH
        value: "/productpage"
        rate_limit:
          unit: minute
          requests_per_unit: 100
      - key: PATH
        rate_limit:
          unit: minute
          requests_per_unit:1000
```

上面的示例配置文件中，配置了访问/productpage 的最大速率是每分钟 100 次，其他路径的最大速率是每分钟 1000 次。

4.5.3 微服务间的访问控制

微服务间的访问控制是指限制某个微服务能够被其他微服务访问的范围。由微服务以及云原生平台构成的业务应用系统在逻辑架构上与基于传统物理机的软件架构实现是一样的，也同样占用物理资源。单个微服务也同传统的软件应用一样有独立的 IP 和运行的网络边界，区别只不过是架构上根据业务自治域划分成微服务，运行环境放在云原生平台中。一个平台可能会被共享，跟传统应用架构一样，微服务架构下也需要对单个微服务的网络边界进行控制，限制其能够被其他微服务访问的范围。最小化的访问控制范围对整个系统的安全来说是最有利的。

网络策略（Network Policy）是 Kubernetes 中对微服务之间的访问进行隔离限制的主要手段。在 Kubernetes 中，默认情况下所有 Pod 之间是全通的，这就意味着某个业务系统的某个微服务是能直接访问整个平台中的所有 pod 的，没有任何网络上的限制。

可以为每个 Namespace 配置独立的网络策略，来隔离 Pod 之间的流量，比如隔离 Namespace 的所有 Pod 之间的流量（包括从外部到该 Namespace 中所有 Pod 的流量以及 Namespace 内部 Pod 相互之间的流量）。

网络策略的实现依赖 CNI 插件的支持，不是所有的 Kubernetes 网络方案都支持网络策略。比如 Flannel 就不支持，Calico 和 OVS 是支持的。下面通过一个网络策略的配置示例来看一下网络策略的用法。

假设在 namespace-a 中有一个 nginx，如果只想允许当前 Namespace 中具有指定 label（标签）的 Pod 能够访问这个 nginx，可以对 nginx 的入站规则做如下配置。

```
kind: NetworkPolicy
apiVersion: networking.k8s.io/v1
metadata:
  name: access-nginx
  namespace:namespace-a
spec:
  podSelector:
    matchLabels:
      run: nginx               #通过这个 label 对 nginx pod 进行选择
  ingress:                     #指定为入站方向
  - from:
    - podSelector:
        matchLabels:
          access: "true"       #只有在 namespace-a 中配置了 access=true 标签的 Pod 才允许访问 nginx
```

4.6 Service Mesh 与应用服务安全

Service Mesh（服务网络）这个概念是在 2017 年提出的，它是负责处理服务到服务之间通信的一个基础框架，其基本原理是在微服务旁边运行一个网络代理程序，叫作 sidecar。这个网络代理程序接管了微服务的进出访问流量，微服务自身只跟这个网络代理程序交互，而所有的请求收发都由 sidecar 来直接完成。通过在 sidecar 上配置更为复杂的网络请求转发规则，实现了对包含大量微服务的云原生业务系统的综合治理。可以从云原生应用中将微服务的一些共性特征抽象提取出来形成一层统一基础框架，这层基础框架就称为 Service Mesh。

为什么叫作网络（Mesh）？如果把每个微服务中与业务流量收发相关的功能从微服务中

提取出来放在 sidecar 中，所有的 sidecar 由统一的一层管理层来操作和管理，就相当于把所有的 sidecar 联系起来，形成了一幅拓扑图。这幅拓扑图就如同网络一样，网络之间的联系对应于云原生微服务之间的联系，通过对网络中的节点进行业务转发配置，就相当于间接地对微服务应用系统来进行控制，具体如图 4-14 所示。

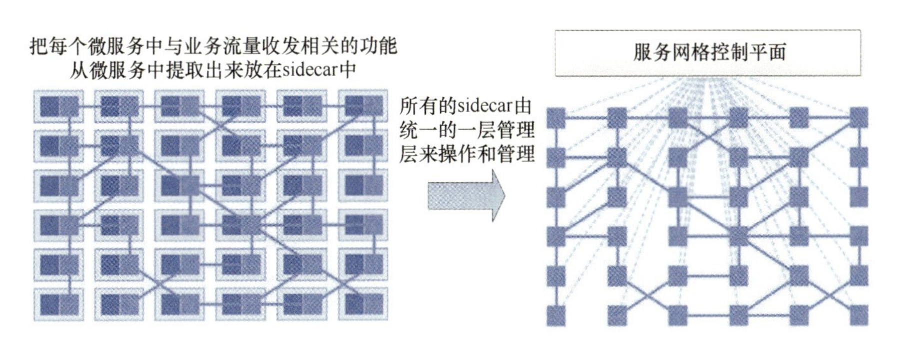

● 图 4-14　服务网络架构逻辑结构图

粗看起来，服务网络似乎与传统的对虚拟机或应用服务器的网络策略配置很类似，但本质上两者是不同的。它们的区别如下。

- 传统的网络策略配置主要工作在 OSI 七层网络模型的 4 层，而服务网络工作在 4、5 和 7 层。
- 服务网络的目标是对业务应用进行治理，除了基础的对业务调用流量的监控统计之外，还提供了诸如应用层动态路由、应用多版本管理、应用的故障注入等功能。
- 服务网络对云原生微服务框架提供了包括控制平面的配置功能和数据平面的路由转发功能等一套完整的功能框架。
- 服务网络主要是为云原生微服务框架服务的，它把云原生应用中与运维和安全相关的功能抽象和提取出来，为云原生应用整体的运维和安全管理提供了便利。

从上面的对比来看，服务网络的核心服务对象是云原生微服务应用，它的流量转发代理组件 sidecar 是部署在微服务旁边的，它的管理界面的核心功能也都是针对应用的。

服务网络针对云原生应用提供了下面这些能力。

- 可观测性。在服务网络的控制界面，可以看到在云原生平台中运行的服务的状态。
- 路由管理。通过界面或配置文件的方式，对微服务之间的流量进行管理，对微服务之间的调用路径进行精细化的配置。
- 服务弹性伸缩。监测微服务的业务请求量，当请求量超过一定阈值时，进行弹性伸缩。
- 可信连接。自动对微服务之间的调用流量进行安全加密，对安全加密证书提供自动更新和同步能力。
- 服务注册和服务发现。服务网络的控制平面可以与 Kubernetes 的 API Server 集成，还可以与其他微服务框架的注册中心集成，对整体业务应用提供服务注册和服务发现功能。

- 健壮性提升。服务网络的实现不能依赖一个十分稳定可靠的网络环境，它假定在微服务应用中，网络及其他的故障是经常发生的，通过请求重试、故障检测、负载均衡、熔断限流等手段提升应用的健壮性；通过故障模拟和故障注入来对应用的健壮性进行测试。

服务网络的能力范围有一部分与原生 Kubernetes 平台重复，把服务网络的这些能力分成两大类，一类是基础能力，比如服务注册发现、弹性伸缩。另一类是服务网络技术提供的高阶能力，包括可信连接、高级路由转发管理、可观测性和健壮性的提升。

服务网络既是一种对云原生微服务应用在流量管控能力上的提升，同时它的很大一部分功能也是对云原生应用安全能力的增强，比如路由管理上就提供了 Pod 访问隔离和管理的功能。本节将重点讲解服务网络技术在云原生应用方面的增强，首先会整体对比一下当前几个主流的服务网络技术实现，然后对服务网络的双向流量加密和安全路由转发功能进行分析。

4.6.1 云原生服务网络技术实现框架对比

服务网络技术的进展非常快，从概念问世到现今的三年多时间里取得了很大的进步，目前 Service Mesh 的解决方案主要有：Buoyant 公司推出的 Linkerd，Google、IBM 和 Lyft 等公司牵头的 Istio 和由 HashiCorp 公司牵头的 Consul。

（1）Linkerd

Linkerd 是一个被设计用作 Service Mesh 的开源网络代理，专门用于管理、控制和监控应用程序内部服务之间的通信。Linkerd 分成控制平面和数据平面两层，图 4-15 是 Linkerd 两个平面的功能结构图。

控制平面有几个不同的组件，其中包括一个 prometheus 实例，该实例聚合来自 linkerd-proxy 的度量数据。还包括用作服务发现的 destination 组件，以及用作证书认证的 identity 组件和 public-api 组件，public-api 提供 Web 和 Cli 的后台接口服务。

相比之下，数据平面就要简单得多，只是应用程序实例旁边的 linkerd-proxy。这个 linkerd-proxy 是应用 Pod 的网络代理，与容器运行在同一个 Pod 中。

Linkerd 的主要特性如下。

- Load balancing：负载均衡，使用实时性能指标来分配负载并减少整个应用程序的延迟，提升吞吐量。
- Circuit breaking：熔断保护，停止给不健康的实例发送流量，使这些实例有机会恢

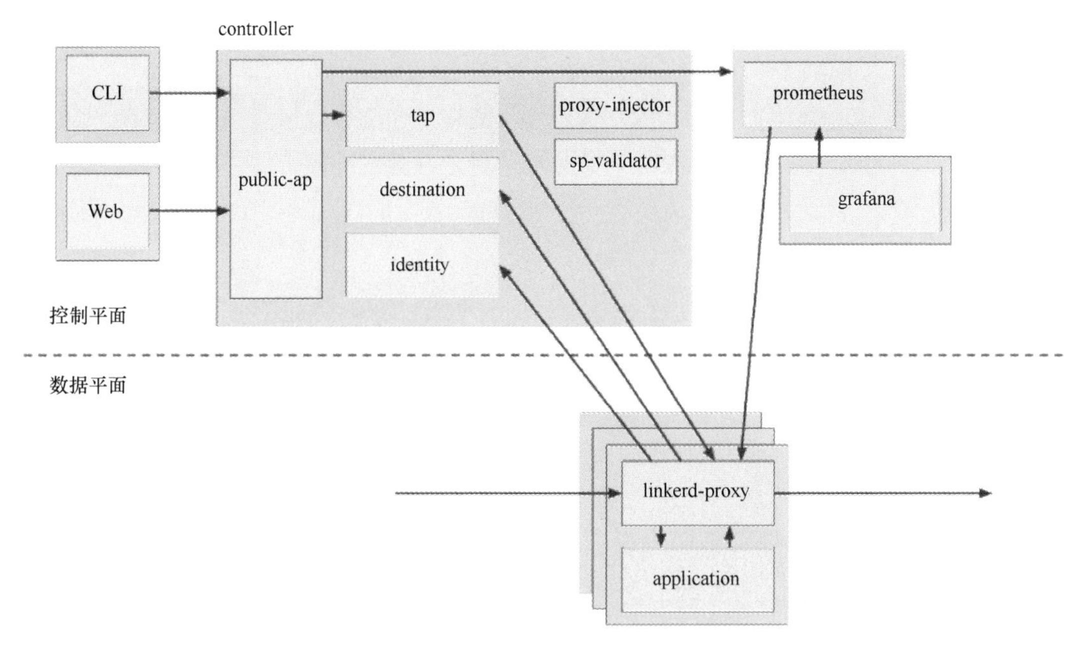

● 图 4-15 Linkerd 架构

复，同时避免连锁故障的发生。

- Service discovery：Linkerd 可以与各种服务发现后端集成，提供全局的服务发现能力，帮助降低代码的复杂性。
- Request routing：动态请求路由，通过最少量的配置来划分场景服务（Staging service）、金丝雀（Canaries）、蓝绿部署（Blue-Green Deploy）、跨 DC 故障切换和黑暗流量（Dark traffic 是指没有请求发起源的访问）。
- Retries and Deadlines：在发生某些故障时自动重试请求，并且可以在指定的时间段后让请求超时。
- TLS：使用 TLS 发送和接收请求，可以用来加密跨主机边界的通信，而不用修改现有的应用程序代码。
- HTTP Proxy Integration：可以作为 HTTP 代理，支持几乎所有的 HTTP 客户端，易与现有的应用程序相集成。
- gRPC：支持 HTTP/2 和 TLS，允许路由 gRPC 请求，支持高级 RPC 机制，比如双向流、流程控制和结构化数据负载。
- Distributed Tracing：分布式跟踪和度量，可以提供跨服务间统一的可观察性。
- Instrumentation：以可视化的界面展示以及可解析的数据格式，提供了通信延迟和有效载荷大小的详细直方图以及成功率和负载均衡统计信息。

（2）Istio

Google、IBM 和 Lyft 于 2017 年 5 月推出了 Istio，自推出开始，它已成为 Kubernetes 平台构建的、增长最快的服务网络项目之一。

Istio 具有集中式控制平面，用于管理和协调与数据平面进行数据收集。Istio 的控制平面可以作为一个独立服务在 Kubernetes 之外的环境运行，这为它提供了很好的集成友好度，支持与 VM 的集成。Istio 还可以集成第三方的服务目录，包括 Spring Cloud 架构中使用的 Eureka 以及 Consul。

Istio Service Mesh 在逻辑上分为数据平面和控制平面，图 4-16 是 Istio 两个平面的架构及工作原理。

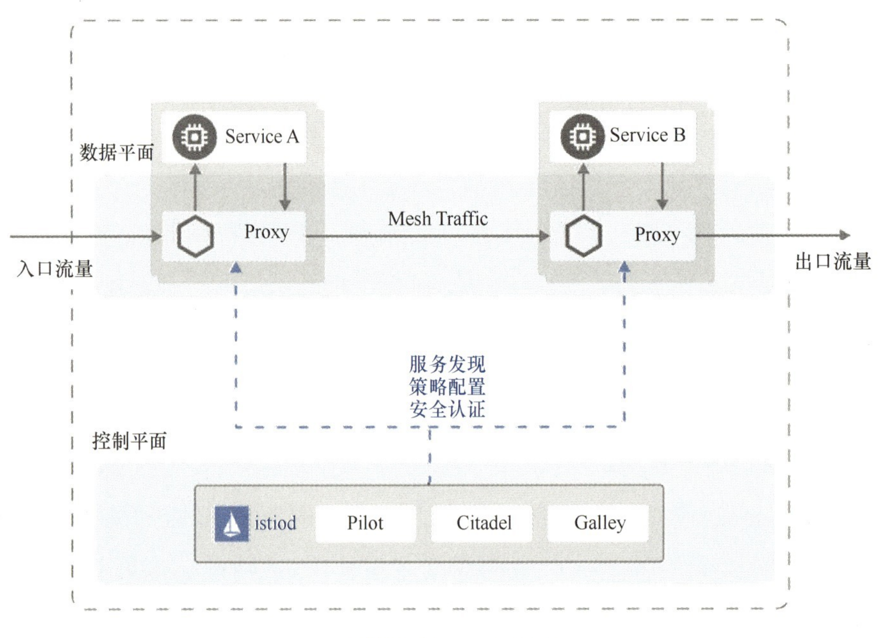

• 图 4-16　Istio 架构

在图 4-16 中，Istio 整体分成上下两个部分，分别是数据平面和控制平面。数据平面由一组部署为 Sidecar 的智能代理组成，这些代理调解和控制微服务之间的所有网络通信，并收集网络中的流量数据，这些数据可以汇总发往数据存储中心。与 Linkerd 不同，Istio 的数据代理组件使用的是 Envoy。Envoy 是 CNCF 社区中已经毕业了的项目，作为一个用 C++开发的高性能代理，可用于调解 Service Mesh 中所有服务的入站和出站流量。目前大部分服务网络技术在数据平面上都使用 Envoy 作为流量代理，除了 Linkerd。Linkerd 使用的是自己独有的数据平面流量代理组件 linkerd-proxy。

控制平面通过 istiod 进程提供服务发现、路由及安全认证管理的配置功能。istiod 将上层进行路由配置的高级路由规则转换为 Envoy 的特定配置，在服务运行的过程中，动态地把配置下发到数据平面的 Envoy proxy 中。istiod 中包含 Pilot、Citadel 和 Galley 三个组件，这三个组件分别支持了路由配置、服务发现和证书下发的相关功能。

Istio 在流量管理、安全管理和可观测性三个领域中提供了丰富的功能。

- 在流量管理方面，Istio 通过简单的配置规则来进行流量的路由配置，可以控制服务之间的流量和 API 调用的流量。Istio 简化了诸如断路器、超时和重试等服务层级的属性配置，可以支持 A / B 测试、金丝雀发布以及基于流量百分比的灰度发布等高级的功能。
- 在安全管理方面，Istio 的安全功能使开发人员可以将精力集中在应用程序级别的安全性上，而基础安全通信通道由 Istio 来负责。Istio 支持大规模的服务通信身份验证、授权和加密管理。借助 Istio 可以在各种协议和运行时之间一致地施行安全策略，保护服务通信的安全，同时对应用程序本身几乎不带来影响，不需要更改应用程序的实现。
- 在可观测性方面，Istio 有丰富的链路追踪、监控和日志记录功能，通过这些功能可以深入了解微服务的部署和运行情况。借助 Istio 链路监控相关的功能，可以了解链路上下游调用的性能和统计数据，对整个调用链条进行整体的分析。Istio 自定义的仪表板提供了对所有服务性能的可视化能力，通过全局性的可视化能力，来定位影响性能的关键因素。

（3） Consul

Consul 是 HashiCorp 提供的分布式服务网络，是一个分布式的、高可用的、具有数据中心感知能力的服务网络方案。Consul 可以通过单独的一个二进制包来安装，支持服务器和客户端的服务网络功能，包括服务、配置以及证书管理等。

Consul 的关键特性如下。

- 多数据中心支持：Consul 旨在支持多数据中心，无须复杂的配置即可支持任意数量的数据中心区域。
- 服务网络安全支持：Consul Connect 通过自动 TLS 加密和基于身份的授权实现安全的“服务-to-服务”通信。应用程序可以在服务网络配置中使用 sidecar 代理来为入站和出站建立 TLS 连接。
- 服务注册和服务发现：Consul 支持服务的注册，并通过 DNS 或 HTTP 接口发现其他服务。由于 Consul 提供的跨数据中心支持能力，一些 SaaS 类的程序也可以注册到 Consul 中。
- 运行状态健康检查：Consul 有服务运行状况检查能力，在集群和服务有问题的时候可以快速提醒管理员。健康检查功能与服务发现相配合，可以防止将流量路由到不正常的主机中，在有问题时启用服务级别的断路器。
- 键/值存储：类似于 zookeeper 的键/值存储，可以支持动态配置的存储以及分布式一致性的协调等。Consul 提供了便利的 HTTP 接口，方便数据存取以及分布式协调。

Consul 在 2014 年问世，是最早提供服务注册发现功能的开源产品。在那个时候 Kubernetes 以及云计算并没有普及，在后续的几年中，市场上是大量的容器和虚拟机混用的非标准化场景。这是一个导致 Consul 一开始对多数据中心有良好支持能力的原因。Consul 支持安装和运行在包括 Linux、Mac OS X、FreeBSD、Solaris、Windows 和 Kubernetes 在内的多种平台中。在 Kubernetes 集群中，Consul 以一个 Go 软件包的形式直接安装和运行在每台机器上。

与 Istio 和 Linkerd 2. x 不同，Consul 具有分布式的控制平面。Consul 从 1. 6 版本开始使用 Envoy sidecar 作为流量代理，并提供云原生服务网络的功能，同时兼容在旧版环境中运行的应用程序。可以将 Istio 中的 Pilot 控制器配置为使用 Consul 服务发现数据，并通过 sidecar 来进行流量路由管理和监视应用程序。

与 Istio 和 Linkerd 架构不同的另外一点是，Consul 可以看作同时支持南北向和东西向流量的治理。南北向流量是指从 Kubernetes 集群外部进入集群内部的流量，东西向流量是指在 Kubernetes 集群内部微服务间传递的流量。随着技术的演进，Consul 的架构也发生了很大的变化，Kubernetes 使用 iptables 或 ipvs 为服务进行导流，将业务请求转给实际的工作负载。而 Consul 使用 DNS 来支持服务发现，Consul 可以把 DNS 服务器配置为 Kubernetes DNS 的上游服务器，根据这个架构支持了与 Kubernetes 云原生平台的集成。

图 4-17 展示了 Consul 对多数据中心的支持能力。在图 4-17 中，数据中心的每个节点都运行 Consul agent。Consul agent 是一个单独的进程，这个进程同时承载客户端和服务器

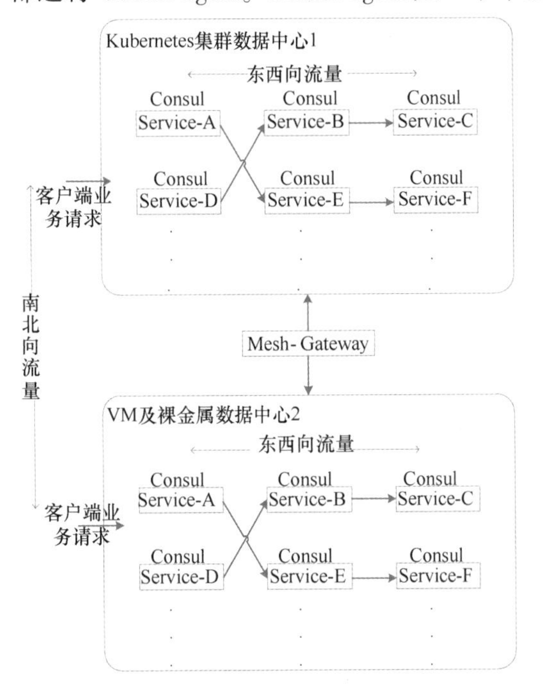

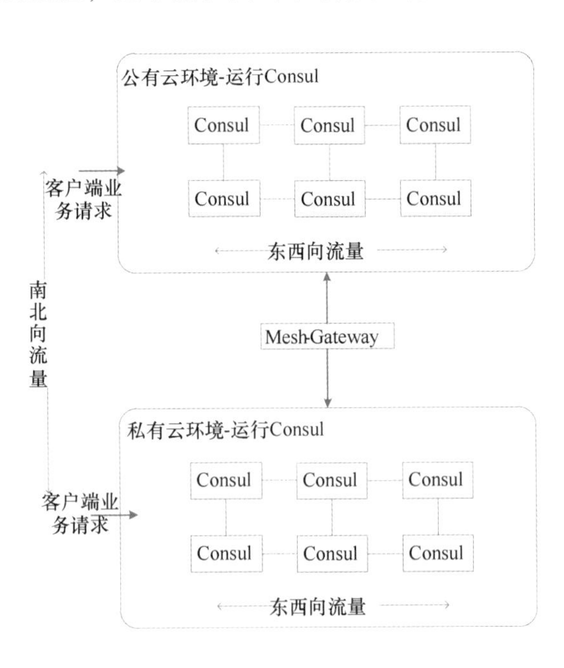

● 图 4-17　Consul 多数据中心架构

的功能。每个数据中心都有一套 Consul 服务器集群，集群中有奇数个节点，通过 RAFT 协议在集群中自主选出主节点。Consul agent 承担故障检测功能，Consul Server 通过轮询机制来判断节点是否出现故障，并把节点状态数据存储在分布式 key/value（键值对）存储系统中。

在单个数据中心内，Consul 的架构分成控制平面和数据平面两个部分，如图 4-18 所示。

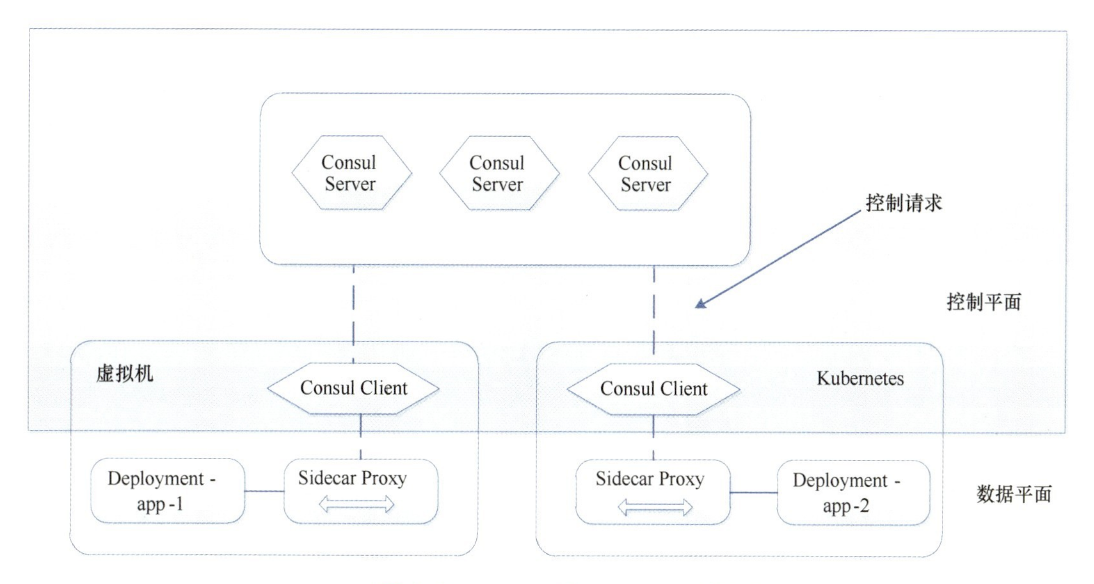

• 图 4-18　Consul 单数据中心内的架构

在图 4-18 中，控制平面部署多个 Consul Server，多个 Server 形成分布式一致性集群，状态以及配置数据都保存在集群内部的分布式键值对存储中。在数据平面，同时支持虚拟机和 Kubernetes 集群，与 Linkerd 和 Istio 一样，通过 Sidecar Proxy 来管理应用的流量进出。

除了 Linkerd、Istio 和 Consul 三大开源服务网络技术之外，AWS 支持叫作 App Mesh 的网络框架，Azure 有 Fabric Mesh 框架，它们在数据平面都是基于 Envoy 来做的，在控制平面都是私有的。

对三大开源服务网络框架进行综合比较，它们各有自己的优势和特点。

- Linkerd 2. x 的优势主要在性能方面，在功能丰富度方面比 Istio 弱一些，比如基于策略的访问控制、基于属性的动态路由和证书管理都不支持。
- Consul 比 Kubernetes 推出的还早，主要的优势是对多数据中心的支持能力，另外 Consul 与 Hashicorp 公司的产品集成度很好，Hashicrop 有丰富的工具集。Consul 在新版本中使用 Envoy 来作为数据平面的代理，这让 Consul 对 Kubernetes 的集成能力大大增强。
- 在功能丰富度方面，Istio 是功能最为丰富的服务网络框架，Istio 同样也是基于 CNCF 毕业了的 Envoy 代理作为其数据平面的代理组件，相比较，Linkerd 使用的是自己的网络代理组件。

对于三个网络框架的比较，很难区分孰优孰劣。在性能和简易性方面，Linkerd 是赢家；在功能丰富程度以及社区演进速度方面，Istio 无疑是最好的；对于传统非云原生基础设施以及多数据中心的支持方面，Consul 是开源网络方案中唯一的选择。下面在功能规格方面对三个框架做一个综合比较，具体见表 4-1。

表 4-1　Istio、Linkerd、Consul 网络框架对比

特　性	Istio	Linkerd	Consul
社区新技术引领者	√	×	×
CNCF 官方项目	×	√	×
全开源的	√	√	×（部分功能只有商业版有）
功能全面	√	×	×
多数据中心/集群支持	√	×	√
功能易用性	×	√	×
服务网络图形化界面	×	√	√
内置 dashboard 支持	√	√	×
单二进制包安装	×	×	√
同时支持跨数据中心的 Kubernetes 和 VM	×	×	√
集中化的控制平面	√	√	×
支持 Kubernetes	√	√	√
在虚拟机中运行	√	√	√
分布式链路追踪	√	×	×（商业版中支持）
服务发现	√	√	√
监控指标收集	√	√	×
双向 TLS 支持	√	√	√
基于策略的访问控制	√	×	×
基于意图的访问控制	×	×	√
证书管理	√	×	√
HTTP/1.2、HTTP/2.0、gRPC 协议支持	√	√	×
TCP 协议支持	√	√	√
使用 CRD 管理	√	√	×
自动的 sidecar 注入	√	√	√
故障点精确定位	×	√	×
流量转向（蓝绿发布）	√	×	×

（续）

特　性	Istio	Linkerd	Consul
流量分发（金丝雀发布）	√	√	×
基于属性的路由	√	×	×
限流	√	×	×
OSI 七层协议支持	√	√	×
重试策略	√	√	×
超时策略	√	√	×
熔断机制	√	×	×
入方向流量控制	√	×	×
出方向流量控制	√	×	×

Istio 是功能最丰富的云原生服务网络框架，在社区活跃程度上以及未来的发展速度上预计也是最好的。在接下来的章节中，将主要针对 Istio 对云原生应用安全方面的支持能力和使用方法做讲解。

服务网络技术在云原生安全领域是一个重要的技术，是云原生安全的一个重要发展方向，值得重点关注。

4.6.2　Istio 服务网络技术架构

接下来重点讲一下 Istio 服务网络的技术架构，通过理解 Istio 的架构组件构成和组件的功能，能够更充分地利用 Istio 的流量加密和流量安全控制功能，以提升微服务应用整体的安全性。

图 4-19 是 Istio 的组件架构图，Istio 整体分成控制平面和数据平面两大部分，对应于图中的上下两个部分。其中数据平面的架构较为简单，其核心就是在同一个 Pod 内运行 Sidecar Proxy，由 Proxy 代理 Pod 中业务容器的流量出入，Istio 采用 Envoy 的一个的扩展版本作为 Sidecar proxy。Envoy 是经过广泛使用验证的、高性能、低延迟的 Sidecar 代理组件，通过它对业务流量进行分发、复制以及智能路由，同时 Envoy 还可以对外报告流量的遥测数据。Envoy 可以过滤 OSI 七层模型中第 4 层、5 层和 7 层的数据包，对多种协议的字节输入和字节输出数据进行分析处理，包括 HTTP/1.1、HTTP/2、gRPC 和 TCP。

由外部进入的业务请求流量先转发到 Sidecar Proxy（即 Envoy）中进行处理，业务容器只与 Sidecar 进行交互。

图 4-19 中的控制平面较为复杂，有 Galley、Pilot、Mixer 和 Citadel 四个组件。其中 Mixer 提供客户自定义 Adapter 的能力，这些 Adapter 由使用方进行扩展，扩展的 Adapter 由 Sidecar

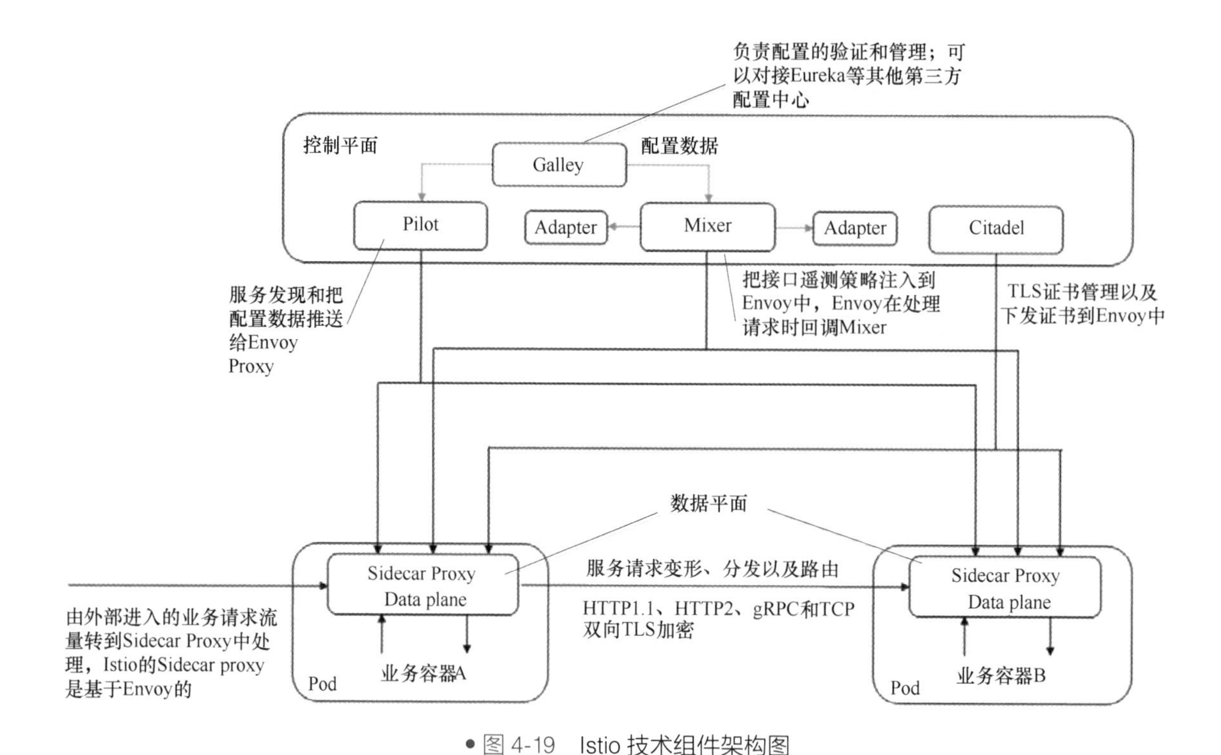

● 图 4-19　Istio 技术组件架构图

Proxy 在请求处理的出入口进行调用，实现遥测数据的汇报。下面对这四个控制平面组件的架构和功能进行简单介绍。

（1） Galley

Galley 工作在 Istio 的后台，其并不直接向数据平面提供业务能力，而是在控制平面向其他组件提供支持。作为负责配置管理的组件，Galley 验证配置信息的格式和内容的正确性，并将这些配置信息提供给管理平面的 Pilot 和 Mixer 服务使用。这样其他的管理组件只和 galley 打交道，从而与底层平台解耦。外部的系统，比如 Spring Cloud 的 Euraka、Zookeeper 和 Dubbo 的配置中心可以通过 Galley 集成进入 Istio 的控制平面。

Galley 使用 MCP（Mesh Configuration Protocol）来支持配置更新通知，MCP 是一个由 Istio 主导的配置更新协议，它提供了配置的订阅和分发接口。Istio 控制平面中的其他两个重要组件 Pilot 和 Mixer 就作为 Galley MCP 的客户端来监听由 Galley 配置更新的消息。Galley 通过 CRD（Custom Resource Definition，用户自定义资源，一种在 Kubernetes 平台扩展资源类型的机制）扩展机制来支持远端 Pilot 和 Mixer 组件监听，在配置更新时可以跨级群通知远端的 Pilot 和 Mixer 组件。

（2） Pilot

Pilot 是 Istio 控制平面的核心组件，它将路由策略下发到数据平面的 Envoy 中，由 Envoy 执行高级的流量策略，比如蓝绿发布、金丝雀发布以及重试、超时、断路器等业务控制策略。图 4-20 是 Pilot 的架构，在图上可以看到，Pilot 通过平台适配器可以支持包括 Kubernetes、Mesos 在内的多种平台。Pilot 对云原生 Kubernetes 平台的支持是最好的，它从 Kubernetes 平台中获取服务列表，并通过 Galley 对接多种其他的服务发现组件，包括 Zookeeper 和 Eureka。Pilot 为不同的平台提供统一的规则模型，通过 gRPC 调用 Envoy 的 API，将路由策略配置下发到 Envoy 代理中。

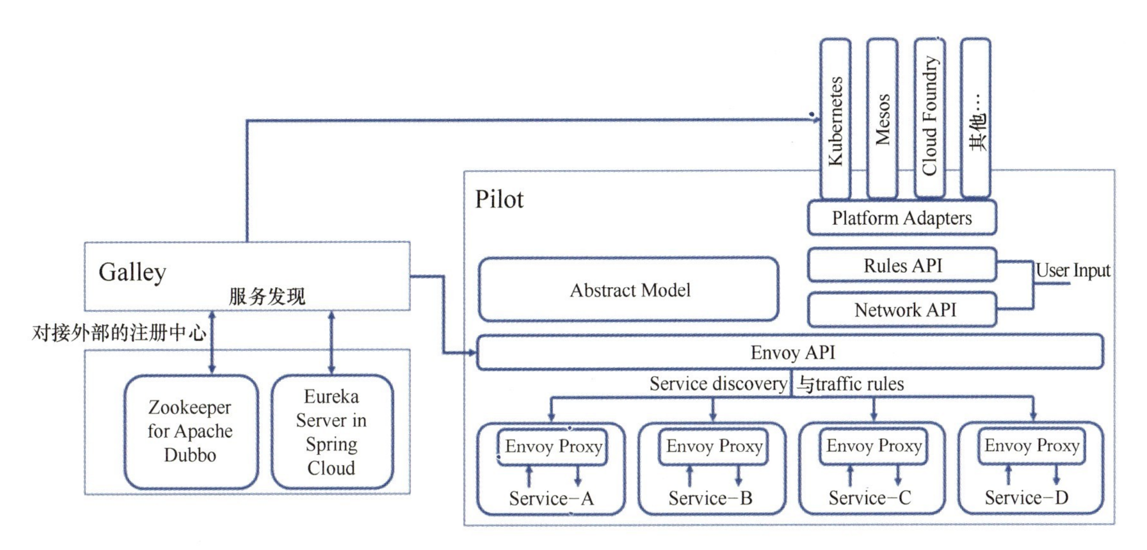

• 图 4-20　Pilot 从 Kubernetes 集群中获取服务列表，通过 Envoy API 来配置 Sidecar

Kubernetes 平台内置了基本的服务发现能力，在一个新的 Pod 启动时，Kubernetes 的 Service 会自动感知到新的工作负载的加入。通过 round-robin 等基础的负载均衡策略让新的工作负载进入工作状态，在某个 Pod 因为某些异常不能提供稳定服务时，自动将其从负载列表中剔除，维护业务的稳定。

Istio 对 Kubernetes 平台的服务发现做了扩展，Pilot 组件利用云原生平台的服务注册中心并通过 Galley 对接其他第三方的注册中心，在 Kubernetes 的能力基础上，提供了更高级的功能，比如基于权重的负载均衡等。

（3）Mixer

Mixer 提供了一种让 Sidecar 与外部监控运维系统无缝对接的框架，Sidecar 接收到请求时，在转发和处理请求之前，先调用 Mixer 的请求检查接口，对请求的数据进行校验；Sidecar 在处理完请求之后，再调用 Mixer 的请求汇报接口，将调用的遥测数据上报。图 4-21 是这个调用关系的逻辑展示。

在执行 Check 和 Report 接口的过程中，Mixer 服务通过 Adapter 接口对接外部的运维服务，比如对接日志服务和监测服务。Check 接口还可以对接配额管理和认证管理，在接口调用执行前进行认证和校验。这种实现方式看起来功能很强大，它可以提供对所有请求细粒度

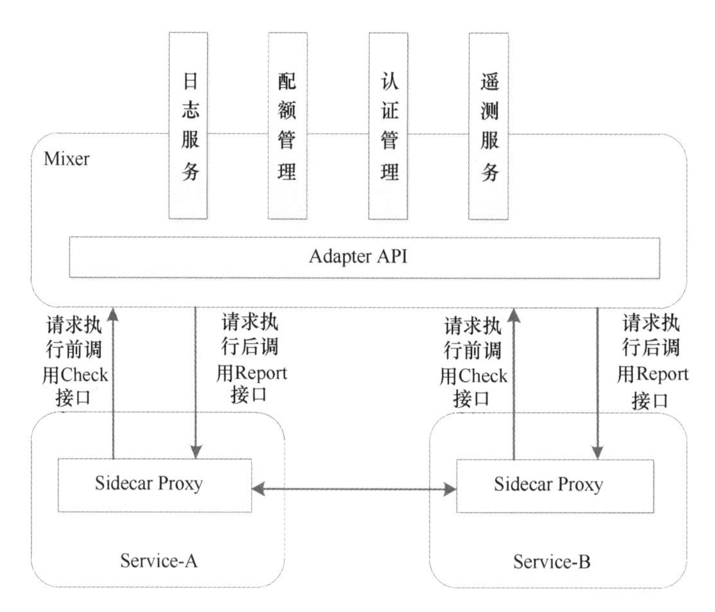

● 图 4-21　Sidecar 通过调用 Mixer 的 Check 和 Report 接口对接外部的运维服务

的调度和监控能力，但问题是 Mixer 的压力很大，一个是性能方面能否支撑大量请求、大并发情况下的调用，另一个是在微服务业务应用中引入了单点问题。在实际使用中，Envoy Proxy 通过将 Mixer 的检查规则缓存在本地，在本地进行 Check 校验，同时将遥测数据在一段时间内缓存至本地来降低对 Mixer 的调用频率。

（4）Citadel

Istio 的 Citadel 组件提供认证和鉴权功能。Citadel 内置了身份凭证管理服务，保护服务与服务之间端到端的通信安全。Citadel 本身是一个完整 PKI（Public Key Infrastructure，公钥基础设施，是提供公钥加密和数字签名服务的系统），提供对密钥和证书的管理，对实体进行身份认证，保证信息的机密性和完整性。

Istio 在服务身份认证、RBAC 和端到端 mTLS 等方面具有强大的安全保障功能，在实施通信安全加密和访问保护的同时，不需要对微服务应用本身的代码进行任何更改。

Istio 的安全功能模型通过以下几个组件的配合来施行。

- Citadel 是 Istio 密钥的中央证书颁发机构和证书轮换机构。
- Pilot 负责身份验证策略下发。
- Mixer 提供了鉴权服务和审计服务。
- Envoy 是 Istio 中微服务的通信代理，通过 Envoy 在微服务侧进行业务流量代理转发，并提供端到端的通信安全保障。

接下来的章节将对 Citadel 以及 Istio 在安全方面的功能以及使用方式进行详细说明。

4.6.3 使用 Istio 的内置安全认证能力

在传统的分布式应用环境中，管理证书以及对应用的证书进行轮换是一个非常烦琐并容易引发问题的工作。首先轮换证书往往意味着对代码以及应用配置的更新，在更新后，应用之间的通信很容易因为某些细节的协调问题引起通信异常。Istio 的 Citadel 通过自签名和自服务证书管理模式，采用应用无感知的方式将证书注入微服务中，实现了微服务之间的安全通信。

1. Istio 的证书生成和轮转过程

讲到 Citadel 证书的生成和轮换机制，需要提前说一下 SPIFFE 规范。

SPIFFE（Secure Production Identity Framework for Everyone，通用安全标识生产框架），消除了分布式应用程序身份验证的复杂性和应用程序网络级 ACL 配置的复杂性，提供了简化的操作。它以特定的 X.509 证书形式为生产环境中的每个工作负载提供安全标识，使用 SPIFFE 的应用程序通过 SPIFFE URI 来对彼此进行识别。SPIFFE URI 以 spiffe://trust-domain/path 的形式体现，这个 URI 写在 X.509 证书的 SAN（Subject Alternative Name）字段中。

SPIFFE 的运行时环境称为 SPIRE（SPIFFE Runtime Environment），SPIRE 实现了 SPIFFE 的接口，通过 SPIRE 为微服务工作负载下发 SVID（SPIFFE Verifiable Identity Document，可验证的标识文档），同时通过 SPIRE 对其他工作负载的 SVID 进行验证。SVID 的作用是在云原生分布式微服务环境中，为服务提供一个稳定的标识 ID。在传统的应用架构中，通常使用主机名或 IP 来标识一个对象，但是在云原生分布式应用中，由于 Pod 的生命周期是短暂的，而且 IP 也是经常变化的，因此使用 IP 的方式对应用进行标识的难度很大，SPIFFE 定义了 SVID 标识方式，SVID 的结构是：

```
spiffe://<cluster-name><ns><name-space><sa><service-account-name>
例如:spiffe://cluster.local/ns/istio-lab/sa/productpage
```

其中“spiffe://”是前缀，cluster.local 是集群的 ID，ns 是当前集群中的 namespace 名，后面是 service account 名。

简单地说，SPIRE 是负责微服务证书生成、证书配置以及证书轮转的一整套工具链。Istio 自己实现了 SPIFFE，内置了 SPIRE 工具链。在 Istio 中，Citadel 生成并下发证书到工作负载上，这个证书以 X.509 的形式生成，它的 SAN 字段以 SPIFFE 的格式填写。Pilot 组件为工作负载生成安全标识信息（以 SVID 的形式），并把 SVDI 信息发送给 Envoy Sidecar。

图 4-22 展示了使用 Istio 为工作负载进行证书轮换的过程。

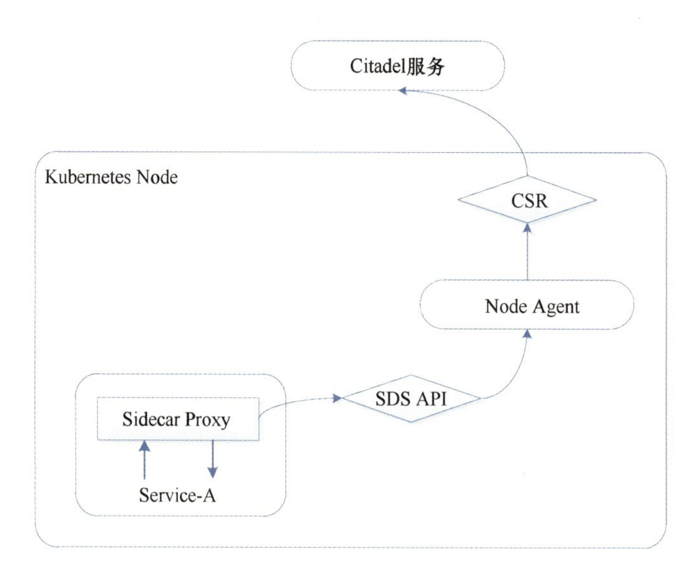

• 图 4-22　使用 Istio 为工作负载进行证书轮换的过程

在图 4-22 中，Citadel 服务可以部署在 Kubernetes 节点中，也可以部署在其他地方。Istio 为每个节点增加 Node Agent 组件，这个组件用来接收 SDS（Secret Discovery Service）接口调用以及将 CSR（Certificate Signing Request）转发给 Citadel 服务，由 Citadel 服务产生 X. 509 证书。

具体的证书生成和轮换过程如下。

1）Envoy Proxy 通过 SDS API 发送密钥和证书请求秘密发现服务。

2）Node Agent 收到 SDI 请求后，创建私钥和证书签名请求（CSR）。

3）Citadel 通过 gRPC 接收 CSR，对其进行验证，然后签署 CSR，生成证书，并将其发送到节点代理。

4）Node Agent 将 Citadel 生成的密钥和证书通过 SDS API 发送给 Envoy Proxy。

5）对于每个服务都以一定的时间间隔重复进行证书和密钥轮换，就整体完成了一次证书轮换。

2. 配置双向认证策略

当经由客户端访问安全站点时，通常都会使用 TLS。TLS 可以向客户端验证服务器的身份并提供服务器和客户端之间的加密通道。通过这种方式，确保访问的服务器站点就是目标要访问的站点，而不会被欺骗和钓鱼。在云原生应用微服务之间彼此进行调用，也是采用类似的验证机制，只不过通常来说，需要对微服务的客户端和服务器进行双向的 TLS 验证。这样调用方可以对被调用方进行认证，而被调用方也可以认证客户端的身份，这就是双向认证策略（Mutual TLS），简称 mTLS。

双向认证过程中，服务器端对客户端的认证过程如下。

1）服务器端保存了允许被验证通过的根证书列表。

2）客户端给服务器端发送证书验证请求，同时附带自己的 ID 和客户端证书。

3）服务器端对客户端的证书进行验证。

4）验证通过后，就完成了服务器端对客户端的认证，服务器端与客户端建立了一条加密数据通道。

在 Istio 中，通过认证策略来对微服务之间是否启用 mTLS 进行配置，Pilot 负责将认证策略下发给对应 namespace 中相应 Pod 里的 Envoy Proxy，由 Envoy Proxy 来完成证书的获取和启用。

Istio 通过扩展自己的 CRD 资源类型来进行认证策略的配置。Citadel 和 Polit 配合来对 Istio 的认证策略配置进行解析处理和配置下发，由 Citadel 来生成和认证证书，由 Polit 完成配置策略的下发。

Istio 的认证策略可以对整个 Mesh（包括一个或多个 Kubernetes 集群）来配置，也可以对 namespace 级别进行激活和配置，同时也可以对单个服务进行配置。

在 Mesh 级别通过下面的示例来激活对整个 Mesh 的 mTLS 认证。

```
apiVersion: "authentication.istio.io/v1alpha1"
kind: MeshPolicy
metadata:
    name: "default"
spec:
    peers:
      - mtls:{ }
```

资源类型是 MeshPolicy，配置 MeshPolicy 时，name 字段需要设置为 default，表示作用于 Mesh 整体。在 peers 字段中，“mtls：{ }”相当于“mtls：{STRICT}”。Istio 的认证策略支持 STRICT 和 PERMISSIVE 两种模式，分为对应强制 HTTPS 和同时允许 HTTP 和 HTTPS 两种方式。

在下面的例子中，定义了一个 Policy，这个 Policy 为 ns1 中的服务配置强制 mTLS。

```
apiVersion: authentication.istio.io/v1alpha1
kind: Policy
metadata:
name: default
    namespace: ns1
spec:
    peers:
    - mtls:{}
```

下面的这个例子，在上面例子针对 ns1 namespace 激活 mTLS 的基础上，禁用 ns1 中的 Service-A 的 mTLS。

```
apiVersion: authentication.istio.io/v1alpha1
kind: Policy
metadata:
```

```
    name: SVC-A-mTLS-disable
    namespace: ns1
spec:
targets:
   - name: Service-A
peers:
   - mtls:
   mode: DISABLE
```

现代微服务设计应始终保持零信任网络，不单纯依赖防火墙。通过采用 Istio 的 mTLS 机制始终保持对客户端和服务器端的双向认证，可以实现微服务之间的零信任网络。

在 Kubernetes 中提供了 Secrets 资源类型，通常证书和密钥文件都放在 Secrets 中，Pod 在使用时通过 mount Secrets 来获取证书。这种方式下，Pod 的拥有者可以通过进入 Pod 内部来看到 Secrets 文件。Istio 采用了不同的方式，密钥文件并不是通过映射 Secrets 而获取的，而是通过 Citatel 的 SDS 服务来获取，私钥文件只在 Citadel 和 Envoy Proxy 的内存中保留。Envoy Proxy 通过 SDS API 调用来进行证书获取和证书更新。

4.6.4 使用 Istio 的流量安全管理功能

在 Istio 的数据平面里，由 Envoy 接管了微服务之间的通信，Envoy Proxy 解析服务在进出两个方向上的流量数据，Istio 控制平面的 Polit 将路由配置规则发送给 Envoy Proxy。由于 Envoy 支持在 4、5 和 7 层解析，通过 Envoy 可以对云原生微服务应用进行全面和实用的路由策略配置。

路由策略的配置有两个配置目标。

- 通过超时、重试、熔断等配置提升应用的稳定性。
- 通过限流、隔离、路由规则、鉴权和遥测提升云原生应用的安全性。

在本节中，先对 Istio 的流量管理功能进行了解。之后针对 Istio 在流量安全管理及安全监测上的能力来理解 Istio 在提升云原生应用安全性上的作用。

Istio 流量管理功能中有 Gateways、Virtual Services、Service Entry 和 Destination Rules 这些资源实体。这些实体的作用分别如下。

（1） Gateways

Istio 网关组件，有 Ingress Gateway 和 Egress Gateway 两种。其中 Ingress Gateway 是作为外部服务调用内部服务的反向代理，在 Ingress Gateway 上配置服务的端口、地址和协议，同时在 Ingress Gateway 上还配置服务的证书和私钥。而 Egress Gateway 是作为内部微服务调用外部服务的出口，通过 Egress Gateway 来限制内部微服务对外部的访问规则，比如只允许内部微服务访问白名单地址里的外部网络。图 4-23 展示了 Istio Gateway 的作用。

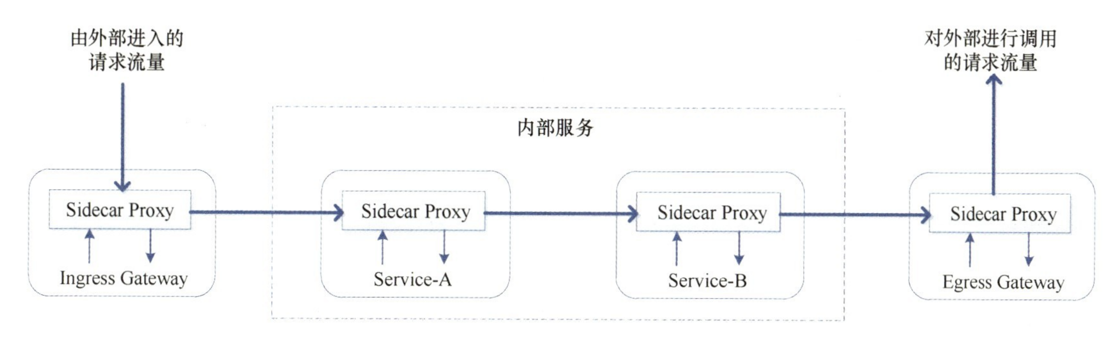

• 图 4-23 Istio Ingress Gateway 和 Egress Gateway 的作用

在图 4-23 中，左右两边分别是入口网关和出口网关，分别控制进入内部服务和内部服务对外部进行调用两个方向的请求流量。图中两个方向的网关都是 Sidecar Proxy，同业务服务的 Sidecar 是一样的。事实也是这样的：Istio 使用 Envoy Proxy 来定义网关，同 Pod 网络单元的实现方式一样。

下面是 Istio Gateway 的描述文件。

```
apiVersion: networking.istio.io/v1alpha3
kind: Gateway
metadata:
name:mygateway
spec:
selector:
   istio: ingressgateway #可以为 ingressgateway 和 egressgateway
servers:
- port:
   number: 443
   name: https
   protocol: HTTPS
   tls:
      mode: SIMPLE
      serverCertificate: /etc/istio/ingressgateway-certs/tls.crt
      privateKey: /etc/istio/ingressgateway-certs/tls.key
   hosts:
   - "test.example.com"
```

Istio 的 Gateway 也同样通过 CRD 来定义，类型是 Gateway。上面的示例中定义了一个 Ingress Gateway，这个 Gateway 的外部端口是 443，支持 SIMPLE 认证模式（只对服务器端进行认证），它的证书路径在 serverCertificat 和 privateKey 字段中定义，外部的域名是"test.example. com"用户客户端对服务器端的证书进行域名认证。

Istio 网关工作在传输层，在实际使用中，先划分内外部服务，对不同服务之间的调用建立多个 Istio Gateway，通过 Istio Citadel 的 SDS（Secret Discovery Service）服务来获取自签名的证书。

（2）Virtual Service

Istio 的虚拟服务（Virtual Service）是对 Kubernetes 云原生的 Service 的补充，名为虚拟服务。它的作用是将一个真实 Kubernetes Service 的接口进行划分，划分的原则是根据请求地址路径，为每个划分定义 Virtual Service，在 Virtual Service 上进行路由规则配置以及执行更高级的路由策略（比如重试策略、超时策略或故障注入策略）。

Virtual Service 与 Istio Gateway 配合使用，在服务网络的网络拓扑图中，入口是 Ingress Gateway。经过 Gateway 的认证后，转发给对应的 Virtual Service。在 Virtual Service 上进行高级路由解析后，将流量进行整形、复制分发等操作，发送给对应的服务。这个过程是比较抽象的，下面通过一个网络拓扑图看一下整个的转发架构，如图 4-24 所示。

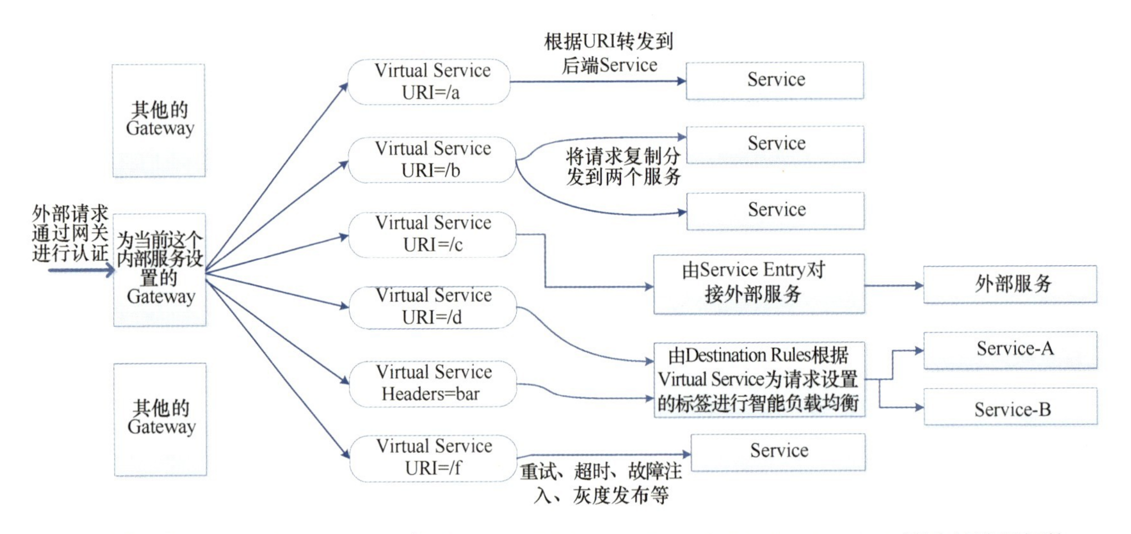

• 图 4-24　Istio Virtual Service 与 Gateway 及 Service Entry 和 Destination Rule 配合的流量拓扑

由图 4-24 可见，通过 Virtual Service 可以对流量进行动态路由（根据报文内容进行路由转发），还可以在 Virtual Service 上配置重试、超时、故障注入等策略。

同 Kubernetes 的 Service 类似，Istio 的 Virtual Service 并不是一个真实存在的资源类型，仅是在网络层上进行配置的一个逻辑实体，它是通过在应用层协议上对报文解析来实现的。下面通过一个示例来看一下 Virtual Service 的定义及属性。

```
apiVersion: networking.istio.io/v1alpha3
kind: VirtualService
metadata:
name: productinfo
spec:
    hosts:
    - "* "
    gateways:
    -mygateway
    http:
```

```
    - match:
    - uri:
    prefix: /api/v1/products
route:
    - destination:
    host: product.istio.svc.cluster.local
port:
    number: 9080
```

同 Istio 的其他资源类型一样，Virtual Service 也是通过 CRD 来定义的。在上面的例子中定义了一个名为 productinfo 的 Virtual Service。这个虚拟服务接收来自 mygateway 网关的请求，网关会把前缀为/api/v1/products 的请求转发过来，而根据 Virtual Service 里的 Destination 中的定义，对应的请求会转发给主机名为 productistio. svc. cluster. local、端口为 9080 的服务。

Virtual Service 是 Istio 网络中最为重要的一个业务资源，本书重点讲解的是服务网络与云原生安全相关的功能，只对 Virtual Service 的基础框架和基本使用方式进行简单的说明，对 Virtual Service 高级服务治理相关的能力，可以参考其他专门的资料。

（3） Service Entry

在图 4-24 所展示的流量拓扑图上，有一个 Virtual Service 通过 Service Entry 对接外部的应用。Service Entry 的用途就是将云原生平台中外部的应用引入进来，在 Istio 的网络中形成一个代表外部服务的网络节点。下面是一个 Service Entry 的配置示例。

```
apiVersion: networking.istio.io/v1alpha3
kind: ServiceEntry
metadata:
  name:baidu
spec:
  hosts:
    - www.baidu.com
  ports:
    - number: 443
      name: https
      protocol: HTTPS
  resolution: DNS
  location: MESH_EXTERNAL
```

Service Entry 通常与 Egress Gateway 配合，经过 Egress Gateway 的 Envoy 对出口的流量进行 TLS 加密后转发给外部的 ServiceEntry。

（4） Destination Rule

Istio 的 Virtual Service 定义了路由规则，根据请求路径进行转发。Destination Rule 定义了路由策略，根据具体的策略对业务请求进行转发。Destination Rule 的功能有以下两个。

- 高级负载均衡，Destination Rule 支持 4 层和 7 层负载均衡。
- 连接池管理，通过连接池管理实现微服务熔断功能。

通过 Destination Rule 为微服务配置负载均衡策略。

```
apiVersion: networking.istio.io/v1alpha3
kind: DestinationRule
metadata:
  name: my-destination-rule
spec:
  host: my-svc
  trafficPolicy:
    loadBalancer:
      simple: RANDOM
  subsets:
  - name: v1
    labels:
      version: v1
  - name: v2
    labels:
      version: v2
    trafficPolicy:
      loadBalancer:
        simple: ROUND_ROBIN
  - name: v3
    labels:
      version: v3
```

在上面的 Destination Rule 负载均衡例子中，对 label 标识为 v1 和 v2 的请求使用ROUND_ROBIN 负载均衡策略，对其他的请求使用 RANDAM 的负载均衡策略。

4.6.5 利用 Istio 的鉴权和监测功能

Kubernetes 内置了 RBAC 和 ABAC 鉴权功能，分别对应基于角色的访问控制和基于属性的访问控制，在实际工作中，大部分情况下都使用 RBAC。在 Kubernetes 的 RBAC 机制里，有 Role（角色）资源和 RoleBinding 资源，在 Role 中定义了多种权限，通过 RoleBinding 对象，将 Role 绑定给具体的用户。通过用户执行某种操作时，Kubernetes 对这个用户执行的操作进行鉴权。

对应 Kubernetes 的鉴权功能，Istio 定义了多个 CRD 资源，用于在 Sidecar Proxy 对操作进行鉴权。这些 CRD 包括 AuthorizationPolicies、ClusterRbacConfigs、RbacConfigs，Service-RoleBindings 和 ServiceRoles。

其中 AuthorizationPolicies 对网络中工作负载的访问权限进行定义，下面是 Authorization-Policies 的一个示例。

```
apiVersion: security.istio.io/v1beta1
kind: AuthorizationPolicy
metadata:
  name: httpbin
```

```
  namespace: foo
spec:
  action: ALLOW
  rules:
  - from:
    - source:
        principals: ["cluster.local/ns/default/sa/sleep"]
    - source:
        namespaces: ["test"]
    to:
    - operation:
        methods: ["GET"]
        paths: ["/info* "]
    - operation:
        methods: ["POST"]
        paths: ["/data"]
    when:
    - key: request.auth.claims[iss]
      values: ["https://foo.com"]
```

上面例子中鉴权策略的含义是：筛选出 foo 这个 namespace 中含有“app：httpbin”标签的 Pod，对发送到这些 Pod 的请求进行匹配。如果匹配成功，则放行当前请求。匹配规则为：发起请求的 Pod 的 Service Account 需要是 cluster. local/ns/default/sa/sleep ，请求使用 HTTP 协议，请求的具体方法类型是 GET ，请求的 URL 为“/info＊”，并且请求中需要包含由“https://foo. com”签发的、有效的 JWT Token。

同 Kubernetes 的 Role 和 RoleBinding 类似，Istio 中的 ServiceRoles 和 ServiceRoleBindings 是将定义在 ServiceRoles 中的权限列表通过 ServiecRoleBinding 绑定到服务账号上。

下面这个例子定义了一个 ServiceRole。

```
apiVersion: "rbac.istio.io/v1alpha1"
kind: ServiceRole
metadata:
  name: tester
  namespace: default
spec:
  rules:
  - services: ["test-* "]
    methods: ["* "]
  - services: ["bookstore.default.svc.cluster.local"]
    paths: ["* /reviews"]
    methods: ["GET", "HEAD"]
```

这个 Role 作用在 default namespace 下，有两条规则，分别是以 test-开头的服务中的所有方法，以及“bookstore. default. svc. cluster. local”服务中的“＊/reviews”方法（HTTP Action 需要是 GET 或 HEAD）。只定义 ServiceRole 是不起作用的，接下来把 ServiceRole 绑定到某个服务账号上。

```yaml
apiVersion: "rbac.istio.io/v1alpha1"
kind: ServiceRoleBinding
metadata:
  name: test-binding
  namespace: default
spec:
  subjects:
  - user: "service-account-a"
  - user: "istio-ingress-service-account"
    properties:
      request.auth.claims[email]: "a@foo.com"
  roleRef:
    kind: ServiceRole
    name: "tester"
```

上面的例子把之前定义的 Role 绑定到了 service-account-a 和 istio-ingress-service-account 这两个服务账号上。在 Kubernetes 集群里通过 kubectl apply 命令应用 ServiceRole 和 ServiceRoleBinding 声明后，在对应的 namespace 里，就激活了 Sidecar 对这个服务账号执行定义操作的鉴权，默认是放行的。

上面是 Istio 内置的鉴权功能，Istio 还可以通过 Mixer 来对接外置的认证和鉴权功能。具体执行过程为当 Sidecar 接收到请求时，在转发和处理请求之前，先调用 Mixer 的请求检查接口，对请求的数据进行校验；Sidecar 在处理完请求之后，再调用 Mixer 的请求汇报接口，将调用的遥测数据上报。

在 Istio 服务网络中，Mixer 的认证鉴权功能类似于 Kubernetes 原生的 webhook 认证模式。Kubernetes 通过 webhook 模式将认证请求转向外置的认证服务上，由认证服务完成认证。在 Mixer 里，Sidecar Proxy 在请求执行完之后，通过 Mixer 的接口将请求的执行数据汇报给 Mixer，由 Mixer 进行接口信息的监测和汇总。Mixer 收到这些汇总数据后，将数据继续送到统一的监控系统，在云原生平台中，最主流的监控平台是 Prometheus。与 Prometheus 配合的 Grafana 是一个监控数据的展现层工具，提供了对监控数据的汇总展示及分类查询功能。在 Istio 中，Kiali 是一个对服务网络数据进行展示的工具组件，通过 Kiali 可以查看网络的拓扑图，并在拓扑结构上对工作负载的请求数据及状态进行查看和查询。

4.7 在云环境中构建安全的应用框架

这一节中，将在部署好的云原生安全平台上运行业务应用，通过示例展示如何构建一个简单的多层 Web 应用程序。一开始创建好的应用有的是未被安全加固的，在下一步中，为应用服务间的通信和配置进行加密，并对应用使用的中间件进行安全性增强，同时使用服务网络技术对业务应用间的请求流量进行精细化流量管控等，通过这些手段来让应用在架构层上具备安全防护能力。

4.7.1 创建一个简单的云原生应用

这个应用程序由一个 Web 前端、用于存储的 Redis 主节点和一组复制的 Redis 从节点组成。在这个例子中，为这个业务应用创建 Kubernetes ReplicationController、Pod 和 Service，具体如图 4-25 所示。

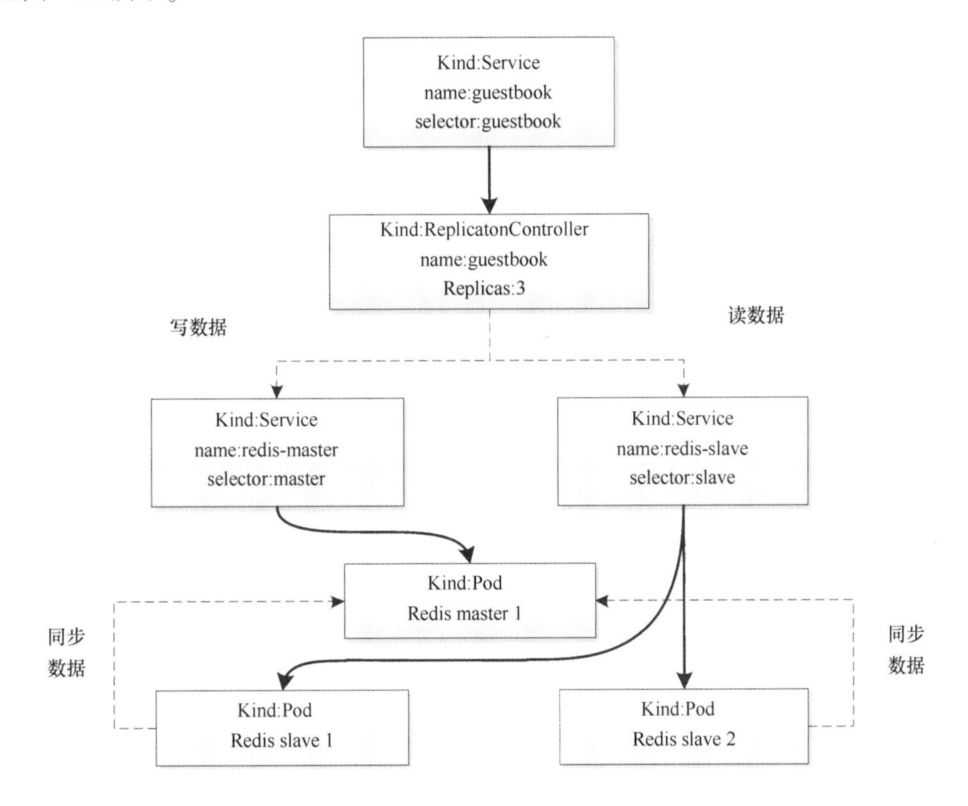

● 图 4-25　业务应用架构图（包含 3 个 Service、1 个 Redis 主备集群、1 个 Web 服务）

部署这个应用的过程如下。

1）首先登录 node1 节点，在 node1 上通过 kubeconfig 配置用户可以访问的 namespace 以及在这个 namespace 可以执行的操作。

2）部署 redis master pod、部署 redis slave pod、创建 redis master service、创建 redis slave service、创建 guestbook webserver replicationController、创建 guestbook service。

具体操作过程如下。

```
[lixf@node1 app1] $ FILE_BASE="https://gitee.com/wellxf/cns/raw/master/guestbook-go"
[lixf@node1 app1] $ wget $FILE_BASE/applyGuestBookApplication.sh
[lixf@node1 app1] $./applyGuestBookApplication.sh
replicationcontroller/redis-slave created
service/redis-slave created
replicationcontroller/redis-master created
service/redis-master created
replicationcontroller/guestbook created
service/guestbook created
```

几分钟后，就可以看到 replicationController、pods 和 services 都已经创建成功并运行，如图 4-26所示。

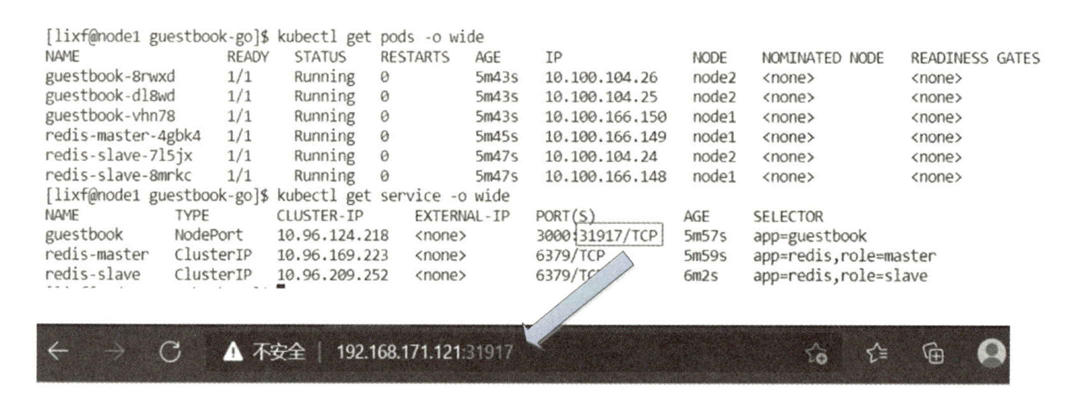

```
[lixf@node1 guestbook-go]$ kubectl get pods -o wide
NAME                 READY   STATUS    RESTARTS   AGE    IP               NODE    NOMINATED NODE   READINESS GATES
guestbook-8rwxd      1/1     Running   0          5m43s  10.100.104.26    node2   <none>           <none>
guestbook-dl8wd      1/1     Running   0          5m43s  10.100.104.25    node2   <none>           <none>
guestbook-vhn78      1/1     Running   0          5m43s  10.100.166.150   node1   <none>           <none>
redis-master-4gbk4   1/1     Running   0          5m45s  10.100.166.149   node1   <none>           <none>
redis-slave-7l5jx    1/1     Running   0          5m47s  10.100.104.24    node2   <none>           <none>
redis-slave-8mrkc    1/1     Running   0          5m47s  10.100.166.148   node1   <none>           <none>
[lixf@node1 guestbook-go]$ kubectl get service -o wide
NAME           TYPE        CLUSTER-IP      EXTERNAL-IP   PORT(S)          AGE    SELECTOR
guestbook      NodePort    10.96.124.218   <none>        3000:31917/TCP   5m57s  app=guestbook
redis-master   ClusterIP   10.96.169.223   <none>        6379/TCP         5m59s  app=redis,role=master
redis-slave    ClusterIP   10.96.209.252   <none>        6379/TC          6m2s   app=redis,role=slave
```


• 图 4-26　查看服务运行状态并打开前台页面

4.7.2　为服务间通信配置访问控制

默认情况下，在同一个 namespace 的所有服务都是互信并且可以进行通信的。在 4.7.1 的例子中，redis-server 作为一个公共的数据缓存服务，在 app1 namespace 下的任何应用都可以访问（根据上一节的加密策略，应用需获取访问证书和访问密码）。为了进一步加强安全控制，需要配置服务间的访问策略。

首先，创建 redis-access-networkpolicy. yaml 文件。

```
kind: NetworkPolicy
apiVersion: networking.k8s.io/v1
metadata:
  name: access-redis-in
  namespace: app1
spec:
  podSelector:
    matchLabels:
      app: redis
      role: master
  ingress:
  - from:
    - podSelector:
        matchLabels:
          accessRedis: "true"
```

在文件中，通过 podSelector 选择了通过 networkpolicy 保护的 Pod，在 ingress 方向，只有满足 accessRedis 为 true 的 Pod 才能访问 redis-server。接下来继续创建这个 networkpolicy。由于现在还没有为 lixf 用户配置创建 networkpolicy 的权限（通过 role 和 RoleBinding 控制），所以在创建 networkpolicy 之前，还需要使用 root 账号在 master1 节点上执行 networkpolicy 的创建。这种场景对应到实际生产环境下，由管理员创建 networkpolicy 来进行安全管控的情况。

```
[root@master1 tmp]# kubectl apply -f redis-access-networkpolicy.yaml
networkpolicy.networking.k8s.io/access-redis-in created
[root@master1 tmp]# kubectl get networkpolicy
No resources found in default namespace.
[root@master1 tmp]# kubectl get networkpolicy -n app1
NAME              POD-SELECTOR              AGE
access-redis-in   app=redis,role=master     18s
```

此时，Web 服务 Pod 被网络策略所隔离，不能访问 Redis 服务，需要为其配置对应的 label。

```
[lixf@node1 guestbook-go] $ kubectl apply -fhttps://gitee.com/wellxf/cns/raw/master/guest-
book-go/ $FILE_BASE/guestbook-controller-accessredis.yaml
[lixf@node1 guestbook-go] $ kubectl get pods
NAME                 READY   STATUS    RESTARTS   AGE
guestbook-blx8w      1/1     Running   0          6m4s
guestbook-rv2c7      1/1     Running   0          6m4s
guestbook-vpzrg      1/1     Running   0          6m4s
redis-master-qg852   1/1     Running   0          40m
redis-slave-715jx    1/1     Running   0          2d22h
redis-slave-8mrkc    1/1     Running   0          2d22h
```

4.7.3 利用 Service Mesh 框架进行精细流量管控及监测

Service Mesh 将云原生平台中的运维、安全管控和流量访问管理能力从集群的应用层面提取出来，形成一层统一的安全和监控管理平面，代表了云原生社区未来主流的一个产品演进方向。接下来，继续通过 Service Mesh 框架对部署好的应用进行业务流量可视化管理，并且通过 IngressGateway 实现对业务请求流量的精细化管理。

首先在平台中部署和运行 Service Mesh 基础服务。Service Mesh 有多种方案，这里选用较为主流的 Istio。

```
#第一步:部署 Istio
[root@master1 ~]# curl -L https://istio.io/downloadIstio |sh -
[root@master1 ~]# cd istio-1.11.3/
[root@master1 istio-1.11.3]# export PATH= $ PWD/bin: $ PATH
[root@master1 istio-1.11.3]# istioctl install --set profile=demo -y
√ Istio core installed
√ Istiod installed
√ Egress gateways installed
√ Ingress gateways installed
√ Installation complete
Thank you for installing Istio 1.11.  Please take a few minutes to tell us about your install/
upgrade experience!  https://forms.gle/kWULBRjUv7hHci7T6
#第二步:部署 Prometheus,Istio 依赖 Prometheus 采集和存储的指标数据进行流量监控和拓扑管理
[root@master1 ~]# kubectl apply -fhttps://raw.githubusercontent.com/istio/istio/release-1.
11/samples/addons/prometheus.yaml
serviceaccount/prometheus created
configmap/prometheus created
clusterrole.rbac.authorization.k8s.io/prometheus created
clusterrolebinding.rbac.authorization.k8s.io/prometheus created
service/prometheus created
deployment.apps/prometheus created
```

部署完 Prometheus 和 Istio 之后，为了可视化查看服务网络中的数据，继续部署 kiali，kiali 是与 Istio 后台服务配合的前端页面展示组件。

```
#第三步:安装 kiali
[root@master1istio-1.11.3]# kubectl apply -f ./samples/addons/kiali.yaml
serviceaccount/kiali created
configmap/kiali created
clusterrole.rbac.authorization.k8s.io/kiali-viewer created
clusterrole.rbac.authorization.k8s.io/kiali created
clusterrolebinding.rbac.authorization.k8s.io/kiali created
role.rbac.authorization.k8s.io/kiali-controlplane created
rolebinding.rbac.authorization.k8s.io/kiali-controlplane created
service/kiali created
deployment.apps/kiali unchanged
```

```
#第四步:修改 istio service 为 NodePort,以允许外部访问
[root@master1 ~]# kubectl edit service kiali -n istio-system
...
ports:
  - name: http
    nodePort: 31920
    port: 20001
    protocol: TCP
...
  type: NodePort
...
```

在部署完 Istio 和 kiali 之后，需要为应用的 namespace 启用自动注入 Istio Sidecar。启用之后，部署在 app1 namespace 下的应用会自动添加 Istio 注解并部署 Sidecar 容器。

```
#第五步:为 app1 配置 istio-injection 属性
[root@master1 ~]# kubectl label namespace app1 istio-injection=enabled
namespace/app1 labeled
```

在为 app1 namespace 激活 istio-injection 属性后，需要重建 app1 下的服务。将配置好的 Pod 和 Service 删除，并重新应用对应的声明文件即可。

此时，就可以登录 Istio 的前端界面（由 kiali 提供），在界面上查看 guestbook 的调用链路和拓扑，如图 4-27 所示。

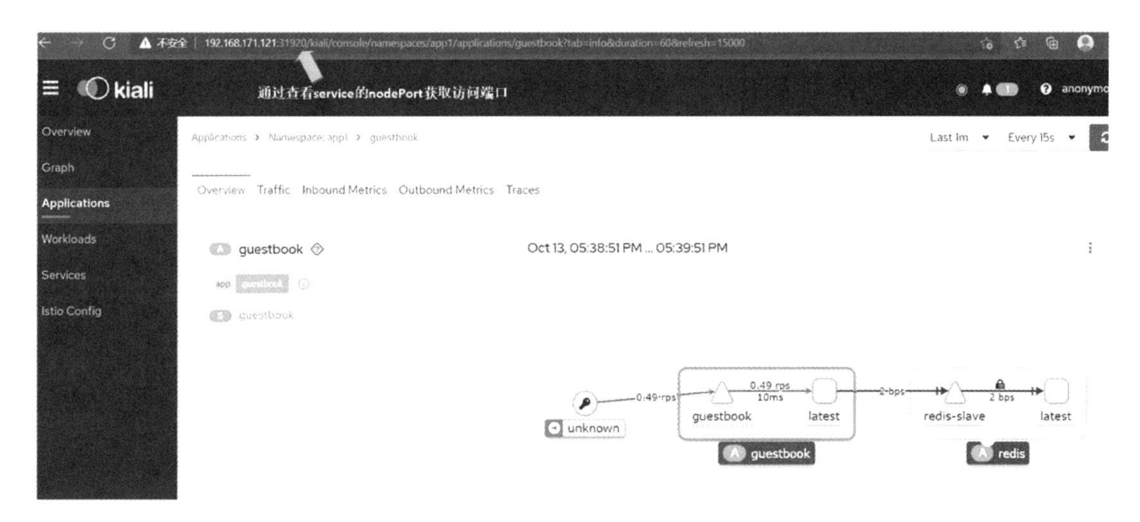

● 图 4-27　通过 kiali 查看 guestbook 应用基于流量统计生成的拓扑

Istio 在流量安全和请求鉴权方面提供了丰富的功能，下面的例子使用 Istio 的 authorization-Policy 机制来对访问 guestbook 的源 IP 进行限制和过滤。首先创建一个 authorizationPolicy 声明文件，在这个文件中指定运行访问的源 IP，对于其他的 IP 采取 deny 策略。

```
[root@master1 ~]#cat authorizationPolicy.yaml
apiVersion: security.istio.io/v1beta1
```

```
kind: AuthorizationPolicy
metadata:
  name: deny-all
  namespace: app1
spec:
  selector:
    matchLabels:
      app: guestbook
   action: DENY
  rules:
  - from:
    - source:
        notIpBlocks: ["192.168.10.10/32"]
[root@master1 ~]# kubectl apply -fauthorizationPolicy.yaml
authorizationpolicy.security.istio.io/deny-all created
```

接下来在 app1 namespace 里可以看到新创建的 authorizationPolicy 对象。

```
[root@master1 ~]# kubectl get authorizationpolicy --all-namespaces
NAMESPACE  NAME       AGE
app1        deny-all  4m45s
```

此时，再通过浏览器访问 guestbook 的服务地址，发现已经被禁止访问了，如图 4-28 所示。

RBAC: access denied

• 图 4-28　通过 Istio authorizationPolicy 限制访问应用的源 IP

由于 authorizationPolicy 中配置了只允许“IP：192.168.10.10”访问，所以对 guestbook service 的访问被 Istio Sidecar 拒绝了，这时只要把要访问服务的源 IP 配置在策略中的 notIp-Blocks 字段中即可。

4.7.4　为应用配置认证和加密

在本章的示例应用中，Redis 作为缓存数据库存储了录入的键值数据，但是这个 Redis 没有任何认证和加密措施的保障。在集群中的节点上，通过访问 Server 的 Cluster IP，就可以直接登录并访问 Redis 服务。

```
[lixf@node1 guestbook-go] $ kubectl get services
NAME            TYPE        CLUSTER-IP      EXTERNAL-IP   PORT(S)           AGE
guestbook       NodePort    10.96.124.218   <none>        3000:31917/TCP    2d2h
redis-master    ClusterIP   10.96.169.223   <none>        6379/TCP          2d2h
redis-slave     ClusterIP   10.96.209.252   <none>        6379/TCP          2d2h
[lixf@node1 guestbook-go] $ redis-cli -h 10.96.169.223 -p 6379
10.96.169.223:6379> set key 1
OK
10.96.169.223:6379>
```

从上面的命令中能够看到，可以很容易地访问到 Redis Server，并录入或查看服务中的数据。Redis 作为常用的一种数据缓存中间件，安全隐患是很大的。

Redis 内置了密码认证，首先需要在 Redis 配置文件中激活 requirepaas 配置，然后根据 Redis 配置文件生成 secrets；然后在 redis-master 的 yaml 声明中，将 secrets 作为 volume 挂载到 redis pod 的文件系统中，同时修改 redis server 的启动命令，让 redis server 读取平台中的 secrets 文件，根据 secrets 文件中配置好的密码策略来启动服务。

1）在 redis. conf 中配置 requirepass。

```
#在 redis.conf 中,配置 requirepass
[lixf@node1 app1] $ echo "requirepass tHis#Is% REdis)PAss" >> redis.conf
#requirepass 写入 redis.conf 的最后一行
[lixf@node1 app1] $ tail -n1 redis.conf
requirepass tHis#Is% REdis)PAss
```

2）在平台中根据 redis. conf 创建 secrets。

```
[lixf@node1 app1] $ kubectl create secret generic redis.conf --from-file=redis.conf
secret/redis.conf created
[lixf@node1 app1] $ kubectl get secrets
NAME                  TYPE                                  DATA   AGE
default-token-d77lz   kubernetes.io/service-account-token   3      4d
redis.conf            Opaque                                1      15s
[lixf@node1 app1] $
```

3）修改 Redis 的声明文件，将以 secrets 形式保存的 redis. conf 以 volume 的形式挂载到对应的容器目录中。这里将 redis. conf 挂载到/etc/config 下。

```
kind: ReplicationController
apiVersion: v1
metadata:
  name: redis-master
  labels:
    app: redis
    role: master
spec:
…
    spec:
      containers:
```

```
    - name: redis-master
      image: 'wellxf/redis:e2epass2'
      volumeMounts:
        - name: config
          mountPath: /etc/config
          readOnly: true
      ports:
        - name: redis-server
          containerPort: 6379
  volumes:
    - name: config
      secret:
        secretName: redis.conf
```

在上面的配置文件中，与 redis. conf 配置相关的地方有两个，分别是 volume 和 volumeMounts。在 volume 中将第二步创建的 secrets 映射成 volume，volume 的名称是 config。在 volumeMounts 中将名称为 config 的 volume 挂载到容器的/etc/config 路径下。

4）修改容器镜像，配置容器以/etc/config/redis. conf 为启动参数。

```
#在 Dockerfile 中修改启动命令,/etc/config/redis.conf 作为配置文件在启动时加载
[root@node1 redis-with-pass]# cat Dockerfile
FROM wellxf/redis:e2e
CMD ["redis-server","/etc/config/redis.conf"]
#根据 Dockerfile 构建新的镜像
[root@node1 redis-with-pass]# nerdctl build . -t wellxf/redis:e2epass2
```

5）重新运行新版的 Redis 密码认证版本。

```
[lixf@node1 guestbook-go] $ kubectl apply -fhttps://gitee.com/wellxf/cns/raw/master/guest-
book-go/ $FILE_BASE/redis-master-controller-withpass.yaml
replicationcontroller/redis-master created
[lixf@node1 ~] $ kubectl get service -o wide
NAME         TYPE      CLUSTER-IP     EXTERNAL-IP PORT(S)        AGE   SELECTOR
guestbook    NodePort  10.96.124.218  <none>      3000:31917/TCP 2d21h app=guestbook
redis-master ClusterIP 10.96.169.223  <none>      6379/TCP       2d21h app=redis,role=master
redis-slave  ClusterIP 10.96.209.252  <none>      6379/TCP       2d21h app=redis,role=slave
[lixf@node1 ~] $ redis-cli -h 10.96.169.223 -p 6379
10.96.169.223:6379> set key 1
(error) NOAUTH Authentication required.
10.96.169.223:6379>
```

这时可以看到，使用 redis-cli 已经不能访问 redis server 了，报“NOAUTH Authentication required”错误。

为 redis server 配置 TLS 加密的方式也是类似的，将 CA 证书、Server 证书和 Server Key 文件创建成 secrets，将 secrets 挂载到容器的 volume 中，配置 redis server 的启动命令以激活 TLS 加密方式，具体过程此处就不再赘述了。此时已经从应用中间件层、Web 服务层以及网络层对应用进行了安全防护，同时利用服务网络提供的可视化能力动态地对应用进行安全监测。

第5章　云原生应用安全管理

云原生应用的安全防护除了需要在平台工具及应用内生安全保障重点投入，还需要在应用安全管理层面上重点投入。任何事情除了事前规划，还需要事中监督、事后审计，对云原生应用的安全保障也不例外。由于云原生应用内在的分布式及无网络边界的特征，以及对零信任安全理念的重视，云原生应用安全管理变得更加重要。

云原生应用安全管理主要在对应用的安全审计、应用配置和密钥安全保护以及数据安全三个方面展开。其中应用安全审计包括对业务访问和运行日志的记录和审计，还包括操作日志的记录、备份及存档。在云原生应用架构中，大量地使用了配置和密钥数据，应用的配置泄露或被恶意更改会直接影响应用的运行行为，造成不可估量的损失；密钥和证书数据的泄露会让应用间的 mTLS 机制变得不可信。接下来的章节将对应用安全审计及应用配置和证书保护的原理进行讲解。此外，数据安全作为未来云原生安全的一个重要发展方向，在当前的云原生应用发展阶段，数据安全也非常重要，在本章中也将做说明和讲解。

5.1　应用安全审计

应用安全审计是对数据的审计，在信息安全等级保护测评 2.0 中，明确要求了需要有应用安全审计能力。安全审计的测评项包括以下几点。

- 应启用安全审计功能，审计覆盖每个用户，对重要的用户行为和重要安全事件进行审计。
- 审计记录应包括事件的时间、用户、事件类型、事件是否成功及其他与审计相关的信息。
- 应对审计记录进行保护，定期备份，避免受到未预期的删除、修改或覆盖等。
- 应对审计进程进行保护，防止未经授权的中断。

等保测评对于应用安全审计要求的重点一个是记录，记录的数据要求全面和准确，不能缺少字段；另一个是对日志进行保护，不能出现日志被删除或丢失的情况。

5.1.1 业务操作日志记录

业务操作日志是指对用户从登录系统开始以及后续在系统界面或后台进行业务操作的动作行为做的记录。操作记录保存在数据库中，操作日志平台支持对操作记录的回溯查询、统计等操作。

操作日志包括下面这些字段。

- 用户名：执行操作的用户名，对应到物理世界的某个真实的人。
- 日志时间：操作的执行时间，具体到秒。
- 来源：记录用户客户端的访问地址。
- 事件类型：通常是有创建、删除、修改、查询四种操作。
- 事件执行结果：成功或失败。
- 资源类型：对应业务系统中具体的资源类型，比如订单。
- 资源 ID：对应业务系统某个资源类型里的某个或某些资源 ID。
- 事件描述：通常作为扩充字段，用于记录事件对象的详细信息，比如订单创建操作记录中，在事件描述字段中可以记录订单的附属属性数据。

操作日志记录通常保存在关系型数据库中。关系型数据库有完善的数据访问权限控制，对数据库、数据表都有精细的权限控制。另外云原生关系型数据库通常都通过数据库主备集群技术、读写分离技术和利用分布式共享存储技术来支持数据的高可用。存储在关系型数据库的数据能够确保数据的安全性和一致性。由于对操作日志的查询通常会指定一定时间范围，这样对数据的查询量会大幅缩小，降低了数据库的压力。分布式关系数据库通过分表技术和计算节点与存储节点分离，可以支持亿级别的表记录存储和查询，关系型数据库对操作日志的支撑能力是足够的。有些时候，也会把操作日志存储在基于反向索引技术的分析型数据库中，比如 ElasticSearch。存储在这类数据库中的好处是便于统计查询，比如对某类用户长时间范围内的操作趋势进行统计，基于反向索引技术的数据库可以在数秒内完成分析统计。

操作日志数据是不允许删除的，有限的数据删除只能在系统后台的数据库界面上操作。在后台的数据删除或更改操作也需要在数据库服务器层进行记录，以便在事后进行安全审计。

值得注意的一点是，对于成功通过登录界面登录系统并进行操作的用户需要记录其操作行为，也需要对没有登录成功的用户进行记录，记录其登录的 IP、尝试登录的用户名、事件发生的时间。通过对这些事件的统计可以预知可能发生的账号攻击事件，这些事件可以转化为安全告警以通知安全管理员。

云原生应用和微服务架构中，通常将操作日志服务实现成通用的中台服务，对其他业务系统提供操作日志的记录接口，对系统管理员提供日志查询和统计功能。作为中台服务的操作日志服务可以通过接口对日志的字段内容和格式进行约束。

图 5-1 中展示了操作日志服务在云原生应用平台里的位置。

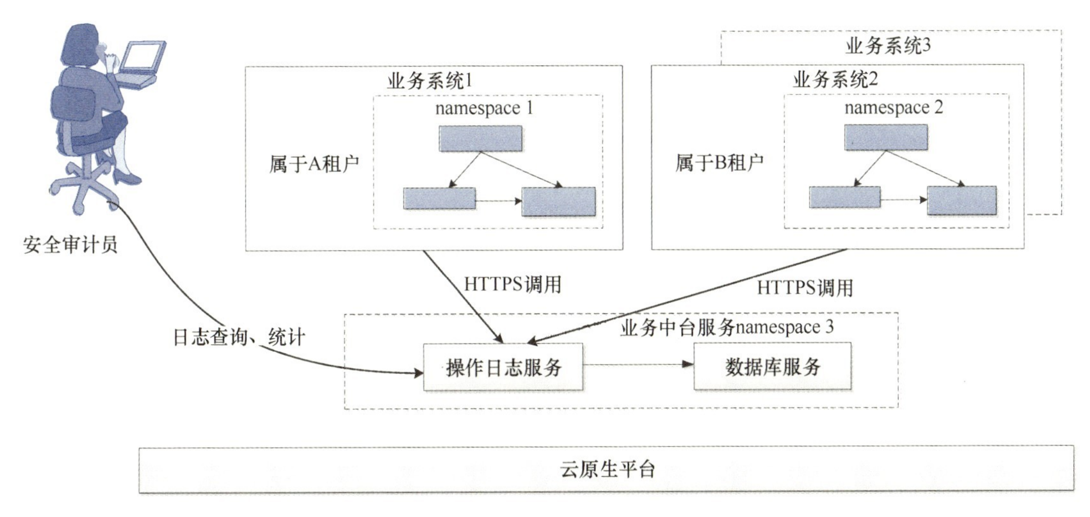

• 图 5-1 将操作日志作为业务中台服务

5.1.2 从系统及应用中收集日志

上一节讲的是业务的操作日志，在云原生应用和传统应用中还有一类日志，即系统和应用的运行日志。系统和应用的运行日志分别记录了系统中以及应用运行过程中产生的动态日志，应用的动态运行日志是由应用本身的实现产生的，系统日志是由云原生平台节点的基础操作系统和 Kubernetes 及其他基础组件产生的。

云原生应用的运行日志可以用来定位应用运行的故障，另外在需要对业务的数据进行分析统计的时候，也会用到应用的运行日志。在云原生平台中应用的运行日志有以下两个特点。

- 微服务产生的日志是分散的，单个微服务都会生成自己的运行日志。
- 运行在容器平台的日志通常都会直接打印到标准输出中，日志的留存时间较短，留存空间较小（通常根据平台配置，对每个微服务来说只有几 GB 的日志留存空间）。

一个业务系统普遍都由十几到几十、上百个微服务组成，理想情况下，根据微服务架构的设计，每个微服务都维护自己业务领域的正常工作，微服务之间通过业务调用完成整体业务功能。在实际情况下，特别是在应用调试和试运行阶段，需要通过查看各微服务的运行日志来定位业务的问题，由于微服务日志是分散的，给问题定位带来了很大的复杂性。

在实际生产系统中，通常通过一个统一的日志中心来把云原生平台中运行的各微服务的日志统一收集起来，汇总存储在一起。这样可以在日志中心对平台整体的日志进行查询分析统计。公有云平台提供了通用的日志收集处理服务，将资源层以及业务层上的日志都对接到日志服务中。在日志服务的界面上提供了日志的查询、日志的统计，还可以配置日志的分析规则，定时对日志进行统计查询，根据统计出来的日志数据生成业务系统运行的报表结果或者产生动态告警。

云原生日志收集平台在每个工作节点都部署日志本地采集组件，日志本地采集组件可以主动采集容器的标准输出端口以及主动采集节点中指定路径下的日志数据。除了工作在每个节点中的日志采集组件，还有一个日志中心组件，日志中心组件接收日志采集组件发送的日志数据流，对其进行解析并存储。

5.1.3 日志存档

随着越来越多的业务流程数字化，实现更高水平的自动化以及新技术进入数据中心，IT日益复杂化已成事实。这推动了可用于日志分析的日志数据量的增加。一家给定规模的公司今天所产生的日志要比十年前类似规模的公司多得多。

更多可用的日志数据为更复杂的日志分析提供了数据动力，从而对底层系统提出了更高的要求。特别是随着需要读取、处理和存储的数据量呈指数级增长，在其之上对运行报告和数据仪表板的自动化系统的需求，还有人工进行的临时查询的数量也呈指数增长。日志分析操作取决于对存储数据的快速、可靠的访问，这对存储硬件提出了不断增长的性能和可伸缩性要求。快速响应率对于业务用例至关重要，既要优化效率，又要提供良好的用户体验。这些要求正在推动企业采用闪存。实际上，闪存已成为许多日志数据存储的标准底层支撑。

在过去十年左右的时间里，闪存的速度和寿命都大幅提升了，企业级闪存的出现代表着存储架构的巨大变化。尽管企业级闪存有这么多优点，但由于成本问题，普通磁盘仍在数据中心占主导地位。但是随着闪存存储成本的降低，机械硬盘的使用将减少。

传统的机械硬盘适用于存储不经常搜索的大量数据，但是随机读写要比闪存慢得多。搜索巨大的数据集以支持实时或接近实时的日志分析要求，使用机械硬盘可能会非常耗时。

即使生成的日志数据量迅速增长，许多公司仍在延长其日志保留期限，要求长期保存数据。这一趋势背后的关键驱动因素是：提供更多的历史数据集，通常可以使分析模型更强大。通过查询数年的数据可以跟踪长期趋势，并且随着AI模型越来越多地用于各种分析，这些大型数据集也可以用于训练深度学习模型。

存档日志分析有巨大的性能挑战，从单个数据块的读取到整个数据处理阶段都需要进行吞吐量性能优化，方可支持从数据中提取出告警，或者进行仪表盘展示、输出报表。必须整合数据管道和存储、消除数据孤岛，并避免为不同的用途而存储多个数据副本。

分层存储是处理大量历史数据（包括日志数据）的常用方法。通过提供多个存储区域，每个存储区域在成本和性能之间具有不同的平衡点，分层存储使介质可以针对不同需求进行定制。在图 5-2 中有三个分层，分别是性能层、容量层和归档层。在此分层概念中，性能层包含最可能经常查询和实时分析场景所需的数据（即“最热”数据）。归档层用于长期存储不经常访问的“冷”数据，而两者之间的容量层在“热”数据之间达到了平衡。

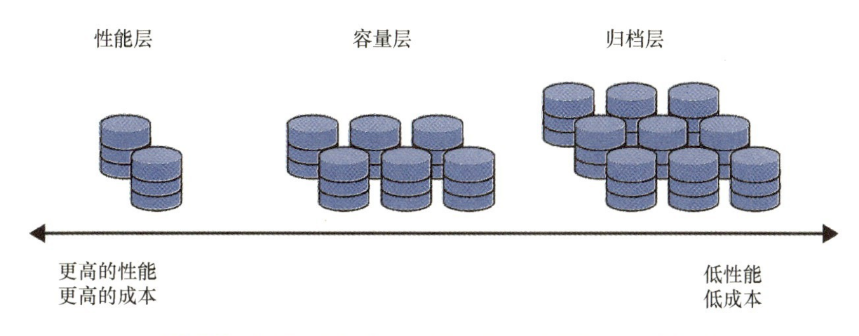

• 图 5-2 存储分层划分（性能层、容量层、归档层）

在实际使用中，存储分层可能对应于日志数据的使用期限。例如，最近 30 天的日志数据可能存储在性能层中，容量层中存储 31 天到 1 年的数据，而较旧的数据仍存储在归档层中。

随着组织持续扩大日志的使用量和使用范围，基于日志进行监控或进行安全预测，对数据的查询量会持续增加，较旧数据也会纳入搜索范围。对数据进行分析，并从容量层甚至归档层中提取信息的能力要求不断提高，迫使 IT 架构提高这些层的性能，这在很大程度上是通过增加闪存的使用比例来实现的。

5.1.4 日志分析及入侵检测

日志系统是网络安全领域的重要应用场景，IT 和应用系统的安全保护与日志的记录和分析密不可分。

网络安全分析利用大范围、多领域的日志记录，这些日志记录包括防火墙及入侵检测系统采集的日志和告警、服务器操作系统层以及云原生平台的事件和日志，此外还有与应用层相关的日志，包括用户登录日志、资源访问日志和接口调用日志等，基于这些日志进行综合分析。

日志分析可以在下面这几个阶段中发挥作用。

（1）主动识别和定位未知威胁

日志分析可以迭代搜索日志数据来检测未知威胁，这些未知威胁的检测能力往往是传统安全设备所不具备的。

（2）对攻击和其他安全事件做出响应

当出现异常指示时，日志分析可以帮助确定潜在违规的性质和范围，最大限度地减少数据泄露和其他损失，并辅助从攻击中恢复。

（3）在安全事故发生后进行根因分析

强大的日志分析平台可以对安全事件发生的过程进行溯源，帮助确定泄露事件发生的时间点，对信息进行调查取证。基于分析过程，辅助定义安全加固策略。

近年来，人们越来越认识到，有效的网络安全措施不仅着眼于预防入侵，而是尽可能快地检测到入侵并尽可能地采取自动化补救措施，于是平均检测时间（Mean Time to Detect，MTTD）和平均修复时间（Mean Time to Recover，MTTR）成为衡量网络安全管理的重要 KPI。

减少 MTTD 对安全管理而言是至关重要的，更少的 MTTD 使恶意行为者拥有的作案时间更短，意味着造成的损害就更小。在许多情况下，攻击者在环境中潜伏数天或数月，在选择目标之前，安全团队可以通过留存的、可搜索的日志快速关联多个事件。缺少了对日志关联查询的能力，就无法回溯事件流程，不能形成完整的信息链条。

MTTD 指标的计算非常复杂，必须记录首次发生违规的时间，然后记录实际报告违规的时间增量。通常会涉及多个日志以及来自安全事件和事件管理（Security Incident and Event Management，SIEM）平台的一些记录，这些平台会记录何时检测到此漏洞。

MTTR 是对 MTTD 的补充指标，除了检测事件之外，安全事故还必须被补救。检测到潜在事件后，一个好的安全系统会自动采取行动纠正此事件。常见的 SIEM 平台可以检测和监视安全事件，通过 SOAR（Security Orchestration Automation and Response，安全编排和自动化和响应）平台可以在最少人力干预情况下，最大地进行安全事故补救。先由 SIEM 系统检测到威胁并发出警报，然后 SOAR 平台可以自动地采取诸如隔离受感染设备等手段进行补救，通过这些手段可以减小被攻击的范围，从而显著降低 MTTR。

在实际网络安全分析流程中，常规的网络活动是有规律可循的。对于组织而言，这些规律体现在所记录的正常日志中，通过监视和分析这些日志可检测异常活动。例如，一系列不成功的身份验证失败尝试可能表明企图非法获取资源，异常的数据移动可能表明存在渗透尝试。

由于整体 IT 系统中有包括防火墙为代表的安全设备日志，有主机系统和云原生平台相关的系统日志，再加上大量的应用层业务访问日志，这些数量庞大、种类繁多的日志数据已经超出了人类自身的读取分析能力。机器学习模型可以帮助分析引擎通过大量的日志数据进行筛选，检测出对人工操作者而言不明显的模式。机器学习的输出结果可以由人工进一步进行分析，从而省去了从纷繁复杂的数据中提取关键信息的人工投入，让他们将注意力集中在最有价值的地方。

现代安全团队面临的问题之一是长期的隐形攻击，即 APT。APT 攻击者可以持续地、悄悄地在组织内部移动，到检测出异常之后，持续时间可能已达几个月。检测 APT 的关键通常不在于识别特定事件，而在于识别整体攻击模式。

安全分析人员可能会从可疑活动开始，例如从意外文件位置运行的服务，然后使用各种日志数据来发现有关该事件的其他信息，以帮助发现该事件是恶意的还是良性的。例如，同一登录会话期间的其他活动、来自意外远程 IP 地址的连接或日志中捕获的异常数据移动模式都可能是相关的。

将日志数据视为一个连贯的整体，而不是将其作为不同的数据点，使安全工程师能够检查整个应用体系中任何地方的活动。这种方法还使分析人员可以前后跟踪事件，以追溯和分析给定应用程序、设备或用户的行为。从而通过分析和观察了解到持续数周或数月之久的网络行为背后的意图。

5.2 应用配置和密钥安全

微服务架构中，应用配置和应用密钥是两类重要的配置数据。应用启动时，从环境的某个位置读取应用运行所需要的配置数据。此外，微服务应用之间彼此调用的通路通常需要进行 TLS 加密，如何保持应用的密钥以及对密钥进行更新轮换也尤为重要。

5.2.1 应用配置中心安全防护

在单体应用中，几乎都存在配置文件，以常见的 Spring 应用来说，如 application. xml、log4j. properties 等文件，可以方便地进行配置。但是，在微服务架构体系中，由于微服务众多，服务之间又有互相调用关系，这个微服务怎么知道被调用微服务的地址呢。同时也要考虑在微服务重启或迁移后、服务地址发生变化的情况下，如何方便地进行修改，且实时自动刷新，而不至于需要重启应用。也就是说，微服务的配置管理需要解决以下几个问题。

1）配置集中管理：统一对应用中各微服务进行管理。

2）在系统运行期间可动态配置：根据系统运行情况（微服务负载情况等）进行配置调整，同时这些调整是在不停止服务的情况下完成的。

3）配置修改自动刷新：当修改配置后，能够支持自动刷新。

所以，对于微服务架构而言，一个通用的分布式配置管理是必不可少的。在大多数微服务系统中，都会有一个名为配置中心的功能模块来提供统一的分布式配置管理。配置中心控制着应用自身的配置，是应用的调节旋钮和开关；同时也控制着应用之间彼此调用的逻辑关系。

在云原生 Kubernetes 平台上，通常 etcd 作为配置中心来使用。etcd 以 key/value（键值对）的方式提供配置数据存储。etcd 通常采用三个节点集群部署的模式，有高性能、高可靠性的特点。etcd 还提供了监听机制，在键值对数据更新时，客户端能够感知并做出相应的处理。常见的 etcd 配置中心加固方式包括为 etcd 配置 CA 证书、限制能够访问 etcd 的节点等手段。

传统微服务的配置中心有 Spring Cloud Config、Apollo、Dubbo 等，分别应用于基于 Spring Cloud 框架开发的应用、原生 Java 开发的应用以及基于 Dubbo 微服务框架开发的应用。此外，公有云服务提供商也都有各自的配置中心服务。下面对各种配置中心技术以及它们的安全加固策略进行横向对比说明，具体见表 5-1。

表 5-1 主流配置中心加固策略

配置中心技术	功能和优势说明	安全加固策略
Spring Cloud Config	特点：默认采用 Git 来存储配置信息，其配置存储、版本管理、发布等功能都基于 Git 或其他外围系统来实现。Spring Cloud 框架主推的配置中心。 缺点：Spring Cloud Config 原生不支持配置的实时推送，需要依赖 Git 的 webhook 来实现	使用 Spring Security 包，在通过 API 获取配置文件时进行登录验证，客户端要想连接配置中心，同样需要用户名和密码
Apollo	特点：携程开源的配置管理中心，具备规范的权限、流程治理等特性。支持配置实时推送。功能全面。 缺点：依赖 MySQL 数据库，容器环境下部署复杂一些	Apollo 有丰富的权限管理功能，将配置分组存放到不同的 Namespace 中，可以为不同的用户分配不同的控制权限，对配置的创建、修改、回滚和查看权限进行细粒度的控制。 在 Apollo 中，所有的操作都有审计日志，可以方便地追踪问题
Nacos	特点：Nacos 不只是一个配置中心，它还支持动态服务发现、服务及流量管理等功能。支持采用集中和动态的方式管理所有服务的配置，支持包括 yaml、xml、jason、文本和 Properties 格式的配置文件。功能全面。 缺点：整合了注册中心和配置中心，对应用的迁移带来一些困难	Nacos 支持在 Server 中配置用户，为用户配置对应的角色和权限，没有权限的用户无法读取或者写入对应的配置项。 客户端通过传入用户名和密码进行登录来获取一个 Token，后续对 Nacos Server 的每次请求都带上这个 Token 以表明身份，客户端需定时刷新 Token 以避免 Token 过期失效。 Nacos 的鉴权数据模型也是基于标准的 RBAC 来设计的，分为用户、角色和权限三部分

5.2.2 应用密钥安全

一套云服务业务系统包含多个微服务应用，为确保各应用数据之间的相互隔离，每个应用的数据均有独立的数据库加密密钥、数据库 MAC 密钥、日志完整性校验密钥等，用于对其中的重要数据进行保密性和完整性保护。应用密钥经主密钥加密后存储在服务器密码机中，因此这些应用也相当于服务器密码机的“用户”。该密钥主要用于鉴别应用用户身份。根据身份鉴别协议的不同，用户密钥可以是对称密钥，也可以是非对称密钥。用户密钥一般使用应用密钥进行保密性和完整性保护后存储在数据库中。

密钥生成的方式包括随机数直接生成或者通过密钥派生函数生成，其中用于产生密钥的随机数发生器应当是经过国家密码管理部门核准的。无论何种生成方式，密钥均应在核准的密码产品内部生成。此外，在密钥生成时，一般会伴随生成对应的密钥控制信息，包括但不限于密钥拥有者、密钥用途、密钥索引号、生命周期起止时间等，这些信息可不进行保密性保护，但是应进行完整性保护以确保被正确使用。

密钥存储有两种安全的方式，一种是加密存储在外部介质中，另一种是保存在核准的密码产品中。对于一些信任根，如根密钥、设备密钥、主密钥等，若无法进行加密存储，则应存储在核准的密码产品中，使用核准的密码产品自身提供的物理防护功能来保证存储密钥的安全。应急处理和响应措施包括停止原密钥使用、暂停业务系统服务、更新密钥等措施。

在云原生 Kubernetes 平台中，通常把应用密钥存储在 Secrets 中。Kubernetes Secrets 可以存储四种加密信息，如下所述。

1）Service Account：用来访问 Kubernetes API，由 Kubernetes 自动创建，并且会自动挂载到 Pod 的 /run/secrets/kubernetes. io/serviceaccount 目录中。

2）Opaque：base64 编码格式的 Secret，用来存储密码、密钥等。

3）kubernetes. io/dockerconfigjson：用来存储私有 Docker Registry 的认证信息。

4）kubernetes. io/tls：用来存储 TLS 证书。

可以通过指定 TLS 证书文件的方式和使用 yaml 资源清单两种方式来配置 Secrets。

指定 TLS 文件：

```
kubectl create secret tls toc-secret --key tls.key --cert tls.crt
```

yaml 清单方式：

```
apiVersion: v1
kind: Secret
metadata:
  name: mywebsite-secret
data:
  tls.crt: **************************
  tls.key: **************************
```

使用 TLS 证书的时候，通过在 yaml 文件中配置 Secrets 的路径来获取密钥，例如下面的例子是在 ingress 服务中获取 secrets 中保存的密钥来激活 TLS。

```
  apiVersion: extensions/v1beta1
  kind: Ingress
  metadata:
    name: ingress-demo
  spec:
    tls:
      - hosts:
        -localhost
        #使用 TLS
    secretName: toc-secret
rules:
  - host:localhost
    http:
      paths:
        - path: /
          backend:
            serviceName:ingress-demo-svc
            servicePort: 80
```

每种密钥应当有明确的用途，例如，用于公钥解密的私钥和签名的私钥要明确区分，信息系统应当按照当初设定的用途规范使用这些密钥。不同类型的密钥不能混用，一个密钥不能用于不同用途。对于密码产品操作手册中有明确更换周期的密钥，要按照手册要求进行更换。

Kubernetes 的 Secrets 虽然比较实用，但是在安全性方面仍然有不少的缺陷，具体如下。

1）Secrets 没有可见性的管控，当 Pod 把 Secrets 作为 Volume 挂载到容器之后，这个容器就具备了读取这个解密后 Secrets 值的权限，没有进一步的可见性访问控制，容器内部对 Secrets 是自由访问的。

2）Secrets 没有变更管理机制，在测试环境向生成环境过渡的过程中，需要对 Secrets 进行变更；此外在生产环境下，也有动态变更 Secrets 的需求，原生的 Secrets 缺乏变更管理的机制。

3）使用 Volume 挂载 Secrets 的方式屡遭诟病，如果把 Volumes 当作文件挂载到容器的文件系统中，每个 Secrets 都会产生一个文件。一方面文件数目很多，很难管理；另一方面，进了容器之后，谁都可以直接通过访问文件的方式来读取解密后的字串内容。如果把 Secrets 当作环境变量注入容器中，虽然 Secrets 是在内存当中，并没有直接写在磁盘上，但是通过环境变量也是可以直接访问 Secrets 的，与写在磁盘上并没有很大的差别。

4）不是零信任系统，用户收到 Secrets 之后，就可以直接使用这个 Secrets 了，以后也不需要再去访问和验证 Secrets 的值。在零信任系统中，Secrets 应该在使用的时候再去获取，在 Secrets 的实现中这也是不支持的。

有一些专业的产品针对 Kubernetes Secrets 的不足之处进行了功能扩充，比如 Hashicorp 的 Vault 就提供了密钥管理及数据保护功能，具有动态密钥功能，提供在命名空间

(namespace)、密钥租期中进行 Secrets 更换的能力。Conjur 是一个较为完善的 Kubernetes 密钥增强开源方案，能够集成到 Kubernetes 中一同运行。首先 Conjur 启动一个 Secrets Server，Conjur Server 的客户端以 Sidecar 的方式与应用容器一同运行，应用容器将密钥的 Key 值挂载到本地，当需要访问并获取密钥的时候，通过 Sidecar 与 Conjur Server 进行通信，传入 Key 值并获取密钥。

在传统的分布式应用环境中，管理证书以及对应用的证书进行轮换是一个非常烦琐，并容易引发问题的工作。轮换证书往往意味着对代码以及应用配置的更新，在更新后，应用之间的通信很容易因为某些细节的协调问题而引起通信异常。Istio 的 Citadel 通过自签名和自服务证书管理模式，采用应用无感知的方式将证书注入微服务中，实现了微服务之间的安全通信，代表了未来面向应用的证书管理模式。关于通过 Istio 实现证书轮换的细节可参考 4.6.3 节。

5.3 数据安全

随着云原生技术的发展和数字化转型的推进，对数据要素掌控和利用的能力，已成为衡量政企竞争力的核心要素。2021 年 3 月 12 日，《中华人民共和国国民经济和社会发展第十四个五年规划和 2035 年远景目标纲要》对外公布，“网络安全”和“数据安全”成为两个关键词，从宏观政策方面来看，网络安全、数据安全已成为国家社会发展面临的重要议题。

数据安全有对立的两方面的含义：一是数据本身的安全，主要是指采用现代密码算法对数据进行主动保护，如数据保密、数据完整性、双向强身份认证等，二是数据防护的安全，主要是采用现代信息存储手段对数据进行主动防护，如通过磁盘阵列、数据备份、异地容灾等手段保证数据的安全。数据安全是一种主动的包含措施，数据本身的安全必须基于可靠的加密算法与安全体系，主要有对称算法与公开密钥密码体系两种。

5.3.1 数据安全的三个要素

保密性（Confidentiality）、完整性（Integrity）和可用性（Availability）是数据安全的三个要素，简称 CIA。

数据的保密性比较容易理解，就是具有一定保密程度的信息只能让有权读取或更改的人读取和更改。不过，这里提到的保密信息，有比较广泛的外延：它可以是国家机密、企业或研究机构的核心知识产权，也可以是银行个人账号的用户信息或简单到登录网站输入的个人信息。因此，信息保密的问题是每一个能上网的人都要面对的。

数据的完整性是指在存储或传输信息的过程中，原始的信息不允许被随意更改。这种更改有可能是无意的错误，如输入错误、软件瑕疵、有意的人为更改和破坏等。在设计数据库以及其他信息存储和传输应用软件时，要考虑对信息完整性的校验和保障。

数据的可用性是指，对于信息的合法拥有和使用者，在他们需要这些信息的任何时候，都应该保障他们能够及时得到所需要的信息。比如，对重要的数据或服务器在不同地点做多处备份，一旦 A 处有故障或灾难发生，B 处的备用服务器能够马上上线，保证信息服务不中断。

5.3.2 云生态中数据安全的整体架构

数据是任何组织的重要资源，如果丢失、受损或被盗，在最严重的情况下对企业的影响可能就是毁灭性的。在云生态下，必须有适当的系统来保护数据（包括静态存储的数据和在传输中的数据）免遭未经授权的访问。

静态数据包括文件、对象和存储。此类数据以物理方式存储，例如存储在数据库、数据仓库、对象存储、块存储介质上。组织可以使用加密来对抗对其静态数据的威胁，即使信息丢失或被盗，加密数据也能保护信息不被泄露。

从一个地方移动到另一个地方的数据，例如当它通过互联网传输时，被称为传输中的数据。对数据的加密传输通常采用诸如 HTTPS、SSL 和 TLS 等加密传输方法，以保护动态数据不被窃取。

一个完整的数据保护方案需要对静态和动态数据进行加密，并监控数据的活动，对在云平台内外部传输的数据进行验证和审计，主要包括数据完整性保障、数据分类管理、数据活动监控、数据隐私及合规性控制这四个方面的内容。

数据保护包括数据加密、数据访问控制、密钥管理和证书管理这几项功能。首先存储在物理介质上的数据是安全加密的，然后对通过访问数据的接口进行认证和鉴权，用以控制对数据的访问，同时对访问数据的密钥和证书进行管理，以确保证书的安全发放和安全更新。

数据完整性是指在数据的整个生命周期内维护和确保数据的准确性和一致性，保护信息免受外部篡改。比如通过散列函数来检测是否对数据进行了未经授权的修改。当数据存储在数据库中时，针对存储在数据库表中的静态数据，可以为数据库中表的行生成散列并保存散列值。如果有人通过修改行中的字段来篡改行，则安全人员可以通过与之前生成的散列值的比较来得知数据是否被篡改。

数据分类管理和数据活动监控是帮助保护关键信息的两种有效方法。在充分保护敏感数据之前，需要对数据进行识别和分类，对数据进行自动发现并分类的过程是防止敏感数据泄露以及对数据进行保护的关键策略。通过对数据活动进行监控，不仅可以了解谁在访问敏感信息，还可以了解正在访问哪些信息。当满足某些条件时，会触发警报，并且可以在必要的情况下阻止或隔离数据访问连接。

数据隐私及合规性控制确保根据政策或外部法律法规来收集、使用、共享和处置数据，尤其是关于个人的信息。通过数据脱敏技术，去除隐私数据中的敏感信息，符合数据使用规范，避免因数据滥用和不合规的收集及使用而引起安全风险和运营风险。

数据安全是一个范围很广的安全课题，在云原生环境下，数据安全也是一个尤为重要的安全领域。在数据安全领域，除了数据合规性和数据完整性之外，数据加密技术及数据脱敏技术是两个重要的应用技术，在接下来的章节中将重点讲述这两个方面的内容。

5.3.3 应用数据加密技术

数据是信息系统的核心资产，政府机关、企事业单位大比例核心信息是以结构化形式存储在数据库中的。数据库作为核心资产的载体，一旦发生数据泄露将造成严重危害和损失。虽然数据库外围的安全防护措施能够在很大程度上防止针对数据库系统的攻击，但核心数据安全容不得差错，需要在各个环节对数据进行保护。

数据加密技术是指将一个信息经过加密密钥及加密函数转换，变成无意义的密文，而接收方则将此密文经过解密函数、解密密钥还原成明文。以确保数据库系统即便被攻陷，存储在数据库中的核心数据仍将得到保护，正因为如此，数据加密技术才是网络安全技术的最后一道防线。

从应用场景来看，数据库加密技术主要解决两个方面的问题：一是在被拖库后，避免因明文存储导致的数据泄露；二是对高权用户，防范内部窃取数据造成数据泄露。数据库加密技术主要有应用系统加密、前置代理加密、后置代理加密、表空间加密、文件系统加密和磁盘加密。

数据库在应用系统层的加密是在应用的源代码中对敏感数据进行加密，加密后将密文存储到数据库中。可以直接在应用系统的源代码中以独立的函数或模块形式完成加密，也可以通过源代码的方式封装出应用系统相关业务专用的加密组件或定制的加密 API 来完成加密。这种方法适用于仅对有限的数据需要加密的情况，比如对某些关键的表或字段进行加密。

前置代理加密技术是在应用系统加密技术的基础上发展起来的，通常是由专业的数据安全厂商推出的数据库加密产品，是以“前置代理加密网关”这种独立组件产品的形式实现的。

为了避免数据加密给数据访问和处理带来性能上的严重损失，部分数据库加密产品在数据库引擎层提供了一些扩展接口和扩展机制。通过这些扩展的接口和机制，数据库系统用户可以通过外部接口调用的方式实现对数据的加/解密处理，同时也能够在一定程度上降低对数据库系统性能的影响，这种方式称为后置代理加密。后置代理加密过于依赖数据库自身所具备的扩展机制，且数据在数据库共享内存中也是密文，导致在部分场景下的数据库性能表现不佳。因此，基于后置代理加密技术又发展出了透明数据加密技术，目的是在保持后置代理加密优势的同时，降低对数据库自身扩展机制的依赖性，从而让数据库系统性能保持在相对合理的水平。

透明数据加密（Transparent Data Encryption，TDE）是一种对应用系统完全透明的数据库端存储加密技术，通常由数据库厂商在数据库引擎中实现。在数据库引擎的存储管理层增加一个数据处理过程，当数据由数据库共享内存写入数据文件时对其进行加密；当数据由数据文件读取到数据库共享内存时对其进行解密。也就是说，数据在数据库共享内存中是以明文形态存在的，而在数据文件中则以密文形态存在。同时，由于该技术的透明性，任何合法且有权限的数据库用户都可以访问和处理加密表中的数据。

在数据库加密技术中，除了从前端应用及数据库自身角度实现数据库加密外，基于数据库底层依赖的文件系统或存储硬件，也可以实现数据库加密。通过把磁盘存储卷或其上的目录设置为该文件加密系统格式，以达到对存储在卷里的文件进行加密的目的。文件系统加密技术本质上并不是数据库加密技术，但可以用于对数据库的数据文件进行存储层面的加密。

磁盘加密技术通过对磁盘进行加密以保障其内部数据的安全性，实现方式分别有“软”和“硬”两种。软实现是通过软件方式对磁盘进行加密的技术，对不同的存储系统有不同的专业加密方式，典型代表如 Windows 操作系统自带的 BitLocker 等。硬件方式的磁盘加密技术，在实现上大体有两个思路，分别是针对单块硬盘的磁盘加密和针对磁盘阵列及 SAN 存储设备的磁盘加密。

5.3.4 数据脱敏技术

数据脱敏是一种采用专门的脱敏算法对敏感数据进行变形、屏蔽、替换、随机化、加密，并将敏感数据转化为虚构数据的技术。按照作用位置、实现原理，数据脱敏可以划分为静态数据脱敏（Static Data Masking，SDM）和动态数据脱敏（Dynamic Data Masking，DDM）技术。

静态脱敏一般用于非生产环境，在不能将敏感数据存储于非生产环境的场合中，通过脱敏程序转换生产数据，使数据内容及数据间的关联能够满足测试、开发中的问题排查需要，也可以进行数据分析、数据挖掘等分析活动。而动态脱敏通常用于生产环境，在敏感数据被低权限用户访问时对其进行脱敏，并能够根据策略执行相应的脱敏方法。静态脱敏与动态脱敏的区别在于是否在使用敏感数据时才进行脱敏，这个区别影响了脱敏规则对应的脱敏算法、脱敏策略以及脱敏操作的执行位置。

静态脱敏技术原理主要是通过内置规则来自动识别敏感数据，通过内置的脱敏算法对数据进行漂白。针对数据库的脱敏技术使用两种方法来识别敏感数据，第一种是通过人工指定，比如通过正则表达式来指定敏感数据的格式；第二种为自动识别，该方式是基于敏感数据的特征来进行自动识别的，此方式一般不需要用户编写正则表达式的格式来指定敏感数据，而是基于聚类算法，自动对数据进行识别和分类。常规的静态脱敏用来识别一些涉及个人隐私的敏感数据，比如信用卡号、ID、手机号、电子邮箱、IP 地址、住址等。

识别出敏感数据之后，就需要使用脱敏算法来进行脱敏。在比较常见的数据脱敏系统中，都内置了丰富和高效率的脱敏算法。算法的选择一般是通过手工指定，对常见数据如姓名、证件号、银行账户、金额、日期、住址、电话号码、Email 地址、车牌号、车架号、企业名称、工商注册号、组织机构代码、纳税人识别号等敏感数据进行脱敏。常用的内置脱敏算法有同义替换、部分数据遮蔽、混合屏蔽和可逆脱敏等。

动态脱敏通常适用于大数据应用环境。在大数据环境中，面对海量、异构、需要实时处理的数据，如何能够在不影响数据使用的条件下，在用户层面实现数据屏蔽、加密、隐藏、审计或内容封锁是动态脱敏技术的目标。动态脱敏根据安全等级要求，按照用户角色、职责和其他规则对敏感数据进行变换。动态脱敏技术对大数据应用的合规性来说至关重要。

动态数据脱敏技术目前主流的实现机制是基于代理的实现机制。用户的数据请求被代理实时在线拦截并经脱敏后返回。这种机制的脱敏判断是在数据容器外实现的，对用户及应用程序完全透明，因而能够适用于非关系型数据库，如大数据环境。脱敏代理部署在数据容器的出口处以网关方式运行，检测并处理所有用户与服务器间的数据请求及响应，而无须对数据存储方式及应用程序代码做出任何更改，如图 5-3 所示。

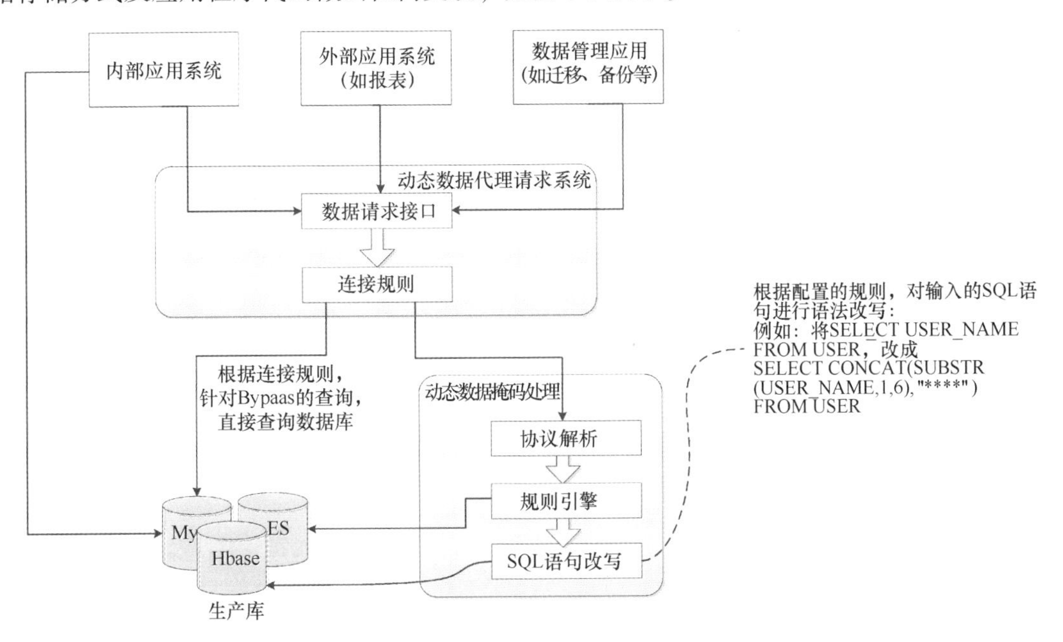

• 图 5-3 动态数据脱敏技术原理图

图 5-3 展示了动态脱敏技术原理。外部有三类数据请求来源，分别是内部应用系统、外部应用系统（如报表）和数据管理应用（迁移、备份等）。动态数据代理请求系统对数据的请求来源进行识别，针对内部应用执行 bypaas 查询，不进行脱敏运算。对于报表类或其他业务类请求，针对不同的数据库类型采用不同的脱敏算法，经过代理请求系统返回的数据即是脱敏后的数据。假设后端访问的是关系型数据库，代理请求系统将执行的 SQL 请求进行变形，执行内置的脱敏函数，对返回的数据进行脱敏，返回合规的脱敏后的数据。

5.4 在管理层面加固应用的安全

在第 4 章中搭建并加固了的应用架构的基础上，进一步对应用配置运行日志存档、操作日志记录和归档，并对存档的日志配置日志动态分析，让应用得以在应用管理层面具备基础的安全能力。

5.4.1 配置应用运行日志存档

容器的运行日志默认会打印到标准输出中，并不进行存档。通常情况下，需要通过对一段时间内的日志进行收集和保持，以便以后对应用访问历史进行追溯或统计。首先通过命令查看当前容器的运行日志。

```
[lixf@node1 ~]$ kubectl get pods
NAME                     READY   STATUS    RESTARTS   AGE
guestbook-4wr55          2/2     Running   0          5d17h
…
[lixf@node1 ~]$ kubectl logs -f guestbook-4wr55
[negroni] listening on :3000
[negroni] 2021-11-13T05:50:19Z |200 |  858.429µs |192.168.171.121:32453 |GET /
[negroni] 2021-11-13T05:50:19Z |200 |  226.546µs |192.168.171.121:32453 |GET /style.css
[negroni] 2021-11-13T05:50:19Z |200 |  160.63µs |192.168.171.121:32453 |GET /script.js
[negroni] 2021-11-13T05:50:19Z |404 |  80.565µs |192.168.171.121:32453 |GET /favicon.ico
[negroni] 2021-11-13T05:51:42Z |304 |  118.03µs |192.168.171.121:32453 |GET /
```

Loki 是一个水平可扩展、高可用性、多租户的日志聚合系统，它的设计非常经济高效且易于操作。与传统的 ElasticSearch 相比，Loki 不会为日志内容编制索引，而是为每个日志流编制一组标签。Loki 尤为适合存放容器 Pod 的运行日志，诸如 Pod 标签之类的元数据会被自动删除和编入索引，以便日后查询和分析。这里使用云原生社区主推的 Loki 作为日志存档支持方案。

首先安装 helm。

```
[root@master1 ~]# wget https://get.helm.sh/helm-v3.7.1-linux-amd64.tar.gz
[root@master1 ~]# tar -zxvf helm-v3.7.1-linux-amd64.tar.gz
[root@master1 ~]# mv linux-amd64/helm /usr/local/bin/helm
[root@master1 ~]# helm version
version.BuildInfo{Version:"v3.7.1", GitCommit:"1d11fcb5d3f3bf00dbe6fe31b8412839a96b3dc4",
GitTreeState:"clean", GoVersion:"go1.16.9"}
#为 helm 添加 azure 仓库
[root@master1 ~]# helm repo add grafana https://grafana.github.io/helm-charts
"grafana" has been added to your repositories
[root@master1 ~]# helm repo update
Hang tight while we grab the latest from your chart repositories...
...Successfully got an update from the "grafana" chart repository
Update Complete.Happy Helming!
```

接下来安装部署 Loki。

```
#使用 helm 安装 loki stack,包含 Loki、Grafana、Promtail、Prometheus
[root@master1 ~]# helm upgrade --install loki grafana/loki-stack  --set grafana.enabled=true,
prometheus.enabled=true, prometheus.alertmanager.persistentVolume.enabled=false, prome-
theus.server.persistentVolume.enabled=false
Release "loki" does not exist. Installing it now.
The Loki stack has been deployed to your cluster. Loki can now be added as a datasource in Grafa-
na.
See http://docs.grafana.org/features/datasources/loki/ for more detail.
#查看通过 helm 部署的 loki stack pods,部署在默认的 namespace(default)中
[root@master1 ~]# kubectl get pods
NAME                                          READY   STATUS    RESTARTS   AGE
loki-0                                        1/1     Running   0          8m2s
loki-grafana-9f8c95b6-h7cbv                   1/1     Running   0          8m2s
loki-kube-state-metrics-7f9f667d7d-gk5sv      1/1     Running   0          8m2s
loki-prometheus-alertmanager-9bb4c6f8f-f2c2f  2/2     Running   0          8m2s
loki-prometheus-node-exporter-8hpnt           1/1     Running   0          8m2s
loki-prometheus-node-exporter-hpkp4           1/1     Running   0          8m2s
loki-prometheus-pushgateway-664fd45795-6p8sm  1/1     Running   0          8m2s
loki-prometheus-server-5d6f9d5c6c-zjq2c       2/2     Running   0          8m2s
loki-promtail-6bzbg                           1/1     Running   0          8m2s
loki-promtail-glflb                           1/1     Running   0          8m2s
loki-promtail-kxqdd                           1/1     Running   0          8m2s
```

下一步，通过暴露 loki-grafana 的端口，在外部访问 loki-grafana 的 UI 界面。

```
[root@master1 ~]# kubectl delete service loki-grafana
service "loki-grafana" deleted
[root@master1 ~]# kubectl apply -fhttps://gitee.com/wellxf/cns/raw/master/guestbook-go/
loki-grafana-nodeport.yaml
service/loki-grafana created
#获取 grafana admin 账号的密钥
[root@master1 ~]# kubectl get secret --namespace default loki-grafana -o jsonpath="{.data.ad-
min-password}" |base64 --decode ; echo
VgF6eBG820246LP25N4YcGbUJUa4PGwm8iLaTfjR
#获取 grafana 的访问端口
```

```
[root@master1 ~]# kubectl get services |grep grafana
loki-grafana                  NodePort    10.96.94.52    <none>        80:30113/TCP  20s
```

此时，通过浏览器就可以访问 Loki 的 Web 界面了。注意端口是 nodeport 的端口，用户名是 admin，密码是之前在命令行中获取的密码，如图 5-4 所示。

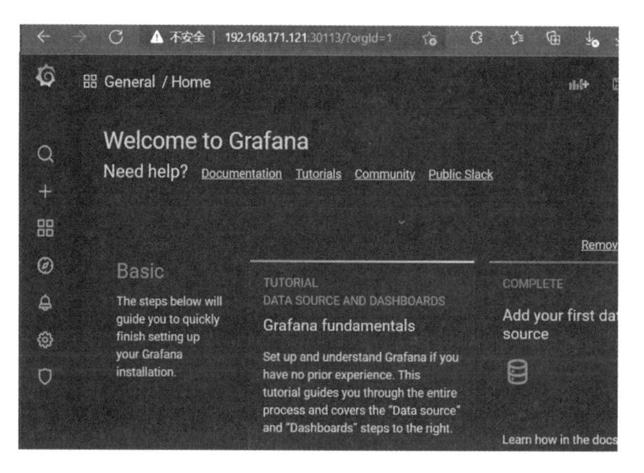

● 图 5-4　配置 Loki 并使用 Grafana 来管理日志

在 Configuration 菜单中，选择 Data sources，完成 Loki 数据源的配置和添加，如图 5-5 所示。

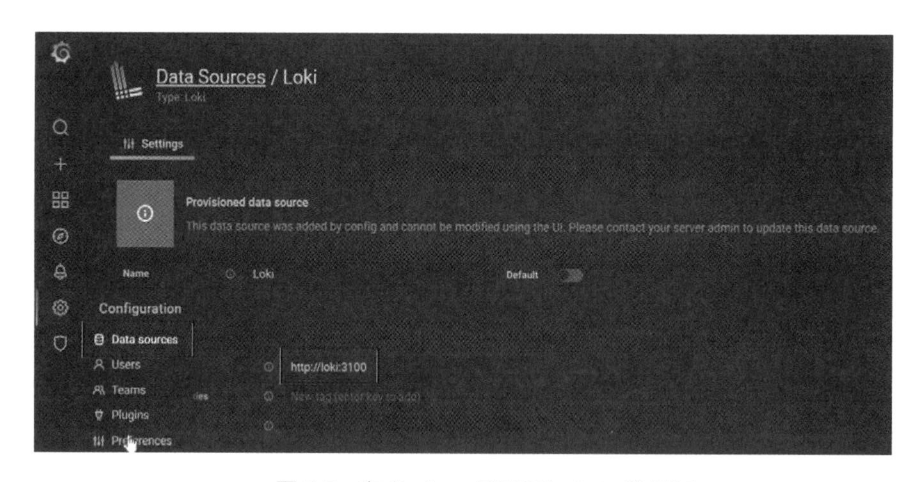

● 图 5-5　在 Grafana 界面添加 Loki 数据源

添加之后，就可以在界面看到环境里的所有日志，可以通过 namespace、标签、Pod 名等参数对日志进行过滤，如图 5-6 所示。

在生产环境下，将 Loki 日志的后端存储配置在共享存储空间上，从而提供大范围、长时间的日志持久化能力。

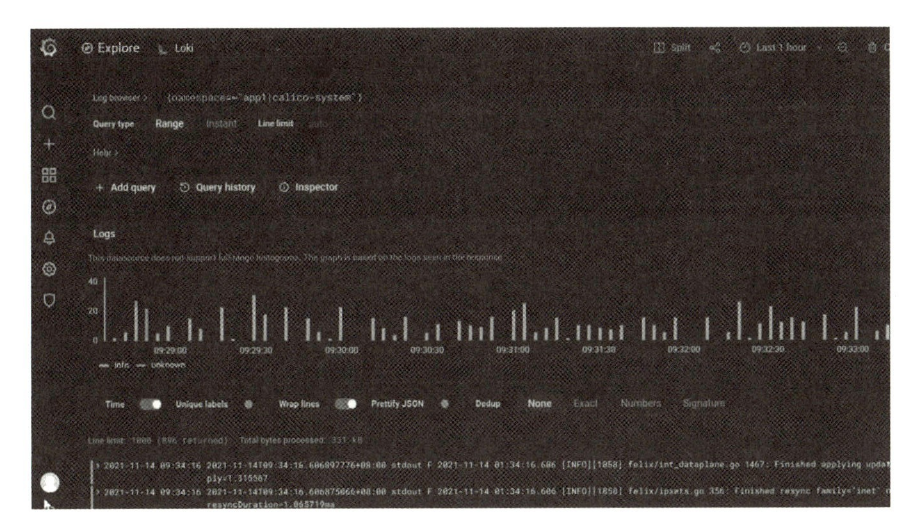

• 图 5-6　通过 Grafana 对日志进行过滤

5.4.2　扩充日志动态分析

5.4.1 节的案例对应用运行中产生的日志进行了提取和汇总，在可视化界面上输入查询语句对日志进行过滤查询。接下来还可以对动态生成的日志流信息进行统计分析，从动态的日志数据中提取有价值的信息。通过过滤并统计应用日志中的关键字，从而判断应用当前的运行状况，例如查询汇总一段时间内的“error”和“exception”字段，如果一段时间内这些字段的统计值超出某个限度，那么意味着应用的运行状态出现了问题；还可以从日志中提取访问应用 API 的源 IP 字段，对源 IP 字段进行统计分析，判断恶意的访问。

Loki 的配置文件是通过 secret 的方式注入的。首先需要更改 Loki 的配置文件 loki.yaml，为 Loki 启用日志解析能力。

```
[root@master1 ~]# kubectl delete secret loki
secret "loki" deleted
[root@master1 ~]# wget https://gitee.com/wellxf/cns/raw/master/platform/loki.yaml
#在 loki 的配置文件中,配置 loki rules 的路径。下一步在 loki rules 路径下配置日志的解析规则。
#在 loki 的配置文件中,配置了 alertmanager 的地址,根据 loki rules 解析产生告警时,将告警发往 alertman-
ager 中
[root@master1 ~]# tail -n 12 loki.yaml
ruler:
  storage:
    type: local
    local:
      directory: /etc/loki_rules
  rule_path: /etc/loki_rules/temp
```

```
  alertmanager_url: http://loki-prometheus-alertmanager:80
  ring:
    kvstore:
      store: inmemory
  enable_api: true
  enable_alertmanager_v2: true
#根据 loki file 更新创建 loki 的配置文件 secret
[root@master1 ~]# kubectl create secret generic loki --from-file=loki.yaml
secret/loki created
```

在 loki. yaml 中，配置 loki rules 的路径。下一步将在 loki rules 路径下配置日志的解析规则。在 loki. yaml 中，配置了 alertmanager 的地址，根据 loki rules 解析产生告警时，将告警发往 alertmanager 中。

为了能够在本地路径下动态地修改 Loki 日志解析规则，需要修改 Loki 服务的声明文件，配置挂载本地路径，将 loki rules 文件放置在 Loki 挂载的本地路径内，这样 Loki 服务就能够动态地更新日志解析规则了。

```
#修改 Loki 声明文件,添加本地路径的映射
[root@master1 ~]# kubectl apply -f https://gitee.com/wellxf/cns/raw/master/platform/loki-sts.yaml
statefulset.apps/loki configured
[root@master1 ~]# kubectl get sts loki -o yaml
...
        volumeMounts:
        - mountPath: /etc/loki
          name: config
        - mountPath: /etc/loki_rules
          name: rules
...
      volumes:
      - name: config
        secret:
          defaultMode: 420
          secretName: loki
      - hostPath:
          path: /home/lixf/loki_rules
          type: Directory
        name: rules
```

在本地 loki rules 目录中，编写日志解析规则。

```
[root@master1 ~]# kubectl get pods -o wide |grep loki-0
loki-0   1/1     Running  0       4d1h  10.100.166.146    node1  <none>     <none>
[root@master1 ~]#ssh node1
[root@node1 ~]# cd /home/lixf/loki_rules/app1/
[root@node1 ~]#wget https://gitee.com/wellxf/cns/raw/master/platform/loki_rules.yaml
[root@node1 app1]# cat loki_rules.yaml
groups:
  - name: rate-alerting
```

```
rules:
  - alert: HighLogRate
    expr: |
      sum(
        rate({app="guestbook"}[5m])
      )
        > 500
    for: 10s
    labels:
        severity: warning
        team: devops
        category: logs
    annotations:
        title: "High LogRate Alert"
        description: "something is logging a lot"
        impact: "impact"
        action: "action"
```

在 loki_rules. yaml 中，配置了一条日志解析告警规则。Loki 的日志解析规则语法与 Prometheus 查询语句的语法类似。在这条规则中配置了持续检测 guestbook 应用的日志产生频率，如果在 5min 内，持续产生的日志数超过 500 条，就认为系统发生了安全问题，需要产生一条告警。

此时，通过后台 curl 脚本持续产生不间断的访问请求。

```
[root@master1 cns]# while true; do curl --silent --output /dev/null http://192.168.171.121:31874/info; sleep 10; echo; done
```

几分钟后，登录 alertmanager 的告警后台，可以看到已经产生了访问超限告警，如图 5-7 所示。

• 图 5-7　通过 Loki 配置日志告警并发送到 alertmanager 中

5.4.3 操作日志记录、归档和访问控制

云原生平台提供了事件（Events）系统，在 Kubernetes 的资源产生变化的时候，会以事件的形式记录在 apiserver 中，并可以通过 API 或者 kubectl 命令查看事件包含了发生的时间、组件、等级（Normal、Warning、Error）、类型和详细信息。

```
[root@master1 ~]# kubectl get event --all-namespaces
NAMESPACE       LAST SEEN  TYPE      REASON                     OBJECT
MESSAGE
app1            6m18s      Warning   NodeNotReady               pod/guestbook-knrhd
Node is not ready
app1            4m24s      Normal    SandboxChanged             pod/guestbook-knrhd
Pod sandbox changed, it will be killed and re-created.
app1            4m48s      Normal    TaintManagerEviction       pod/guestbook-knrhd
Cancelling deletion of Pod app1/guestbook-knrhd
```

通过事件能够获知云原生应用的部署、调度、运行、停止等整个生命周期的情况，从而对系统的操作记录进行汇总审计。Kubernetes 中的事件最终还是存储在 etcd 中，默认情况下只保存 1h。由于 etcd 并不支持一些复杂的分析操作，默认 Kubernetes 只提供了非常简单的过滤方式，比如通过 Reason、时间、类型等。同时这些事件只是被动地存在 etcd 中，并不支持主动推送到其他系统，通常只能手动查看。

在这一节中，通过部署 event 收集组件，并把收集到的 event 以日志的方式输出，由 Loki 自动获取并存储起来。在 Grafana 界面对 event 进行过滤查询。这里采用 kubernetes-event-exporter 事件收集服务，对系统的事件进行收集。

首先部署 event exporter 插件。

```
[root@master1 ~]# KUBE_EVENT= https://gitee.com/wellxf/cns/raw/master/platform
[root@master1 ~]#kubectl apply -f $KUBE_EVENT/kube-event/00-roles.yaml
namespace/monitoring created
serviceaccount/event-exporter created
[root@master1 ~]#kubectl apply -f $KUBE_EVENT/kube-event/01-config.yaml
namespace/monitoring created
serviceaccount/event-exporter created
[root@master1 ~]# kubectl apply -f $KUBE_EVENT/kube-event/02-deployment.yaml
deployment.apps/event-exporter created
```

完成部署后，查看 Pod 的运行状态。

```
[root@master1 ~]# kubectl get pods -n monitoring
NAME                             READY   STATUS    RESTARTS   AGE
event-exporter-d88d4f8f4-j9rzp   1/1     Running   0          51m
```

event exporter 的配置文件中可以配置事件的解析规则和输出策略。在默认配置下，event exporter 将 event 输出到 stdout 中，这时 Loki 可以自动以日志的形式收集这些事件输出。

```
[root@master1 ~]# kubectl get configmap event-exporter-cfg -n monitoring -o yaml
apiVersion: v1
data:
  config.yaml: |
    logLevel: error
    logFormat: json
    route:
      routes:
        - match:
            - receiver: "dump"
    receivers:
      - name: "dump"
        stdout: {}
kind: ConfigMap
```

这时就可以通过 Loki 的前端日志界面 Grafana 查看收集到的历史事件了，如图 5-8 所示。

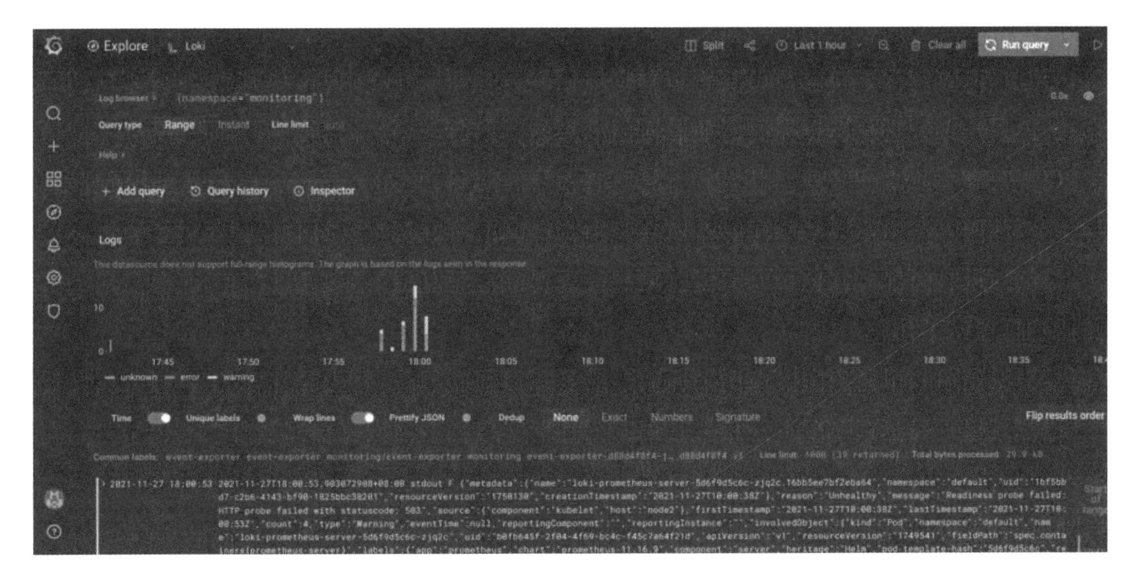

• 图 5-8　通过 Loki 收集并查看事件

第6章 应用流程安全

在云原生环境下，通过基础设施的即时取用、软件运行平台的标准化以及软件架构的标准化，解决了应用基础设备布置和应用架构设计的难题。在云原生平台下，业务应用利用基础设施资源的弹性扩容和应用服务能力的弹性扩容技术，获得了持续的动态横向扩展能力。此外，云原生平台还支持应用服务的故障检测和故障自愈，让业务应用能够健康持久地对外提供服务。云原生应用充分综合利用上面这些技术手段，大幅加快了新应用的上线速度，提升了 IT 数字化转型的效率。

解决了应用基础设施和应用开发架构的问题后，云原生应用在开发流程方面基于 DevOps 理念，利用持续交付的自动化流程工具链，让应用的开发从代码到集成到上线运行都自动化，大大缩短了新特性的交付周期。在普遍的多行业实践中，利用持续交付可以实现新特性在数天内上线运行。同时，在新特性的上线过程中，利用自动化的持续集成和持续测试，还确保了应用的交付质量。由此实现了从开发、测试到运行，再从运行到运维的应用全流程打通。

DevOps 为软件的迅速开发和上线，在流程和工具链上创造了条件，促进了 IT 数字化转型的提速。如同交通工具，速度的提升往往会带来了危险系数的增大，在速度很快的软件开发和上线过程里，“不经意”间引入的安全风险和漏洞往往被忽略，数字化转型的速度会以系统安全风险为代价。

在 DevOps 流程中，嵌入安全保障过程，让软件应用系统的安全加固嵌入到流程中并通过工具链固化下来，是 DevSecOps 的目标和理念。本章将重点讲述云原生应用在开发流程中的安全保障机制。

6.1 DevOps 流程

DevOps 是在敏捷开发流程的基础上演进而来的，是 Development（开发）和 Operations（运维）的组合，重视软件开发人员和运维人员的沟通合作，通过自动化流程来使得软件构建、测试、发布更加迅速和可靠。

软件构建、测试和发布速度的提升意味着新业务上线速度的提升，新业务上线速度的提升又意味着政企服务能力和竞争力的提升，竞争力的提升是当下云原生及数字化转型的核心价值体现，所以有时候 DevOps 过程也叫作价值流转过程。

践行 DevOps 需要在有形和无形两个方面做工作。

在有形方面，主要是指平台和工具。一个运行良好的 DevOps 流程依赖于一个云化的、即取即用的资源平台，通过这个平台让价值流转过程不再受资源获取速度的限制。通过所谓的“基础设施即代码”（Infrastructure as Code，IaC）的理念，编写配置文件和脚本，让软件应用系统能够随时获取其运行所需要的基础设施。在软件应用系统看来，基础的中间件和数据库服务也是基础设施，这类中间件和数据库也是通过配置脚本来随时取用的。另外 DevOps 依赖稳定、可靠、可扩展的工具集，包括流水线配置和执行工具、自动编译构建以及镜像打包工作、自动化测试工具以及自动化代码质量检查等工具。DevOps 工具的易用性和功能满足度对价值流转的效率和成果的影响很大。

在无形方面，主要是指组织部门间的协调配合以及流程规范建设。向 DevOps 流程的转型过程绝不是简单的指令式推进，这个过程涉及习惯和思路的转变，很难一蹴而就。DevOps 会对开发团队提出新工具链的熟悉、新流程的适应等要求，需要从一开始就制定好流程规范。最开始的流程规范可以是粗粒度的，在团队适应流程的过程中，对流程规范的细节做增补优化，从而实现流程优化。DevOps 的全流程自动化流水线会串联开发团队、测试团队和运维团队的工作，组织内的跨部门团队合作要比以往更密切，这样才能确保 DevOps 流程的顺畅执行。而且，虽然这些团队的整体目标是一致的，即以促进组织价值流转效率为目标，但是在执行过程中，各团队的细节目标又是不一致的：开发团队强调更快地完成新产品和新特性的开发任务；测试团队强调质量和可靠性；而运维团队强调尽量少变更以减少对业务的影响。所以在部门组织协调上，DevOps 建设也需要做很多的工作。

DevOps 在流程上分为两个部分，分别是持续集成（Continuous Integration，CI）和持续交付（Continuous Delivery，CD），下面简单介绍一下持续集成和持续交付（CI/CD）。

1. 持续集成

持续集成指的是：代码集成到主干之前，必须全部通过自动化测试，只要有一个测试用例失败，就不能集成。持续集成要实现的目标是：在保持高质量的基础上，让产品可以快速迭代。

在软件开发阶段，当一个产品需求特性被纳入开发迭代计划后，开发团队为需求特性拉出多个开发分支，软件代码的修改都在特性分支上进行。正式发布的版本需要在版本分支上打出，版本分支接受来自特性分支的合并，合并之后，版本分支就包括了新的特性。影响版本开发效率的问题就容易发生在合并过程中，当合并的代码质量有问题，质量问题就会被带入版本分支。

在持续集成中，团队成员频繁集成他们的工作成果，一般每人每天至少集成一次，也可以多次。每次集成会经过自动构建（包括静态扫描、安全扫描、自动测试等过程）的检验，以尽快发现集成错误。实践中发现这种方法可以显著减少集成引起的问题，并可以加快团队合作软件开发的速度。

2. 持续交付

持续交付是持续集成的下一步。它指的是开发人员频繁地将软件的新版本交付给质量团队或者最终用户，由质量团队或用户使用。持续交付强调的是：不管软件怎么更新，软件是随时随地可以交付的。

持续交付阶段涉及软件包的跨团队流转，是从开发团队转交给质量保障团队或直接转交给生产实施团队，由生产实施团队完成新版本软件的上线升级。有时候持续交付会与持续部署（Continuous Deployment）相混淆，持续部署与持续交付不同，它只强调将软件包部署在生产环境这一步，是软件价值链向业务使用方转移的最后一步。持续交付是把新版本软件包交付给其他团队，这个团队也可能是负责软件包安装运维的 IT 团队。IT 团队拿到软件包之后，自然也就是实施软件包的部署了。

DevOps 流程在不同的行业及不同的组织单位中有些许差别，大家不必拘泥于思考什么流程是最佳的流程，而只需要理解 DevOps 思想的精髓即可。DevOps 思想的精髓就是：利用 DevOps 的工具链，践行自动化和跨团队的密切协作，加速软件新特性的上线速度。相比传统 DevOps，云原生 DevOps 再加上一条：充分利用云原生在平台层和应用架构上的优势，让应用的开发效率更快、运行更稳定。

3. 云原生 CI/CD 全流程

下面通过图 6-1 来看一下在云原生环境下，完整的 DevOps 流程图。

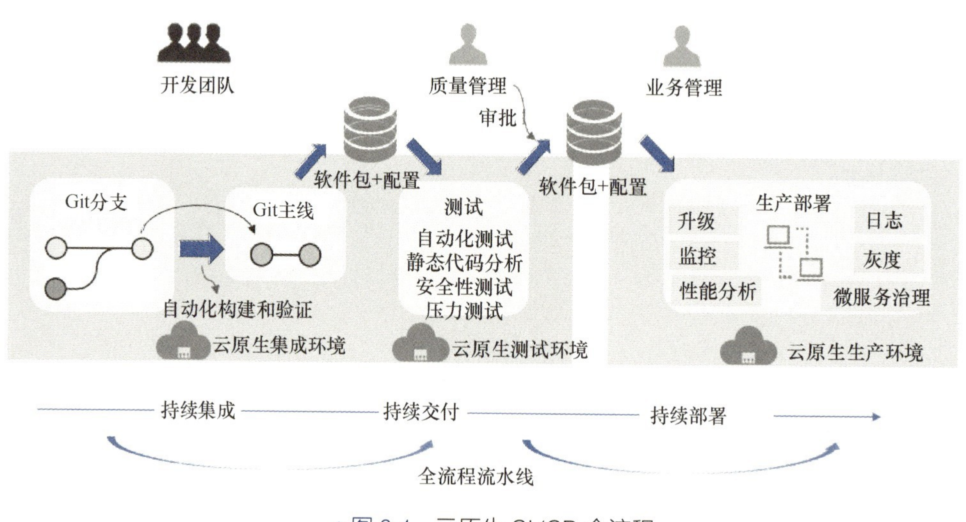

• 图 6-1　云原生 CI/CD 全流程

在图 6-1 中，软件生产过程包括持续集成、持续交付和持续部署三个部分，软件制品在云原生集成环境、云原生测试环境和云原生生产环境中流转。流转序列涉及开发团队、质量管理团队以及业务管理（IT 运维）团队的协调工作。

在持续集成过程中，通过自动化的构建和单元测试验证，将分支代码合并到主线。基于主线生成软件包以及软件包配置，转到测试环节。在测试环节中，经过一系列自动化的质量保证手段（包括自动化测试、静态代码分析、代码安全性测试和压力测试等），产生满足生产质量许可的应用发布包。之后可嵌入人工质量审批过程，满足上线前的生产流程审批，最后到达生产环境。在生产环境中，通过自动化的部署以及利用云原生微服务发布策略，进入生产运维和运营环节。

整个 DevOps 流程并不是一步到位走到终点，而是一个循序迭代的过程。在一个版本开发完成并上线运行后，随着客户使用的增多，来自客户的需求以及业务本身发展的需求会增多，这些需求又催生了新的特性和版本迭代要求，这样又进入了下一个流水线迭代周期。

6.2 DevSecOps：开发、安全、运维一体化

DevSecOps 是云原生应用开发自动化流程向应用安全领域的自然拓展，它将持续安全流程并入传统 CI/CD 过程中，形成持续集成、持续安全、持续交付的全流程。

6.2.1 从 DevOps 到 DevSecOps

所有的政企业务应用，本质上关注的焦点始终是客户。客户的满意度是关键衡量指标，每个人都将自己的工作目标与客户价值体现关联起来，形成整体的价值输出。所以说在 DevOps自动化流水线运行过程中，每个人都专注于客户。在流水线上的不同角色（包括产品经理、开发和测试人员、运维人员等）关注的内容分别如下。

- 产品经理衡量客户的满意度和留存率。
- 开发人员衡量特性的交付时间和交付数量。
- 业务运维人员关注业务的稳定运行时间和故障率。

而安全团队有不同的思考方式。大部分安全团队专注于以安全为中心的目标，他们的关注点与开发和运维团队有本质差别，他们关注：

- 新应用是否符合安全标准。
- 发生的安全事件的数量。
- 生产系统上未修补漏洞的数量。

产品和开发团队将重点放在客户身上时，安全团队则将重点放在业务的运行环境上，所

以在整个组织中，实际上一部分专注于如何提高企业未来价值，而另一部分则是思考如何保护好现有价值。这两部分团队对业务的可持续稳定运行的作用都是非常关键的，而且二者都不可缺少，但是团队间目标的差异化会影响沟通的顺畅性以及整体效率。

DevOps 理念的两个重要特征，一个是自动化，另一个是团队间协作。自动化流程中如果出现了卡壳，比如第三方包的软件漏洞引起的版本升级需求，再比如开发代码中引入的注入漏洞，这些卡壳点会导致自动化流程无法顺畅地执行。另外，由于团队间的目标不匹配，不能充分发挥团队间的合力，最终影响的也是业务的创新速度。而云原生的关注点之一就是增快业务进化速度。在软件开发流程上，产品和开发团队与安全团队之间的步调不一致，势必影响业务进化速度。

解决这个问题的办法就是，将安全保障流程嵌入 DevOps 流程中，形成开发、安全、运维一体化的自动化流程及协作文化，这个流程称为 DevSecOps。在 DevSecOps 流程中，安全工程师通过将安全检测流程和安全工具植入自动化流水线中，在软件的集成和测试环节中，自动进行一系列安全策略，从而保证在新软件系统上线的时候，大部分安全问题都已经得到了过滤和解决。这样，安全工程师就从以往的被动接受以及忙于补漏的工作中解脱出来，把工作重点放在应急响应和高级威胁的发现和处理上。

6.2.2 云原生自动化流水线的使用

流水线是 DevOps 流程中最重要的工具组件，是 DevOps 云服务体系中最为重要的一个云服务。它将 DevOps 中的各个环节串联起来，这个环节可能是自动化容器应用包的构建，也可能是将容器镜像部署在测试环境中这个动作，或者是对部署好的应用服务运行自动化测试的过程，流水线管理和执行工具负责自动化的运行流水线，并统计和收集每个步骤的运行过程数据。主流的开源流水线工具是 Jenkins。Jenkins 是一个独立的开源自动化流水线执行器，可用于自动化执行各种任务，如构建、测试和部署软件。Jenkins 支持云原生平台集群安装运行以及单机 JVM 环境下运行。除了 Jenkins 外，GitLab 也内置了 CI/CD Pipeline 支持。

DevOps 自动化流水线是云原生开发流程的骨架，其他的工具组件，包括自动化编译构建、自动化测试、自动化应用部署，都是挂在骨架上的流程环节。下面对 DevOps 工具链上关键的组件以及这些组件对应的主流开源实现进行汇总介绍。

1）项目管理工具，把项目成员、项目任务、项目文档、项目讨论纪要及其他各种形式的资源组织在一起，以页面可视化的方式，在管理工具上推动项目的进度。敏捷化的项目管理工具可以在界面上配置敏捷看板，针对开发项目配置项目迭代周期，根据项目成员的进度反馈，查看项目的迭代进展。Redmine 是主流的开源项目管理工具。

2）代码托管和版本管理工具，最为主流的代码托管及版本管理工具是 SVN 和 Git，

SVN采用集中式的版本控制方式，版本库集中放在中央服务器；Git是分布式的版本控制系统，它没有中央服务器的概念，提供了比SVN更为强大的分支管理功能。

3）编译和构建工具，针对不同的开发语言有不同的编译构建工具。对于Java语言，主流的编译构建工具是Maven和Gradle，它们能够自动完成第三方依赖包的检测，并自动从资源仓库中下载。

4）测试管理，主流的开源自动化测试工具有Postman和Jmeter。Postman主要的应用场景是接口测试，它可以在界面上配置HTTP命令下发的参数和断言，并自动对返回结果进行比对校验。Postman可以把配置的接口命令完整地导出为JSON文件格式，方便对测试用例进行转发。Jmeter是最为主流的性能测试平台，它可以模拟大并发量的请求，针对并发请求运行的数据进行统计。在云原生自动化测试中，对接口的测试和对性能的测试都是必需的。

5）应用管理，在DevOps流水线执行过程中，应用管理主要用在应用部署和应用升级环节。通过应用管理来对运行的虚拟机或容器平台中的应用服务进行更新和部署，还可以配置应用的运行参数和环境变量。在云原生平台中，应用管理功能演变为基于kube-apiserver提供的Kubernetes资源管理接口，在流水线上通过调用kube-apiserver的接口完成应用的部署和升级。

接下来通过一个流水线的配置示例讲解DevOps流程。在这个基础上，6.2.3节将流水线的执行扩展到安全保障环节，将安全保障也嵌入到自动化流程中。

主流的公有云服务厂商都提供了基于DevOps理念的全开发交付流程工具体系支撑。华为云的DevCloud平台支持基于Git的在线代码托管服务，支持代码管理、分支管理、CodeReview等功能。DevCloud的软件开发平台推出云端开发环境CloudIDE，集成代码托管服务，支持全容器化开发环境的快速按需获取，支持包括Java、C/C++、Python、Node.js等语言在内的在线调试和运行。软件开发平台覆盖软件交付的全生命周期，从需求下发，到代码提交与编译、验证、部署与运维，打通软件交付的完整路径，提供可视化、可定制的自动交付流水线，将代码检查、编译构建、测试、部署等多种类型的任务纳入流水线，并纳入子流水线，实现任务的自动化并行或串行执行，实现云端可持续交付。

阿里云的云效是功能全面的DevOps平台，支持公共云、专有云和混合云多种部署形态。云效有项目协作、测试管理、代码管理、流水线、制品仓库以及企业知识库等多个服务。云效流水线提供简单、可视化的操作界面，比Jenkins更容易上手。此外，云效持续交付流水线Flow还内置了丰富的模板。基于场景化的模板进行流水线的配置可以大幅缩短流水线的配置时间，简化配置的工作量。

在主流公有云平台的流水线服务里，创建并运行一条流水线的过程大致是一样的，分成以下这几个步骤。

1）创建账号，创建VPC和容器集群，启用DevOps流水线服务。

2）配置流水线服务与第三方代码库的集成（比如可以集成 GitHub）。

3）根据流水线模板创建流水线，在流水线上配置执行阶段，执行阶段可以扩展和自定义，比如常见的执行阶段有构建、检查、集成测试和发布等。

4）在每个执行阶段配置运行任务（运行任务是执行阶段的单个步骤），在运行任务中可以详细配置每个任务的运行参数以及执行策略（并行或串行）。

图 6-2 展示的是一条配置好的流水线。

● 图 6-2　流水线配置示例

在图 6-2 中的流水线上有 4 个执行阶段，分别是代码检出（Source）、构建和检查、集成测试和上线发布（Release）。在构建和检查阶段有两个任务，分别是编译和代码检查。

流水线只是 DevOps 流程执行的基础框架，在流水线上可以扩展和增加阶段（Stage），在 Stage 中可以扩展和增加任务。下面通过几个步骤完成运行阶段的配置以及为运行阶段增加任务。首先增加一个阶段，在这个阶段中进行代码安全扫描和镜像扫描，如图 6-3 所示。

为代码安全扫描阶段配置镜像扫描任务，如图 6-4 所示。

在上面的步骤中，镜像扫描任务是一个外置扩展任务。外置扩展任务用于对接云服务外部的能力，在这个例子中，利用外置的镜像扫描工具，由 Jenkins 任务对接这个镜像扫描工具，将 Jenkins 任务集成到流水线的安全扫描阶段中。

6.2.3　自动化的安全流程

6.2.2 节从整体上讲解了自动化流水线的创建过程。通过流水线的扩展机制，扩展流水线的执行阶段，在执行阶段，扩展每个阶段的执行任务，可以创建功能丰富和完整的自动化

● 图 6-3　为流水线增加代码安全扫描阶段

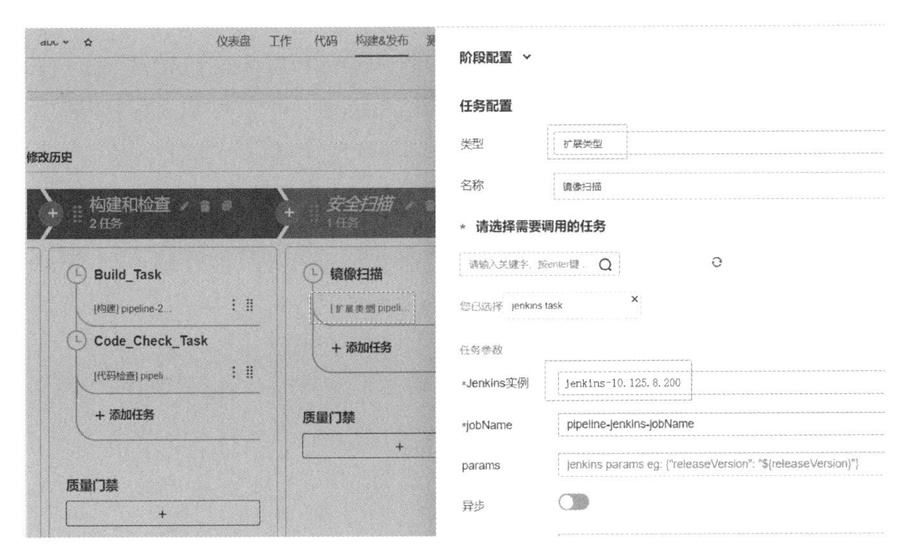

● 图 6-4　在代码安全扫描阶段配置扩展类型服务，对接镜像扫描

执行过程。

传统 DevOps 流水线在编译构建、自动化测试、自动化代码扫描以及自动化部署升级等流程中已经有较为完善的功能支持，无论是基于成熟的云服务还是基于开源云原生 DevOps 的技术组件，都可以搭建功能较为完整的 DevOps 流水线。通过 DevOps 支持各种编程语言的构建、容器镜像的生成，以及对应用软件包进行功能测试，直至自动化的部署运行在云原生平台上。

在云原生平台上，DevOps 在开发运维流程上的加速度让应用安全扫描和安全管控的速度成了阻碍应用上线效率的瓶颈。开发上线流程越快引起的安全风险越多，在自动化的开发、上线和运维流程中，极易引入不安全的第三方包或者在云原生平台中引入有风险的配置方式，给云原生业务应用的安全保障带来很大的挑战。

自动化的安全保障流程需要嵌入到持续集成、持续交付以及持续部署三个阶段中，在每个阶段都执行对应的安全保障策略。在持续集成阶段进行代码安全检查，在持续交付阶段进行安全测试，在部署阶段和后期的应用运营阶段进行安全管理，如图 6-5 所示。

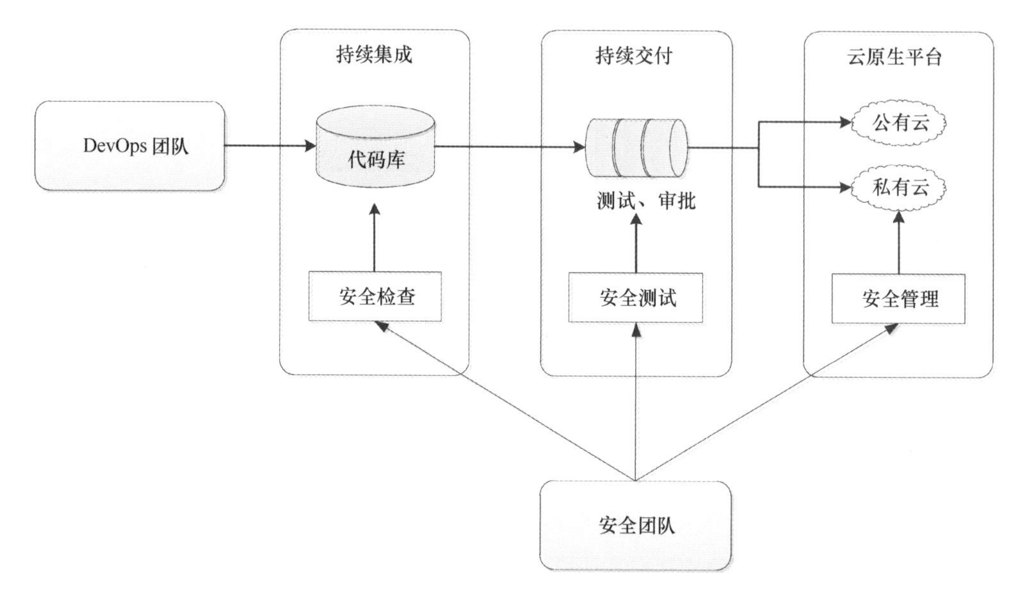

● 图 6-5　DevSecOps 自动化安全流程

在整体的 DevSecOps 自动化安全流程中，有两个团队配合工作，分别是 DevOps 团队和安全团队。在持续集成环节中，安全团队将对代码的安全扫描、第三方依赖库的安全扫描嵌入到流水线中。在这个阶段，安全团队还附带把针对特定场景设置的安全规范执行情况的检查嵌入进去。这样在很大程度上确保了合并到主线中的代码和配置文件是安全可靠的。

在后续的持续交付环节中，除了常规 DevOps 流程中的功能测试外，安全团队对应用发布包（在云原生环境下，主要是容器镜像）进行漏洞扫描，同时对测试环境中的业务应用进行自动化的渗透测试。与自动化功能和接口测试相比，渗透测试和漏洞扫描的耗时较长，往往会占用几个到几十个小时。通常不会对每一个小的发布版本或小特性的集成都进行安全测试，而是选择对较大的发布版本或者每个固定周期（如两周）对应用系统进行安全测试。

在持续部署环节，经过测试和审批发布的应用包正式上线到生产环境，安全团队正式对生产环境的运行情况进行安全分析和安全管理。在安全管理方面，采用自动化的日志采集、日志分析手段，通过机器学习对云原生环境下的应用运行情况进行持续的跟踪，自动地预知安全问题，采用应急响应手段将安全问题进行隔离或解除。事后对安全问题进行回溯跟踪，分析问题发生的源头，对在 DevSecOps 过程中漏掉的安全检查或安全测试，在流水线步骤中有针对性地进行补充。

DevSecOps 过程在不同的应用场景下，其整体框架大致是雷同的。但是针对不同业务系统，DevSecOps 流程有不同的任务配置差别，一个较为完整的 DevSecOps 配置过程如图 6-6 所示，在图中深色的色块是 DevSecOps 流程中扩充的安全检测相关的服务。

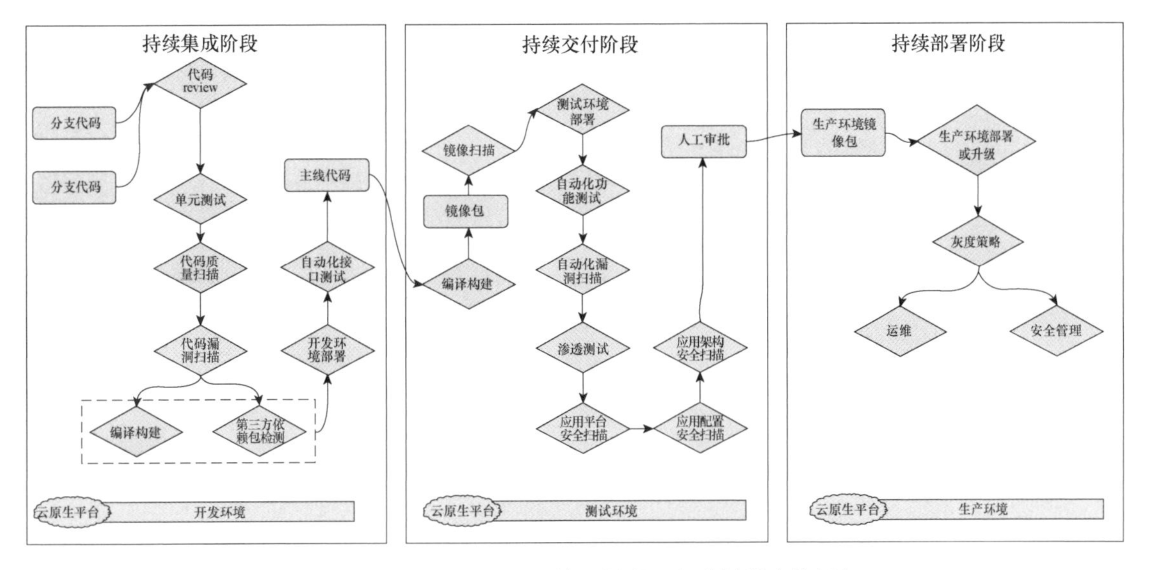

• 图 6-6　DevSecOps 流程阶段和每个阶段中的任务

图 6-6 中整体分成三个阶段，分别是持续集成阶段、持续交付阶段和持续部署阶段。在持续集成阶段，主要的目标是对代码级漏洞和依赖包的漏洞进行扫描检测。

进入持续交付阶段后，云原生平台的主要交付物是 helm chart 包和容器镜像。首先对容器进行安全扫描，检查容器镜像中的安全漏洞。然后将应用包部署在测试环境中，测试环境与生产环境只有规模上的差别，其他在底层操作系统和平台配置上要保持一致（在互联网应用场景下，可以用预发布环境作为测试环境）。在测试环境中，对部署好的应用执行自动化漏洞扫描和渗透测试。此外，DevSecOps 流程中也需要对发布的应用包的配置和应用包的架构进行安全扫描。

持续部署后就进入生产运维环节了。在生产运维环节，通常使用灰度发布策略，让新老版本同时在线上运行，避免因为应用升级导致的生产事故（应用变更是导致生产事故的最大原因，大约 80%的生产事故是由应用变更引起的）。这个阶段，安全团队对运行的业务系统及整个平台进行持续的安全监控和安全管理。

6.2.4　测试驱动安全

测试驱动安全（Test Driven Security，TDS）是 DevSecOps 流程的高阶版本，它主要强调依赖测试来引导和推进整个安全保障和加固方案，类似于敏捷开发流程中的 TDD（Test

Driven Development，测试驱动开发）。

TDD 是敏捷开发中的一项核心实践和技术，也是一种设计方法论。TDD 的原理是在开发功能代码之前，先编写单元测试用例代码，测试用例代码确定需要编写什么产品代码。TDD 的重要目的不仅仅是测试软件，测试工作保证代码质量仅仅是其中一部分，更重要的是在开发过程中帮助客户和程序员去除模棱两可的需求。TDD 首先考虑使用需求（如对象、功能、过程、接口等），主要是编写测试用例框架对功能的过程和接口进行设计，而测试框架可以持续进行验证。

TDS 测试驱动安全模式下，首先对云原生软件系统在平台层和应用层建立基础的安全规范，并对规范的执行情况和安全结果进行测试评估，包括在线上运行时，将发现的安全漏洞和出现过的安全事故都纳入安全测试范围。通过持续的安全测试增强，驱动软件系统通过迭代循环的方式逐步进行安全性增强。TDS 的核心，一是强调对安全性进行自动化测试，二是强调持续地扩充安全测试能力。

图 6-7 所示为 TDS 执行情况的简图。

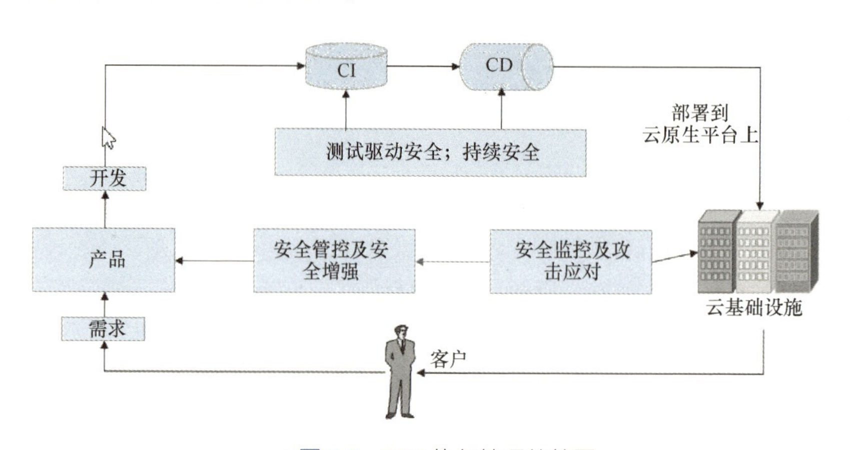

• 图 6-7　TDS 执行情况的简图

从图 6-7 可以看出，将持续安全保障机制嵌入到 CI/CD 流程环节中，对运行在云原生平台里的业务系统进行持续的安全监控和攻击应对，将积累的经验和安全保障措施再反馈到产品中。新开发的产品版本集成了新的安全经验和保障措施，在下一个版本迭代中，不仅新的客户需求得到了实现和交付，新的安全加固也并入了版本，从而实现了持续的安全增强。

6.3　基于 GitLab 搭建一个自己的 DevSecOps 流水线

GitLab 是一个用于仓库管理系统的开源项目，使用 Git 作为代码管理工具，并在此基础上搭建 Web 服务，可通过 Web 界面访问公开的或者私人的项目。它拥有与 GitHub 类似的功能，能够浏览源代码，管理缺陷和注释，也可以自定义流水线（pipeline），在流水线中配置 CI/CD 以及集成软件质量测试和安全测试工具。

6.3.1 搭建 GitLab 并为工程创建流水线

GitLab 的搭建比较简单，在这里为了简化搭建过程，采用直接运行在主机上的搭建方式。在搭建的集群里，选择一个节点，使用命令行登录后，执行 GitLab 的安装脚本。

```
#在 node2 上执行 gitlab 的安装脚本,安装过程中根据提示输入参数
[root@node2 ~]# curl -sSL https://gitee.com/wellxf/cns/raw/master/platform/install_gitlab.
sh | sh -s
```

安装完成后，在浏览器上登录 GitLab，用户名是 root，初始密码保存在/etc/gitlab/initial_root_password 文件中。在后台通过查看这个文件获取访问 GitLab 的 root 账号密码，然后从界面上登录 GitLab，如图 6-8 所示。

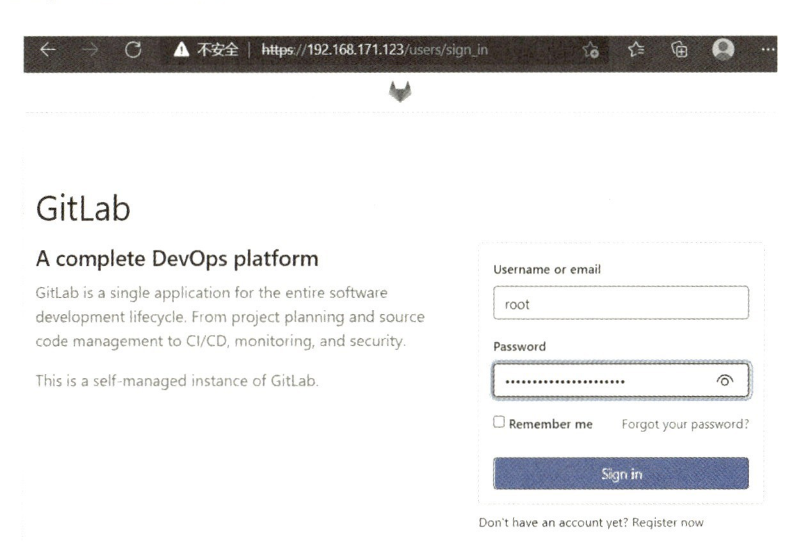

• 图 6-8　安装并登录 GitLab 服务

在创建 GitLab 流水线之前，先要创建一个 GitLab 工程，这里从示例工程中导入即可，如图 6-9 所示。

导入完成后，下一步为这个工程创建 pipeline。首先进入刚刚导入的工程中，单击“CI/CD”下拉菜单中的“Editor”选项进入“Editor”页面，根据 pipeline 模板创建一条流水线。在默认模板中，新建的流水线有构建（Build）、测试（Test）、交付（Deploy）三个阶段，图 6-10 中显示了这三个阶段。

要让这个 pipeline 真正地运行起来，需要在服务器上创建一个 GitLab runner，并把 GitLab runner 注册到 GitLab server 上，这样 GiTlab Server 的 pipeline 就可以使用 runner 来执

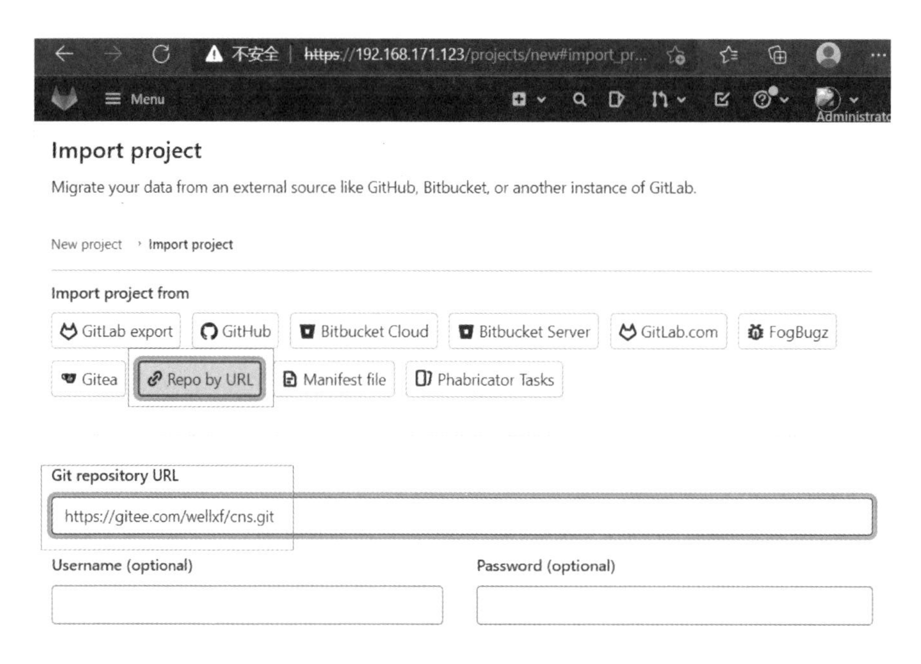

• 图 6-9　将外部工程导入到 GitLab 中

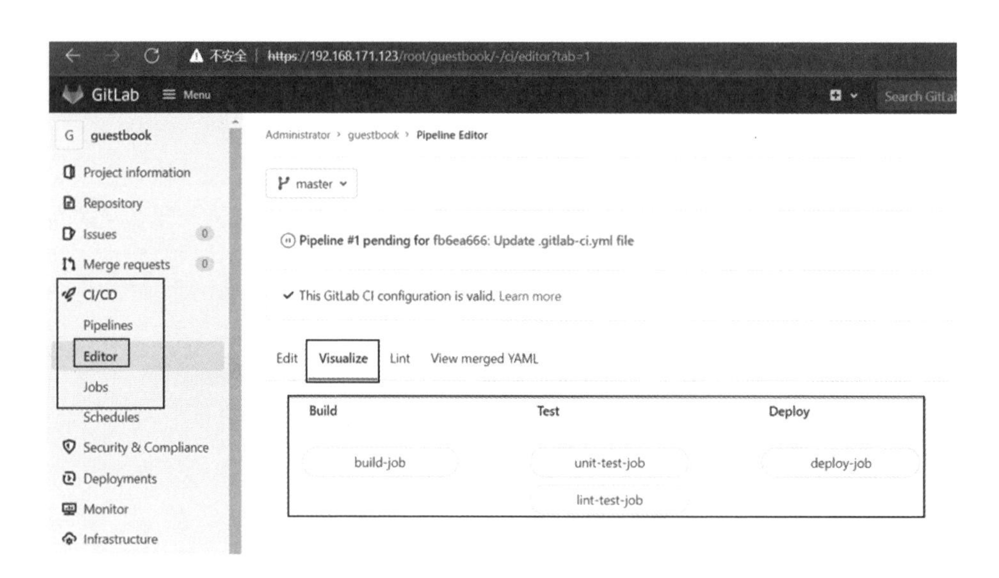

• 图 6-10　为项目创建流水线

行任务了。

在 node1 上执行：

```
#在 node1 上执行 GitLab 的安装脚本,安装过程中根据提示输入参数
[root@node1 ~]# curl -sSL
https://gitee.com/wellxf/cns/raw/master/platform/install_gitlab_runner.sh | sh -s
```

完成 GitLab runner 的注册之后，就可以执行刚刚配置好的流水线了。在 GitLab Server 的

界面上可以看到流水线的执行情况，如图 6-11 所示。

● 图 6-11　通过 GitLab runner 执行流水线

6. 3. 2　GitLab 与应用安全测试工具集成

动态应用程序安全测试（DAST）检查应用程序在部署环境中是否存在安全漏洞。这里使用开源 DAST 工具 OWASP Zed Attack Proxy 对部署运行的应用进行安全分析。通过 GitLab 流水线自动触发，并生成 DAST 报告。在 DAST 创建其报告后，GitLab 会对其进行评估，以确定目标分支之间已发现的漏洞。

首先在节点中安装 Zed Attack Proxy（ZAP）软件，选择一个工作节点，将 ZAP 安装在集群的这个节点中。在生产环境下，ZAP 应安装在专门的服务器中，以获得更好的漏洞检测性能。

```
[root@node1 ~] wget https://github.com/zaproxy/zaproxy/releases/download/v2.11.1/ZAP_2_11_1_unix.sh
#ZAP 依赖于 Java 运行时
[root@node1 ~] yum install java-1.8.0-openjdk.x86_64
#在这一步安装过程中，根据提示输入 ZAP 的配置参数
[root@node1 ~] sh ZAP_2_11_1_unix.sh
```

在上一步完成 ZAP 安装的基础上，接下来安装 ZAP 命令行工具。

```
#创建/zap 的目录链接，zap-cli 默认从/zap 路径下寻找 zap.sh 工作脚本
[root@node1 ~] ln -s /opt/zaproxy/ /zap
[root@node1 ~] dnf install python3
[root@node1 ~] pip3 install --upgrade zapcli
...
Successfully installed certifi-2021.10.8 chardet-3.0.4 click-4.0 idna-2.7 python-owasp-zap-v2.4-0.0.14 requests-2.20.1 six-1.10.0 tabulate-0.7.5 termcolor-1.1.0 urllib3-1.24.3 zapcli-0.10.0
```

此时，就可以通过 zap-cli 来对应用进行安全扫描了。

```
#通过 kubectl 获取 service 的 ip 和端口
[root@node1 zaproxy]# zap-cli --verbose quick-scan -sc --start-options '-config api.disablekey=
true 'http://192.168.171.121:31874/
[INFO]          Starting ZAP daemon
[DEBUG]         Starting ZAP process with command: /zap/zap.sh -daemon -port 8090 -config api.
disablekey=true.
[DEBUG]         Logging to /zap/zap.log
[DEBUG]         ZAP started successfully.
[INFO]          Running a quick scan for http://192.168.171.121:31874/
[DEBUG]         Scanning target http://192.168.171.121:31874/...
[DEBUG]         Started scan with ID 0...
[DEBUG]         Scan progress % : 76
[DEBUG]         Scan #0 completed
[INFO]          Issues found: 0
[INFO]          Shutting down ZAP daemon
[DEBUG]         Shutting down ZAP.
[DEBUG]         ZAP shutdown successfully.
```

如果需要自动触发 DAST 扫描，就要将 ZAP 与 GitLab 进行集成，将 ZAP 扫描过程配置在 GitLab 流水线中。在 GitLab pipeline 中增加一个阶段，在这个阶段中运行 ZAP 安全扫描。这样在每次自动化构建生成应用镜像后，GitLab 流水线自动将应用部署在云原生环境中，并自动运行 DAST 安全测试，最后生成安全测试报告。这样的流程实现了自动化的代码集成、编译构建、应用部署和安全测试。

下一步在 GitLab 的流水线配置中增加 DAST 的配置，DAST 扫描部署运行起来的服务，所以 DAST 的执行阶段配置在 deploy 阶段之后。在 GitLab 的 pipeline 配置界面中，增加一个 stage，名为 zap_scan，如图 6-12 所示。

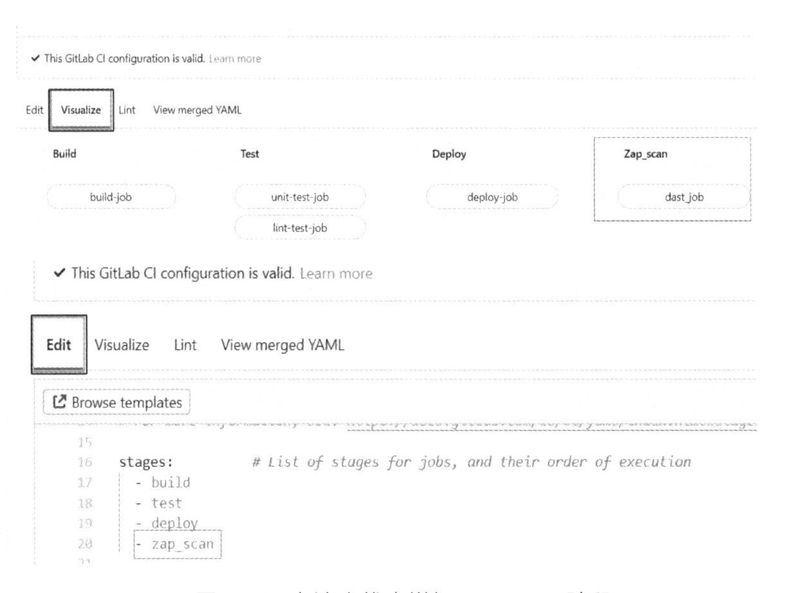

● 图 6-12　在流水线中增加 zap_scan 阶段

下面是 zap_scan stage 的配置，在配置中指定要扫描的应用服务地址，服务地址即是运行在 Kubernetes 中的服务。使用 ssh executor 来执行 quick_scan-zap 脚本，并将结果输出到 scan_result. txt 文件中，如图 6-13 所示。

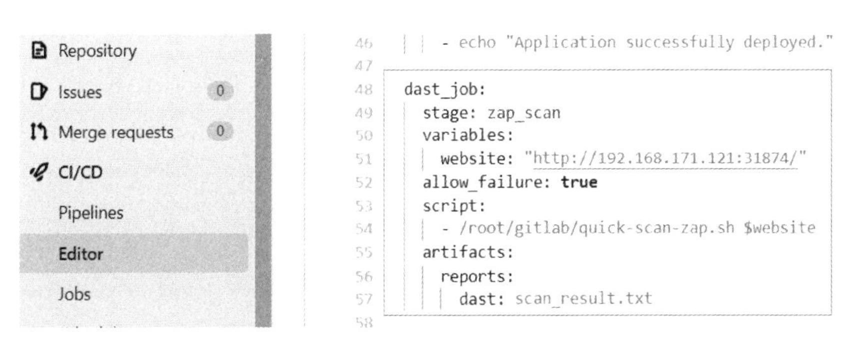

• 图 6-13　在 zap_scan 阶段配置执行的脚本

将 quick_scan-zap. sh 放在指定的路径下，脚本内容如下。

```
[root@node1 gitlab]# cat quick_scan-zap.sh
! /bin/bash
zap-cli --verbose quick-scan -sc --start-options '-config api.disablekey=true' $1  -l Informa-
tional |tee scan_result.txt; alerts=cat scan_result.txt |grep 'High|Critical' | (wc -l);
echo $alerts
Get Results
if [ $alerts -gt 0 ]; then
  echo "$alerts findings. Build failing"
  exit 1
else
  exit 0
  echo "success - no findings identified"
fi
[root@node1 gitlab]#
```

此时，在 GitLab 界面运行流水线，运行完成后，可以看到 ZAP 扫描的结果，如图 6-14 所示。

5 jobs for master in 1 minute and 15 seconds (queued for 3 seconds)

latest

0547dab1

No related merge requests found.

Pipeline　Needs　Jobs 5　Failed Jobs 1　Tests 0

Build	Test	Deploy	Zap_scan
build-job	lint-test-job	deploy-job	dast_job
	unit-test-job		

• 图 6-14　查看应用安全扫描结果

单击 Zap_scan 图标进入运行详细情况展示，查看详细扫描结果。

6.3.3 GitLab 与代码扫描工具集成

SonarQube 是主流的自动代码审查工具之一，可检测代码中的错误、漏洞和不优雅的地方。它支持包括 Java、Python、Golang、C 在内的几十种编程语言的代码质量管理与检测。同时 SonarQube 也可以与 CI/CD 流水线集成，在项目进行过程中连续地执行代码检查。

SonarQube 的安装也十分简单，下面通过一个示例看一下 SonarQube 的安装过程。

```
#SonarQube 依赖于 Java11,先安装 Java11
[root@node1 ~]# yum install java-11-openjdk.x86_64
#SonarQube 依赖于 ElasticSearch,切换为非 root 账号来启动
[root@node1 ~]# su - lixf
#先下载 SonarQube 的软件包,然后解压缩
[lixf@node1 ~] $ wget https://binaries.sonarsource.com/Distribution/sonarqube/sonarqube-9.2.2.50622.zip
[lixf@node1 ~] $ unzip sonarqube-9.2.1.49989.zip
[lixf@node1 ~] $ cd sonarqube-9.2.1.49989/bin/linux-x86-64/
[lixf@node1 linux-x86-64] $ ./sonar.sh start
Starting SonarQube...
Started SonarQube.
#SonarQube HTTP Web 服务的端口是 9000
[lixf@node1 linux-x86-64] $ netstat -anto |grep 9000
tcp6       0      0 :::9000                 :::*                    LISTEN      off (0.00/0/0)
```

安装完成并运行后，在浏览器中打开 SonarQube 界面，通过 admin/admin 默认用户名和密码来登录，如图 6-15 所示。

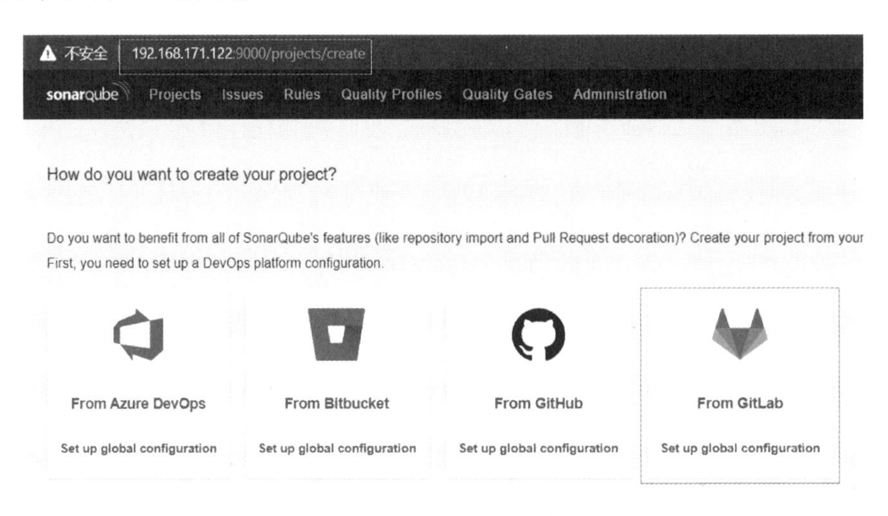

• 图 6-15　SonarQube 主界面

接下来需要将 SonarQube 与 GitLab 进行集成，这样就可以从 GitLab 流水线发起自动化代

码扫描任务，而且 SonarQube 可以通过 GitLab 进行 OAuth2 认证，并从 GitLab 上拉取代码进行安全扫描。首先为 SonarQube 扩展 GitLab 插件，命令如下。

```
[lixf@node1 ~] $ cd /home/lixf/sonarqube-9.2.1.49989/extensions/plugins
[lixf@node1 plugins] $ wget https://github.com/gabrie-allaigre/sonar-auth-gitlab-plugin/re-
leases/download/1.3.2/sonar-auth-gitlab-plugin-1.3.2.jar
[lixf@node1 linux-x86-64] $ ./sonar.sh stop;./sonar.sh start
Gracefully stopping SonarQube...
SonarQube was not running.
Starting SonarQube...
Started SonarQube.
```

下一步在 GitLab 上配置允许使用自己作为 OAuth provider 的应用，添加一个 SonarQube 应用，跳转的 URL 是 SonarQube 里 OAuth2 的回调地址，如图 6-16 所示。

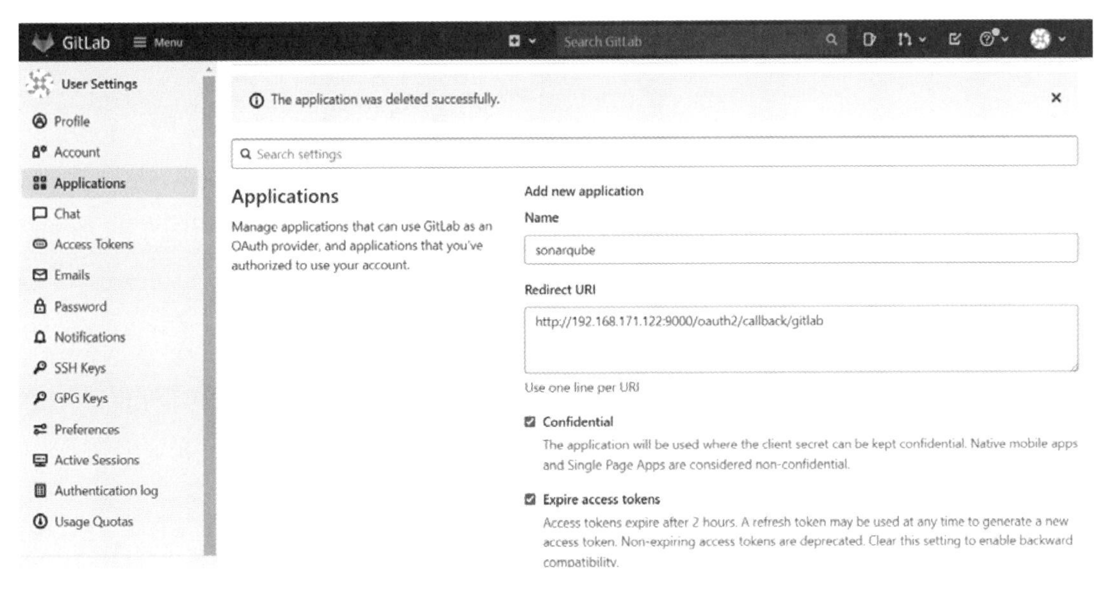

• 图 6-16 在 GitLab 上配置 SonarQube 的 OAuth 认证

完成配置后在 GitLab 就生成了针对 SonarQube 应用的 OAuth2 认证信息。认证信息中有 Secret 字段、Application Id 等数据，将这些数据保存下来，在下一步中将这些数据配置到 SonarQube 的 DevOps 平台集成配置中，如图 6-17 所示。

配置完成后，在 SonarQube 的登录界面中就会显示从 GitLab 中登录，输入 GitLab 的用户名和密码通过 OAuth2 配置自动地认证登录到 SonarQube。

接下来在 GitLab 上新配置一个流水线执行阶段，在这个阶段执行 SonarQube 代码检查。打开 PipeLine 的 Editor 配置，添加 “sonar_check” stage，如图 6-18 所示。

从添加好的流水线的可视化视图中可以看到执行的全局过程，添加了一个新的 sonar_check 阶段，在测试阶段执行完成后自动执行代码扫描，如图 6-19 所示。

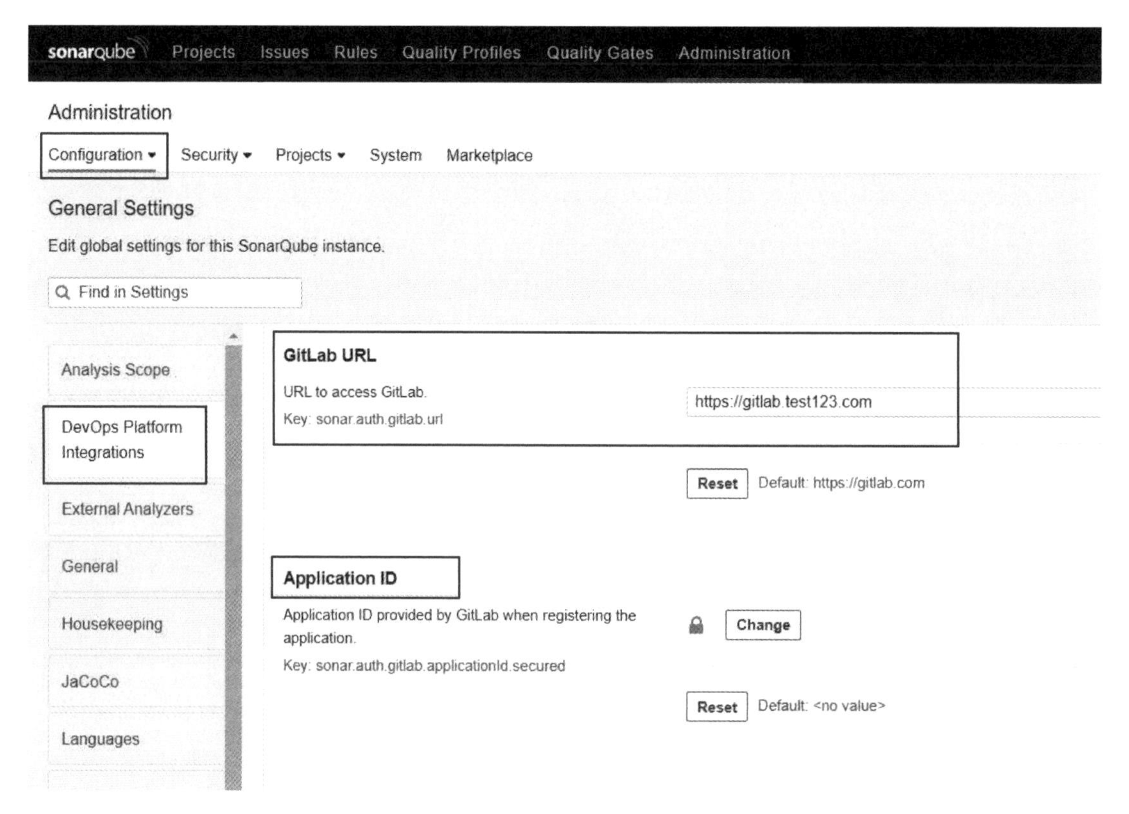

• 图 6-17　在 SonarQube 中配置与 GitLab Server 的 OAuth2 认证

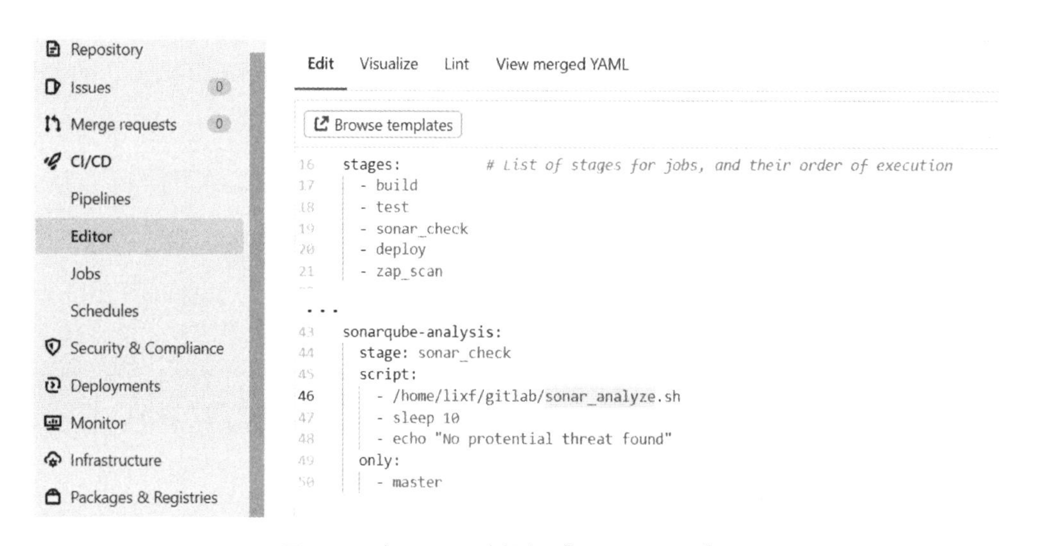

• 图 6-18　在 GitLab 中添加“sonar_check” stage

代码检查的耗时较长，特别是代码量大的工程。另外与自动化测试不同，不需要对每次代码的提交都进行一次代码安全扫描。这里可以把 Pipeline 流程分为两种，一种是除了 master 分支的，只进行自动化测试；另一种只针对 master 分支，进行 sonar_check。非 master

分支进行日常模拟自动化测试，master 分支上线前进行一次静态代码检测。

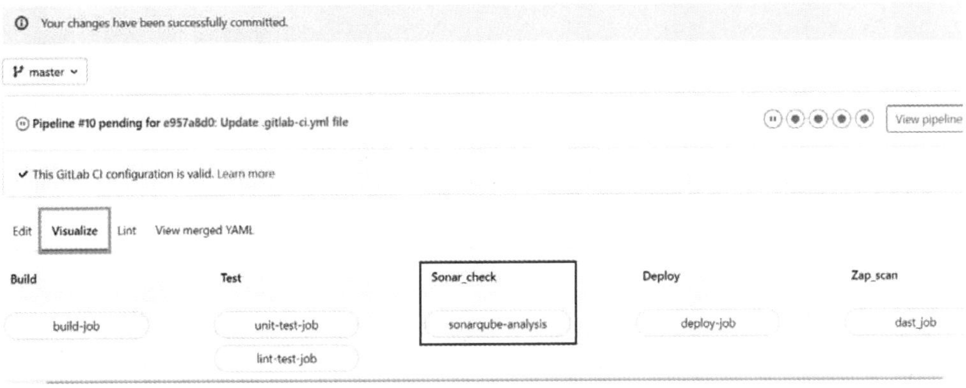

● 图 6-19 查看整个流水线执行过程， 新增 sonar_check

第 7 章　应用集成和生态安全

云原生应用往往并不是一个封闭的、自成体系的应用，在常见的场景下，某个应用需要利用外界的应用能力。这个应用能力有可能是一个基础服务，比如地图接口；也有可能是一个通用认证能力，比如基于 OpenID 的认证服务；或是存放在某个位置的特定数据。通过利用来自外界的能力，业务应用能够获取丰富的、稳定的业务功能，而不局限于所有事情都依靠应用自己来做。通过与应用生态集成，业务系统能够充分利用来自合作伙伴的、有相关性的业务能力，更便利地进行业务创新。此外，云原生化的业务应用本身就强调全云化、跨云迁移、业务互补互利。企业内部的应用和数据最好从一开始就考虑如何向生态开放，由外部的企业客户进行访问调用。这也是一种 SaaS 化的云原生应用形式，无非就是常规的 SaaS 是面向普通用户的，作为能力开放和数据开放的 SaaS 是面向生态合作伙伴的。

在图 7-1 中，甲企业利用公有云上的通用行业 SaaS 基础服务，乙企业是甲企业的下游企业，利用甲企业提供的业务服务，调用甲企业业务应用的接口构建自己的业务系统。

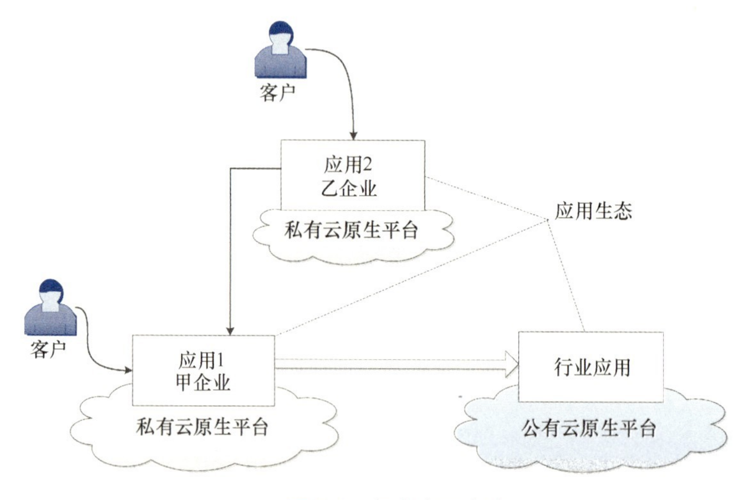

• 图 7-1　行业应用生态

图 7-1 是一个行业应用生态的简单示例。在一个大云环境中，包括私有云、多家公有云，在这个混合云的基础环境里，运行着众多的行业应用。行业内部的应用互相依赖共存，形成了具有行业特点的大应用生态。在这个应用生态中，某个企业的业务系统会调用其他企

业的接口，使用其他企业的数据；这个企业也会为别人提供数据和接口。在这个过程中，如何确保数据不被滥用，如何确保接口的安全，是一个重要的云原生应用生态安全课题。

7.1 利用云服务网关进行应用集成

应用生态的实现依赖于 API 的开放和调用。API 的全称是 Application Programming Interface，即应用编程接口，它是软件系统不同组成部分衔接的约定标准。

从技术角度而言，在对业务应用对外提供的 API 进行暴露的同时也需要进行有效的管理。因此，需要考虑下面四个因素。

- API 灵活的访问控制。
- API 的身份认证和授权。
- API 的服务监控。
- API 的访问统计和计费。

API 灵活的访问控制包括并发量控制、访问次数控制、访问时间控制等。通过这些控制策略，在控制各服务消费方访问方式的同时，也提供了对后端服务的安全性保障。API 的身份认证和授权确保了只有通过授权和认证的应用才可以访问 API。通过对 API 服务能力的监控和统计，记录并统计服务次数、错误比例、服务次数变化趋势信息，通过对这些信息的分析，对后端的服务能力进行扩缩容。在应用生态中，接口服务能力和数据的供应方是有其投入和成本的，对 API 访问的次数进行统计和计费在应用生态中是十分常见的使用场景。

7.1.1 基于云服务网关进行接口发布和订阅

云服务网关与 API 网关在架构上较为相似，在云原生应用架构章节中讲到过 API 网关，微服务应用通过 API 网关将其内部的服务接口发布出去，供集群外部的客户端或第三方应用访问。通过 API 网关暴露内部的服务接口，它的好处一方面是能够在网关处做一层接口的映射，避免直接暴露内部的接口地址和访问方式；另一方面是可以在网关上进行流量控制和安全控制。

云服务网关在底层接口转发、协议转换等能力上与 API 网关接近。与 API 网关相比，云服务网关的核心差异化功能是对接口发布和订阅的支持。

接口发布和订阅的过程如下。

1）应用能力提供方和应用能力使用方都可以访问云服务网关，应用能力提供方在云服务网关上将自己的能力发布出去。发布时，需提供接口的格式标准、接口的功能描述、接口的计费策略等信息。

2）应用能力使用方（订阅者）在云服务网关上查看可用的接口能力，并向发布方（提供方）申请订阅接口。申请订阅时，需建立自己的 App 信息，包括 App 名、描述以及访问速率和 QoS 保障等信息。

3）发布方为订阅者的 App 创建 AK/SK，并将密钥提供给订阅者。之后订阅者的应用使用 AK/SK 调用来自生态的接口能力。

4）接口提供方后续对接口的调用进行监控统计，并进行 AK/SK 定期更新，以防止接口被滥用或者出现密钥泄露等问题。

图 7-2 所示为利用云服务网关进行应用生态集成的过程。

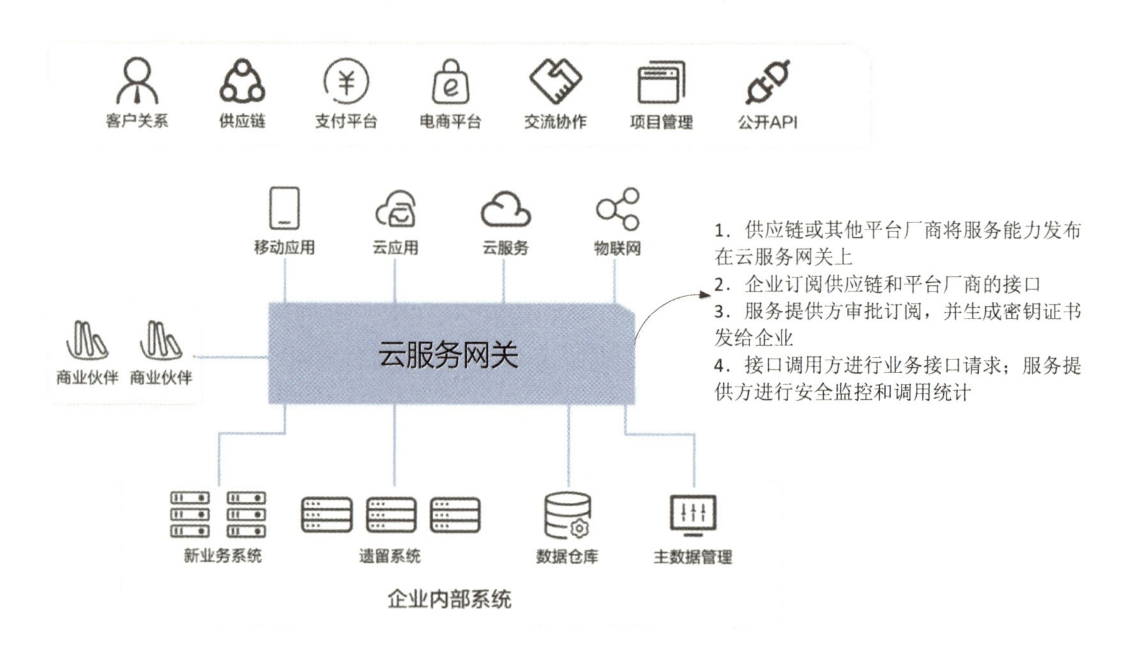

• 图 7-2　利用云服务网关进行应用生态集成的过程

利用云服务网关来实现应用接口的开放、订阅和计费也叫作 API 经济。API 经济是伴随着 IDC 定义的第三方平台（如云计算、移动、大数据、社交等）而产生的。API 经济的热潮在西方国家出现较早，早在 2012 年，国际互联网巨头（如 Salesforce、Google、Twitter 等公司）就通过 API 获取了巨大的经济效益。

API 经济离我们的日常生活很近。比如经常使用的百度翻译，通常情况下针对个人用户，百度翻译提供免费的单个词句或大段文档的翻译功能，这对大家来说是十分便利的。百度翻译同时也对外开放 API 能力，针对各种应用系统可以方便地对接其提供的智能化翻译 API。应用系统可以通过申请 API 接口访问密钥、开通服务、设定服务标准，在其应用中获得高质量、高稳定性的翻译服务，如图 7-3 所示。对于云厂商、企业客户而言，可以将自己的应用（如专业计算服务、凭证获取服务、分析服务等）以 API 的方式暴露出来供其他组织或公司使用，可以控制单独某个调用方的调用次数、访问时间和访问策略等，同时根据提供功能的多少、调用的次数、服务的质量收取一定的费用，从而实现 API 经济。

• 图 7-3 百度翻译的 API 服务

7.1.2 利用云服务网关实现接口格式转换

云服务网关针对内部的业务服务组件提供了诸如接口格式转换、接口协议转换、接口动态路由等高级功能。这些功能大大降低了后端服务 API 改造的成本，同时提供了 API 接口的版本向前兼容能力，简化了后端服务的实现方式。

API 接口格式转换是指将后端异构的接口协议转换成通用的 REST/HTTP 接口协议格式，特别是针对多年缺乏维护能力，却又稳定运行的服务系统。将这些服务系统过去使用的基于 WebService 和 Soap 协议的服务接口转换成 API 经济中标准的 REST 格式，在对老系统不进行代码改造重构的前提下，让老系统拥有了接入主流云化业务体系和 API 经济的能力。

通常底层后端服务接口格式改变是一件很难处理的事情，其难度在于要求接口调用方进行有针对性的代码调整和适配，而往往接口调用方可能是另外一个公司或组织的应用系统，其中协调和同步的工作量很大。考虑假如百度翻译对外提供的接口格式做出了不兼容的改动，那么成千上万的接口调用方则需要同步修改其调用接口，这是一个很痛苦的修改过程；即使接口调用方进行了改动并完成了适配，外界对其服务能力的信任也会大打折扣，所以这是不可取的。比较合理的方式是通过云服务网关的接口格式转换能力，在后端服务进行升级优化，而对外提供的接口格式不需要做出改变，接口转换动作在云服务网关中自动处理。

云服务网关动态路由功能，实现了根据 REST 消息体中的 query、header 和 body 信息内容进行动态的消息请求转发。这对业务的 QoS 保障提供了支撑，同时基于动态路由功能，可以方便地进行后端接口聚合，将后端的多个接口版本聚合成统一的对外接口视图。

7.2 接口授权和认证

为了保护 API 网关上暴露的接口避免恶意访问、未授权访问、应用漏洞、黑客攻击等导致的数据损失、资产损失，在云服务网关上有多种 ID 和密钥管理策略。

7.2.1 ID 和密钥管理

API 的身份认证和授权本质上是为了保障 API 的安全。API 网关服务内置了三种安全认证策略，分别是基础认证、密钥认证和 AK/SK 认证。

1. 基础认证

通过使用用户名和密码，将用户密码信息放在 header 中的 Authorization 字段中，API 网关会自动进行校验，示例如下。

假设对 API 进行 basic-auth，配置的用户和秘码为：username = csOfBasic，password = testkongpwd。将用户密码组合成 csOfBasic：testkongpwd，将这个字符串进行 base64 编码得到加密值：Y3NPZkJhc2ljOnRlc3Rrb25ncHdk。

通过下面的两种方法来验证基础认证。

```
验证方法一：
curl http://example.com/test-H'Authorization: Basic Y3NPZkJhc2ljOnRlc3Rrb25ncHdk'
验证方法二：
basic 认证,在 header 中添加 key=Authorization,value= Basic Y3NPZkJhc2ljOnRlc3Rrb25ncHdk
```

2. 密钥认证

密钥认证比基础认证简单，在 header 中添加 apikey 并填入正确的密钥值来完成调用。

```
验证方法：
curl -i -X GET --url http://example.com/test --header "Host: example.com" --header "apikey:
123456"
```

3. AK/SK 认证

AK/SK 是对等加密，即客户端和服务端均持有 Access Key（AK）和 Secure Key（SK），客户端请求时，需要根据参数或者消息体，通过 SK 进行签名生成 signature。服务端接收到请求，根据数据库 AK 对应的 SK，使用同样的算法对参数或消息体签名并比较，要求结果与客户端的 signature 完全一致。

客户端开发者在访问 AK/SK 策略绑定的接口时，应该按照接口指定的签名算法对请求进行签名。并将签名数据作为 header 中 Authorization 的一部分添加到原来的请求 header 上。

Authorization 格式：

```
credentials := "hmac" params
params := keyId "," algorithm ", " headers ", " signature
keyId := "username" "=" plain-string
algorithm := "algorithm" "=" DQUOTE (hmac-sha1 |hmac-sha256 |hmac-sha384 |hmac-sha512) DQUOTE
headers := "headers" "=" plain-string
signature := "signature" "=" plain-string
plain-string = DQUOTE * ( % x20-21 / % x23-5B / % x5D-7E ) DQUOTE
```

验证方法：

```
curl -i -X GET http://example.com/requests \
     -H "Date: Thu, 6 Jun 2020 13:12:11 GMT" \
  -H 'Authorization: hmac username="alice123", algorithm="hmac-sha256", headers="date re-
quest-line", signature="ujWCGHeec9Xd6UD2zlyxiNMCiXnDOWeVFMu5VeRUxtw="'
```

其中，username 为 AK，SK 不会在请求中传输；signature 为头部 date 字段+请求路径和方式+SK，通过算法 hmac-sha256 计算得出的值经过 base64 编码后得到。

签名算法实例：

```
curl -i -X GET http://localhost:8000/requests \
-H "Host: hmac.com" \
-H "Date: Thu, 22 Jun 2017 17:15:21 GMT"
signing_string="date: Thu, 22 Jun 2017 17:15:21 GMT \nGET /requests HTTP/1.1"
digest=HMAC-SHA256(<signing_string>, "secret")
base64_digest=base64(<digest>)

curl -i -X GET http://localhost:8000/requests \
     -H "Host: hmac.com" \
     -H "Date: Thu, 22 Jun 2017 17:15:21 GMT" \
     -H 'Authorization: hmac username="alice123", algorithm="hmac-sha256", headers="date
  request-line",signature="ujWCGHeec9Xd6UD2zlyxiNMCiXnDOWeVFMu5VeRUxtw="'
```

7.2.2 开放认证

OpenID 是一个网上身份认证系统。对于支持 OpenID 的网站，用户不需要记住像用户名和密码这样的传统验证标记。取而代之的是，他们只需要预先在一个作为 OpenID 身份提供者（Identity Provider，IdP）的网站上注册。OpenID 在一定程度上是去中心化的，任何网站都可以使用 OpenID 来作为用户登录的一种方式，任何网站也都可以作为 OpenID 身份提供者。OpenID 既解决了问题而又不需要依赖中心化的网站来确认数字身份。

OpenID 建立在 OAuth 2.0 协议之上，允许客户端验证最终用户的身份并获取基本配置文件信息 RESTfulHTTPAPI，使用 JSON 作为数据格式。OAuth（开放授权）是一个开放标准，允许用户让第三方应用访问该用户在某一网站上存储的私密资源，而无须将用户名和密码提供给第三方应用。OAuth 2.0 是 OAuth 协议的下一版本，相比于 OAuth 1.0，其更关注客户端开发者的简易性；它为移动应用（如手机、平板计算机、Web 等）提供了专门的认证流程。

OAuth 2.0+OpenID 的方式在互联网已经被大量使用。举一个身边的例子：我们登录很多手机 App 或者网站（例如今日头条）时，都可以通过微信认证。在这个认证和授权的过程中，微信就是 OpenID 身份提供方，而今日头条就是 OpenID 身份依赖方，如图 7-4 所示。

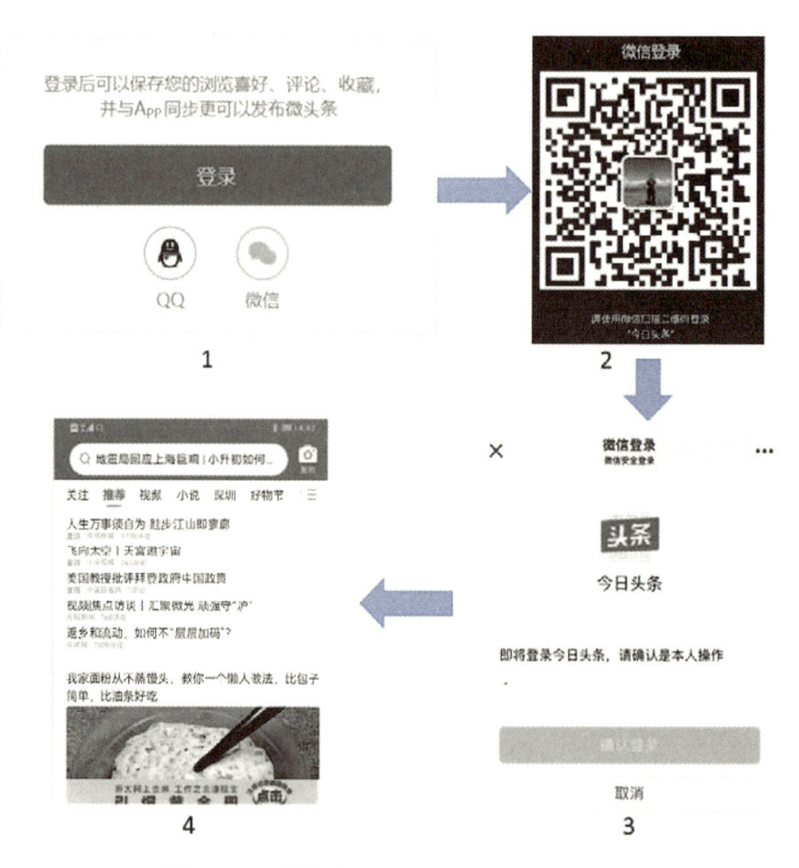

• 图 7-4　通过微信 OpenID 认证来登录今日头条

这里用经由微信登录今日头条的例子来演示 API 的身份认证与授权过程。打开今日头条首页，如图 7-4 左上角的图 1 所示，单击通过微信授权登录。这时候，相当于客户端向今日头条的服务器发起授权请求。今日头条响应一个重定向地址给客户端，这个地址指向微信授权登录。浏览器接到重定向地址，再次发起访问，这次是向微信授权服务器发起请求，屏幕出现图 7-4 中图 2 所示的二维码。

在这个过程中，微信认证服务器也对用户进行了身份认证，只是因为用户在扫描的时候，微信已经在手机登录了（用户在微信认证服务器上，首先验证了自己的身份，然后用微信同意今日头条客户端发起的授权请求，也就是拿起手机用微信扫描二维码）。

此时，拿手机微信扫描计算机屏幕的二维码，并且在手机微信上单击“确认登录”，如图 7-4 的图 3 所示。接下来，微信授权服务器会返回给浏览器一个 Code；浏览器通过获取的 Code，向认证服务器发起申请有效令牌（Token）的请求；认证服务器返回 Token；浏览器拿到 Token，向认证服务器获取用户信息；认证服务器返回用户信息；用户信息在浏览器展示出来。截至目前，登录过程完毕。客户端通过 Token 向资源服务器申请资源（例如，今日头条只开放给会员看的一些文章或者视频），显示出图 7-4 中图 4 所示的内容，整体过程完成。

上面是使用 OpenID 的过程示例，具体的 OpenID 协议涉及的概念有很多，通过这些概念来看一下 OpenID 具体的实现逻辑。

- End User：终端用户，使用 OP 与 RP 的服务。
- Relying Party 依赖方：简称 RP，服务提供者，需要 OP 鉴权终端用户的身份。
- OpenID Provider：OpenID 提供者，简称 OP，对用户身份鉴权。
- Identifier 标识符：标识符可以是一个 HTTP、HTTPS 或者 XRI（可扩展的资源标识）。
- User-Agent：实现了 HTTP 1.1 协议的用户浏览器。
- OP Endpoint URL：OP 鉴权的 URL，提供给 RP 使用。
- OP Identifier：OP 提供给终端用户的一个 URI 或者 XRI，RP 根据 OP Identifier 来解析出 OP Endpoint URL 与 OP Version。
- User-Supplied Identifier：终端用户使用的 ID，可能是 OP 提供的 OpenID，也可能是在 RP 注册的 ID。RP 可以根据 User-Supplied Identifier 来解析出 OP Endpoint URL、OP Version 与 OP_Local Identifer。
- Claimed Identifier：终端用户声明自己身份的一个标志，可以是一个 URI 或者 XRI。
- OP-Local Identifier：OP 提供的局部 ID。

基于 OpenID 标准实现应用生态集成和应用访问认证是较为合理的方式。通过 OpenID 协议，接口提供方和接口使用方可以很方便地利用标准的认证流程进行接口间调用互信，充分利用行业生态的能力来提升业务创新能力。

7.3 接口访问安全策略和调用监测

基于云服务网关的安全策略能力，可以限制 API 的调用来源 IP，还可以对开发的接口配置接口访问 QoS 策略，限制在固定时间段允许放行的请求数量。跨域资源共享（Cross-

Origin Resource Sharing，CORS）允许 Web 应用服务器进行跨域访问控制，从而使跨域数据传输得以安全进行。此外，在云服务网关上也可以进行跨域防护和 CSRF 校验。

整体上，在接口访问层的安全控制功能分为访问策略和流控策略两类，接下来将对访问策略和流控策略进行简单的说明。同时，对接口的调用监测也是十分重要的，通过接口调用监测，能够及时发现非常规的调用请求，避免接口资产和数据资产的损失。

7.3.1 访问策略

云服务网关在访问策略上的安全功能主要包括 IP 访问控制、IP 跨域访问控制、HTTPS 协议转换。

IP 访问控制是云服务网关提供的安全防护能力，主要用于限制 API 的调用来源 IP，可以通过配置某个 API 的 IP 黑白名单来允许或拒绝某个来源的 API 请求。

通过云服务网关对 IP 进行拦截前，需获取客户端的真实 IP。如果是客户端直连网关，或者 SLB 配置了 TCP 协议转发，使用对端 IP 地址即可识别用户 IP；如果 SLB 配置了 HTTP/HTTPS 协议转发，请选择从请求头 x-forwarded-for 中获取用户 IP。

云服务网关有访问 IP 黑名单和白名单两种模式。

- 黑名单模式：对配置在 IP 列表框中的 IP，在访问时返回 403 状态码。
- 白名单模式：对没有配置在 IP 列表框中的 IP，在访问时返回 403 状态码。

当一个资源从与该资源本身所在的服务器不同的域或端口请求一个资源时，资源会发起一个跨域 HTTP 请求。比如，从内部站点 http：//www. bank123. com 的某 HTML 页面通过 img 的 src 请求 http：//www. baidu. com/image. jpg。网络上的许多页面都会加载来自不同域的 CSS 样式表、图像和脚本等资源。

出于安全原因，浏览器限制从页面脚本内发起的跨域请求，有些浏览器不会限制跨域请求的发起，但是会将结果拦截。这意味着使用这些 API 的 Web 应用程序只能加载同一个域下的资源，除非使用 CORS 机制获取目标服务器的授权来解决这个问题。服务器端配合浏览器实现 CORS 机制，可以突破浏览器对跨域资源访问的限制，实现跨域资源请求。

跨域资源请求有两种验证模式，分别叫作简单请求和预先请求。在简单请求模式下，浏览器直接发送跨域请求，并在请求头中携带 Origin 的字段，表明这是一个跨域的请求。服务器端（即网关侧）接到请求后，会根据自己的跨域规则，通过 Access-Control-Allow-Origin 和 Access-Control-Allow-Methods 响应头，来返回验证结果。在预先请求模式下，浏览器在发现页面发出的跨域请求不是简单请求时，并不会立即执行对应的请求代码，而是会触发预先请求模式。预先请求模式会先发送 Preflighted requests（预先验证请求），Preflighted requests 是一个 OPTION 请求，用于预先询问要被跨域访问的服务器，询问其是否允许当前域名下的页面发送跨域的请求。在得到服务器的跨域授权后才能发送真正的 HTTP 请求。

HTTPS 在 HTTP 的基础上加入了 SSL 协议，对信息、数据加密，用来保证数据传输的安全。API 网关也支持使用 HTTPS 对 API 请求进行加密，可以控制到 API 级别，通过这个能力，可以强制将内部暴露的 API 转换为 HTTPS 协议。

7.3.2 流控策略

网关会按照配置的服务最大吞吐量，对请求服务的流量削峰填谷，确保到达后端服务的请求速率在限定的吞吐量内。当网关接收到的请求超过吞吐量时，网关会根据超过的程度计算惩罚延时。若惩罚延时小于最大额外延时，则增加惩罚延时后再将请求发送给服务；若惩罚延时超过最大额外延时，则立即拒绝请求。

同时网关可以自定义状态码和应答，当超过服务吞吐量，网关会根据配置返回给客户端拒绝状态码和拒绝应答。拒绝状态码不是 3xx 时，拒绝应答会作为 http body 返回；拒绝状态码为 3xx 时，拒绝应答需要配置一个 http 地址，用于重定向被拒绝的请求。一种较常用的方式是，设计一个对用户友好的“稍后重试”静态页面，放到 CDN 上，同时在这里配置拒绝状态码为 302，拒绝应答为该静态页面的 CDN 链接。

通常网关提供对 API、应用、ClientIP 三个维度的限流，支持秒、分钟、小时、天的限流。网关的流控策略在一定程度上可以作为在应用层防护 DDoS 攻击的补充手段。

7.3.3 应用访问监控及日志分析

通过云服务网关将内部的服务能力对外开放后，除了前面讲到的对接口进行开放认证以及访问策略和流控策略配置外，还需要对外部应用访问内部接口的数据和情况进行监控统计。

监控的目的有两个。一个是观察和统计访问情况，用来提供辅助信息，提前对后台服务能力的优化和扩容做准备。比如某个接口的调用量有逐步增大的趋势，在后端服务能力上提前做出规划和扩展；或者某类接口访问的请求时延数据过大，则通过业务和架构优化，提升响应速率。另一个是对接口的服务情况做统计，用来发现安全问题。安全问题包括恶意和非法的接口调用，以及非法的信息泄露。

针对恶意和非法的接口调用，可以在网关侧对源 IP 的调用数据进行统计，查找不正常的客户端 App 或 IP 段，将这些客户端 App 和 IP 段加到 IP 访问黑名单中。通过查询和统计某类客户端的调用请求变化趋势，分析和判断某些恶意请求行为。

通过云服务网关暴露的服务能力通常是政企核心的 IT 数据和 IT 业务能力，因为只有重要且核心的业务能力才有对外开放的价值。云服务网关作为外部客户端请求与内部服务端中间的通信中枢，能够获取并记录全方位的信息，包括客户端的地址、请求频率、请求时间，以及接口调用的入参及返回数据。

在网关侧，通常将业务接口调用的请求及返回数据通过日志的形式保存下来，日志的保存形式可以是存在本地，也可以是存储在集中的日志分析系统中。更为常见且和生产环境适用的部署模式是采用集中式的日志存储和分析系统。通过对网关接口调用日志的统计分析，可以提取交互信息中的关键字段，比如请求 IP，或者数据中的关键信息（例如身份证 ID 信息）。对这个信息进行扫描和分析，一方面对关键信息的泄露做预防，另一方面可以对信息的分发做事后溯源，以接口请求和调用的日志作为依据。

通过云服务网关对请求进行监控，并收集统计日志数据以用来做分析的实施整体架构如图 7-5 所示。

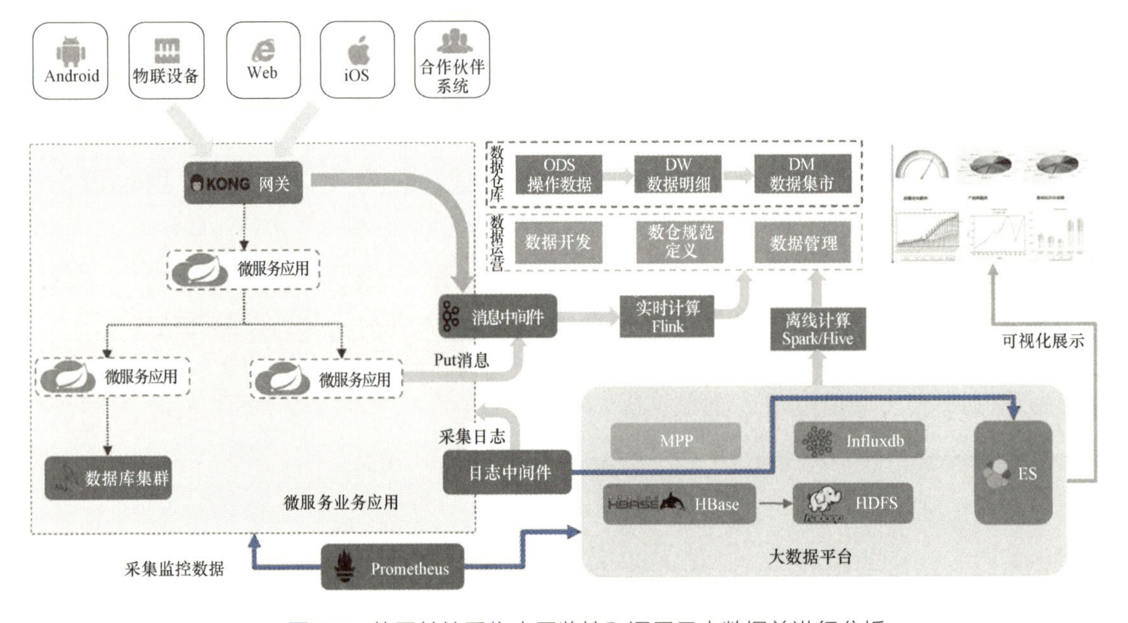

• 图 7-5　从网关处采集应用监控和调用日志数据并进行分析

在图 7-5 的左半部分，内部云原生微服务应用系统通过网关对外提供服务。在图的右半部分是监控和日志大数据存储和分析系统。云原生平台通过 Prometheus 对微服务应用进行运行指标采集，通过日志中间件主动采集网关和微服务的运行日志，指标数据和日志数据存储在大数据平台中。在数据展示层，在大屏展示界面对业务和接口调用的日志和指标数据进行统一展示和查询。在数据分析层，通过实时计算和离线计算两种计算模式对数据进行分析。

7.4 服务能力对外开放

通过服务能力对外开放，将内部的云原生服务能力提供给业务合作伙伴，也可以利用行业内甚至跨行业的业务伙伴所提供的接口能力，实现业务生态共享。在下面的例子中，使用公有云服务商提供的云服务总线（Cloud Service Bus，CSB），将部署和运行在内部的接口能力暴露出去，利用接口发布订阅对业务申请者的请求进行审批，并在业务运行过程中进行流控及安全监控审计。

7.4.1 使用云服务总线进行服务发布

云服务总线提供平台化的服务开放能力，帮助企业打通整合内外新旧业务系统，实现跨环境、跨归属应用系统之间的互通，形成组合方案。通常情况下，将内部的云原生应用通过云服务总线暴露出去，给外部的商业伙伴使用，需要使用公有云上的云服务总线服务。阿里云的 CSB 服务是主流的功能全面、性能和可扩展性优秀的云服务总线。

云服务总线的激活开通方式十分简单，在阿里云上搜索 CSB 服务并进入控制台。CSB 服务上提供了共享的总线实例，可以申请使用。这里使用了一个名为 csb_aliyun_hz_shared001 的实例，如图 7-6 所示。

• 图 7-6 使用阿里云上的云服务总线实例

单击实例名称进入实例配置后，将运行在本地的 guestbook 服务通过总线发布出去。首先新建一个服务组，服务组相当于服务 API 的逻辑分组，如图 7-7 所示。

接下来把前面建立的 guestbook 服务接口通过云服务总线发布出去，如图 7-8 所示。这里需要注意示例中的 guestbook 是运行在私有云原生平台上的，在当前的发布环节里，只是把部署和运行在私有云环境中的内部应用通过总线发布出去，所以要保证运行在私有云的服务有外网的 IP 和端口。这在常规的网络和防火墙配置中完成，这部分配置过程这里就不再详述。

• 图 7-7　在云服务总线上创建服务组

• 图 7-8　在服务组中创建和发布服务

在接入协议中，配置的是后端私有云服务的接口访问地址，由于前面已经配置了非 VPC 服务，这里的访问地址是经过防火墙暴露的外网地址，如图 7-9 所示。

● 图 7-9　创建后端接入协议

在下一步配置的开放协议即是希望合作伙伴看到并访问的接口，如图 7-10 所示。

● 图 7-10　配置对外开放协议

在访问限制中，配置后端服务允许的最大请求量，通过限制最大请求量来放置 DDoS 攻击，如图 7-11 所示。

● 图 7-11　配置公开服务每秒的最大请求量

这里的服务需要授权审批后方可使用，所以在“公开访问”这项配置里选择“不公开访问”。

7.4.2 App 授权

云原生应用的合作伙伴如果要访问服务提供方通过云服务总线提供的接口，需要发起订阅申请。服务提供方在私有云原生平台上搭建了 guestbook 服务，在云服务总线上审批订阅请求，并完成证书授权。

作为云服务消费方，首先需要创建自己的消费凭证，如图 7-12 所示。

• 图 7-12　创建消费凭证

创建消费凭证后，在订购服务栏中输入并搜索 guestbook，获取在上一节中发布的服务，并订购这个服务，如图 7-13 所示。

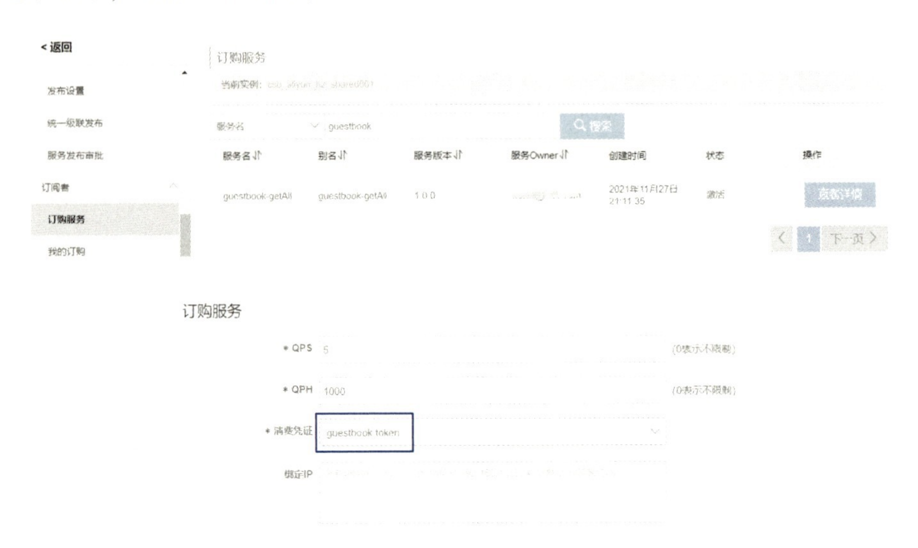

• 图 7-13　查找并订购服务

订购服务时，需要配置目标访问的最大 QPS 和 QPH，在“消费凭证”里选择在上一步生成的 AK/SK。

这时，云原生应用服务的提供方能够在云服务总线上看到订购申请，确认申请人无误后，授权这个申请。授权后，应用的使用方就可以通过申请时填写的凭证，访问服务提供方在私有云原生平台上发布的 guestbook 服务了。

在这个例子中，能够看到私有云与公有云服务能力的结合，将部署和运行在私有云原生平台上的服务能力通过公有云开放和发布出去。服务的提供方完成云平台和应用层的安全防护、应用的监控和审计加固、网络边界的安全防护，通过公有云的云服务总线的流控和证书验证策略，将服务能力提供出去。服务的消费方则选择和查看服务提供方的服务能力，生成自己的访问证书，并通过自己的证书访问后端的服务。在云服务总线上，进行证书的校验，服务提供方对服务访问的来源和调用次数做统计，确保调用过程的安全可控和可追溯。

第 8 章　云原生开源安全工具和方案

云原生社区是一个非常活跃、快速发展的社区。在云原生社区有一些开源的安全工具和方案，包括应用平台层的工具，比如著名的安全监测工具 kube-bench、渗透测试工具 kube-hunter 等；还有针对应用架构层的安全测试工具，比如静态应用安全测试工具 SAST、动态应用安全测试工具 DAST 等。本章将重点分析这些主流的开源安全工具的特点以及各自的使用方法。

8.1　应用平台层的开源安全工具

有多种方式可以进行 Kubernetes 集群的安装和配置，例如 kops 和 kubeadm。无论使用哪种工具来配置集群，从安全使用集群角度来讲，都需要对容器平台的组件进行安全加固和安全防护。

在应用平台层，使用最为广泛的就是 kube-bench。kube-bench 是对 Kubernetes 集群进行基础测试和安全监测的工具。除了 kube-bench 外，还有自动化安全策略配置工具 kube-psp-advisor、渗透测试工具 kube-hunter 等。

8.1.1　Kubernetes 安全监测工具 kube-bench

互联网安全中心（CIS）是一个全球性的非营利组织，其任务是“确定、开发、验证、升级和维持针对网络防御的最佳解决方案”。CIS 发布了 Kubernetes 的基准测试，集群管理员可以使用该基准测试来确保集群遵循推荐的安全配置。kube-bench 基准测试文档可以在 https：//learn. cisecurity. org/benchmarks 下载。这个基础测试文档是一个近 300 页的 PDF 文档，涵盖了包括集群节点、API-Server、Controller-Manager、RBAC、Scheduler、工作节点配置、kubelet 配置、网络策略配置在内的完整 Kubernetes 安全实践。

kube-bench 是一个用 Golang 开发的、由 Aqua Security 发布的自动化 Kubernetes 基准测试工具，它运行 CIS Kubernetes 基准中的测试项目。这些测试项目是用 YAML 语言编写的，方便后续根据 CIS 基准测试的标准来进行扩展。

kube-bench 可以使用 kube-bench bin 文件直接在节点上运行，命令如下。

```
$ kube-bench node --benchmark cis-1.4
$ kubectl logs kube-bench-2plpm
[INFO] 4 Worker Node Security Configuration
[INFO] 4.1 Worker Node Configuration Files
[WARN] 4.1.1 Ensure that the kubelet service file permissions are set to 644 or more restric-
tive (Not Scored)
[WARN] 4.1.2 Ensure that the kubelet service file ownership is set to root:root (Not Scored)
[PASS] 4.1.3 Ensure that the proxy kubeconfig file permissions are set to 644 or more restric-
tive (Scored)
[PASS] 4.1.4 Ensure that the proxy kubeconfig file ownership is set to root:root (Scored)
[WARN] 4.1.5 Ensure that the kubelet.conf file permissions are set to 644 or more restrictive
(Not Scored)
......
== Summary ==
0 checks PASS
0 checks FAIL
22checks WARN
0 checks INFO
```

运行 kube-bench 后，通过查看 kube-bench pod 的运行日志获取基准测试的汇总结果。需要重点关注的是 FAIL 项，另外没有完全通过的条目也需要关注，对这些条目进行分析，获知未通过项所带来的风险，根据风险项的影响制定风险缓解计划。

kube-bench 是一个提供便利性的实用工具，通过 kube-bench 来检测集群是否已经遵循安全最佳实践。在生产环境中，建议对在新部署的 Kubernetes 集群中运行 kube-bench 基础测试；在集群的后续运行过程中，也可以定期执行 kube-bench 扫描，以监控集群组件是否产生了配置漂移。

与 kube-bench 类似，Kube-scan 支持对工作负载描述的安全性进行打分，从最安全的 0 分，到最危险的 10 分。

在 Kubernetes 中使用声明式 API 来定义工作负载，因为工作负载的灵活多变，这种定义的随意性是很大的，很容易因为复制粘贴或手工运维修改等原因给 Pod 分配了不需要的特权，造成安全隐患。kube-scan 就是针对这种情况而出现的一个工具，它根据内置的几十个检查项目对集群进行动态安全检查。

kube-scan 所使用的计分项和算法，被称为 Kubernetes Common Configuration Scoring System（KCCSS），是一套仿造 CVSS 的 Kubernetes 配置评分系统，它从完整性、可用性和保密性三个方面的威胁来评价安全漏洞。kube-scan 在启动时会扫描集群，并且每 24 小时重新扫描一次。为了获得最新的风险评分（例如在安装新应用后），需要重新启动 kube-scan pod。

8.1.2 Kubernetes 安全策略配置工具 kube-psp-advisor

kube-psp-advisor 也是一个实用的 Kubernetes 安全配置工具，通过它可以方便地根据实时运行的 Kubernetes 环境或者依据用来生成 Pod 的 yaml 文件来创建 Pod 安全策略（Pod Security Policy，PSP）。

Kubernetes Pod 安全策略是一种集群级资源，用于控制 Pod 的安全规则、限制 Kubernetes Pod 的访问权限。通过 Kubernetes PSP 可以对以下功能和特性进行限制。

- 运行特权容器。
- 容器运行的用户。
- 访问主机进程或网络命名空间。
- 访问主机文件系统。
- Linux 功能、Seccomp 或 SELinux 配置文件。

kube-psp-advisor 有 2 个子命令：kube-psp-advisor inspect 和 kube-psp-advisor convert，分别用于检查 Kubernetes 集群和对 Pod 声明文件进行检查。kube-psp-advisor inspect 指令连接到 API Server，扫描给定命名空间或整个集群工作负载的安全上下文，并根据安全上下文生成 PSP；Convert 指令不需要连接 API Server 即可工作，读取包含具有 Pod 规范的对象的单个 yaml 声明文件并基于该文件生成 PSP。

安装和运行 kube-psp-advisor。

```
 $ git clone https://github.com/sysdiglabs/kube-psp-advisor
 $ cd kube-psp-advisor && make build
 $ ./kube-psp-advisor --namespace=psp-test
apiVersion: policy/v1beta1
kind: PodSecurityPolicy
metadata:
  creationTimestamp: null
  name: pod-security-policy-20181130114734
spec:
  allowedCapabilities:
  - SYS_ADMIN
  - NET_ADMIN
  allowedHostPaths:
  - pathPrefix: /bin
  - pathPrefix: /tmp
  - pathPrefix: /usr/sbin
  - pathPrefix: /usr/bin
  fsGroup:
    rule: RunAsAny
  hostIPC: false
  hostNetwork: false
```

```
  hostPID: false
  privileged: true
  runAsUser:
    rule: RunAsAny
  seLinux:
    rule: RunAsAny
  supplementalGroups:
    rule: RunAsAny
  volumes:
  - hostPath
  - configMap
  - secret
```

kube-psp-advisor 运行完成后，会在 stdout 中生成 Pod Security Policy 配置文件，接下来只需要应用这个 PSP 配置文件即可。

```
$ ./kube-psp-advisor --namespace psp-test > psp-test.yaml && cat psp-test.yaml
$ kubectl apply -f psp-test.yaml
```

8.1.3　Kubernetes 渗透测试工具 kube-hunter

Kubernetes 的安全建议和安全公告发布在 https://kubernetes.io/docs/reference/issues-security/security/，通过订阅安全公告来跟踪 Kubernetes 中发现的新安全漏洞，在有新的安全隐患报告后，能够及时进行堵漏。为了避免漏掉重要的安全漏洞公告，可以通过定期检查集群是否有任何已知 CVE 来获知当前环境的漏洞情况。为此，Aqua 开发和维护了开源的 kube-hunter 工具，可帮助识别 Kubernetes 集群中的已知安全问题。

安装和运行 kube-hunter 十分简单，kube-hunter 以 Pod 的形式运行。

```
$ git clone https://github.com/aquasecurity/kube-hunter
#运行 kube-hunter job
$ ./kubectl create -f job.yaml
$ ./kubectl get pods
NAME               READY  STATUS             RESTARTS  AGE
kube-hunter-7yuah  0/1    ContainerCreating  0         10s
```

图 8-1 展示的是 kube-hunter 生成的安全漏洞报告。

kube-hunter 安全漏洞报告中出现的漏洞问题通常来说都是十分紧急的安全问题，需要立即有针对性地修复。

8.1.4　系统平台信息扫描和检索工具 Osquery

Osquery 是一个适用于 Windows、OS X（macOS）、Linux 和 FreeBSD 的操作系统检测工

```
Vulnerabilities
For further information about a vulnerability, search its ID in:
https://github.com/aquasecurity/kube-hunter/tree/master/docs/_kb
+--------+----------------------+----------------------+----------------------+----------------------+----------------------+
| ID     | LOCATION             | CATEGORY             | VULNERABILITY        | DESCRIPTION          | EVIDENCE             |
+--------+----------------------+----------------------+----------------------+----------------------+----------------------+
| KHV005 | 10.96.0.1:443        | Unauthenticated      | Unauthenticated      | The API Server port  | b'{"kind":"APIVersio |
|        |                      | Access               | access to API        | is accessible.       | ns","versions":["v1" |
|        |                      |                      |                      |     Depending on     | ...                  |
|        |                      |                      |                      | your RBAC settings   |                      |
|        |                      |                      |                      | this could expose    |                      |
|        |                      |                      |                      | access to or control |                      |
|        |                      |                      |                      | of your cluster.     |                      |
+--------+----------------------+----------------------+----------------------+----------------------+----------------------+
| KHV026 | 10.96.0.1:443        | Privilege Escalation | Arbitrary Access To  | Api Server not       | v1.13.0              |
|        |                      |                      | Cluster Scoped       | patched for          |                      |
|        |                      |                      | Resources            | CVE-2019-11247.      |                      |
|        |                      |                      |                      |     API server       |                      |
|        |                      |                      |                      | allows access to     |                      |
|        |                      |                      |                      | custom resources via |                      |
|        |                      |                      |                      | wrong scope          |                      |
+--------+----------------------+----------------------+----------------------+----------------------+----------------------+
| KHV005 | 10.96.0.1:443        | Information          | Access to API using  | The API Server port  | b'{"kind":"APIVersio |
|        |                      | Disclosure           | service account      | is accessible.       | ns","versions":["v1" |
|        |                      |                      | token                |     Depending on     | ...                  |
|        |                      |                      |                      | your RBAC settings   |                      |
|        |                      |                      |                      | this could expose    |                      |
|        |                      |                      |                      | access to or control |                      |
|        |                      |                      |                      | of your cluster.     |                      |
+--------+----------------------+----------------------+----------------------+----------------------+----------------------+
| KHV002 | 10.96.0.1:443        | Information          | K8s Version          | The kubernetes       | v1.13.0              |
|        |                      | Disclosure           | Disclosure           | version could be     |                      |
|        |                      |                      |                      | obtained from the    |                      |
|        |                      |                      |                      | /version endpoint    |                      |
+--------+----------------------+----------------------+----------------------+----------------------+----------------------+
| KHV025 | 10.96.0.1:443        | Denial of Service    | Possible Reset Flood | Node not patched for | v1.13.0              |
|        |                      |                      | Attack               | CVE-2019-9514. an    |                      |
|        |                      |                      |                      | attacker could cause |                      |
|        |                      |                      |                      | a                    |                      |
|        |                      |                      |                      |     Denial of        |                      |
```

● 图 8-1　kube-hunter 安全漏洞报告

具。通过这个工具可以高效地检查操作系统的信息，生成操作系统的数据，通过对这些数据进行分析来对系统安全问题进行分析和监控。

Osquery 将操作系统中的信息扫描生成关系型数据库表，然后对数据库中保存的操作系统信息进行 SQL 查询以分析操作系统数据。在 Osquery 中，SQL table 代表操作系统中的一些抽象概念，例如正在运行的进程、加载的内核模块、打开的网络连接、浏览器插件、硬件事件或文件散列值等。

Osquery 的安装和使用比较简单，通过 yum 完成安装后，直接使用 SQL 语句对平台系统进行综合性查询。下面是 Osquery 的安装和使用方法。

```
$rpm -ivh https://osquery-packages. s3. amazonaws. com/centos6/noarch/osquery-s3-centos6-repo-1-0.0.noarch.rpm
$yum install osquery
[root@localhost osquery]# osqueryi
osquery> select pid,name,cmdline,state from processes where state='R';
+---------+-----------------+---------------+-----------+
|pid   |name         |cmdline   |state |
```

```
+---------+----------------+---------------+-----------+
|4714 |osqueryi   |osqueryi |R         |
|7    |rcu_sched |          |R         |
+---------+----------------+---------------+-----------+
```

通过 Osquery 可以对系统中的信息和事件进行综合的过滤查询，比如根据 sha256 编码查询文件，这样可以很方便地从系统文件角度进行安全问题分析。

```
osquery> SELECT path, filename, mtime, type, uid, gid, mode
...> FROM file JOIN hash USING(path)
...> WHERE path LIKE '/usr/bin/%'
...> AND sha256 = 'ea414c53bb6a57d1f34...';
+----------------------+---------------+------------------+--------------+-------+-------+---------+
|path              |filename |mtime        |type      |uid |gid |mode |
+----------------------+---------------+------------------+--------------+-------+-------+---------+
|/usr/bin/wget |wget      |1465892289 |regular |0    |0    |0755 |
+----------------------+---------------+------------------+--------------+-------+-------+---------+
```

8.2 应用架构层的安全工具

为了发现软件的漏洞和缺陷，确保云原生应用程序在交付之前和交付之后都是安全的，就需要利用 Web 应用安全测试技术和工具来识别应用程序中的安全薄弱点和安全漏洞。Web 应用安全测试技术经过多年的发展，已经形成了较为标准的分类。从技术层面来划分，常用的有 3 大类，分别是静态应用程序安全测试（Static Application Security Testing，SAST）、动态应用程序安全测试（Dynamic Application Security Testing，DAST）和交互式应用程序安全测试（Interactive Application Security Testing，IAST）。

- SAST：该技术是在编码阶段，分析应用程序的源代码或二进制文件的语法、结构、过程、接口，从而发现程序代码存在的安全漏洞。
- DAST：该技术通过模拟黑客行为来对应用程序进行动态攻击，在应用运行阶段分析应用程序的动态行为，从而发现应用的安全问题。
- IAST：该技术是 Gartner 在 2012 年提出的一种新的应用程序安全测试方案。它通过代理、VPN 或者在服务器端部署 Agent 程序，收集并监控 Web 应用程序运行时函数执行、数据传输行为等数据，并与扫描器端进行实时交互，从而高效、准确地识别安全缺陷及漏洞。在检测漏洞的同时，还可以准确地确定漏洞所在的代码文件、行数、函数及参数。IAST 相当于是 DAST 和 SAST 相结合的一种安全检测技术。

8.2.1 静态应用程序安全测试工具

根据统计，超过50%的安全漏洞是由错误的编码产生的。普遍情况下，开发人员更加关注业务功能的实现，而安全开发意识和安全开发技能不足。为了从源头上治理漏洞，需要制定代码检测机制，从一开始就要防范由代码引入的漏洞。静态应用程序安全测试（SAST）是一种在开发阶段对源代码进行安全测试发现安全漏洞的测试方案。

SAST 解决如下三个核心问题。

1）检测源代码漏洞：帮助开发人员获知代码的安全问题，最常见的问题有 SQL 注入等，对这些问题缺乏关注很容易造成安全问题潜伏。

2）消除安全债务：源代码中的问题可能会在软件系统中造成巨额的安全债务。SAST 解决方案使用户能够在发布前诊断代码并做出响应，以降低应用部署后修复问题的成本。

3）辅助根源分析：SAST 识别代码中有问题的区域，提供问题背后的辅助定位信息，帮助开发人员定位查找问题，加快问题修复速度。

SAST 工作原理如图 8-2 所示。

• 图 8-2　SAST 工作原理

SAST 具体测试过程如下。

1）通过调用语言的编译器或者解释器把前端的语言代码（如 Java，C/C++源代码）转换成一种中间代码，将其源代码之间的调用关系、执行环境、上下文等分析清楚。

2）语义分析：分析程序中不安全的函数、方法的使用的安全问题。

3）数据流分析：跟踪、记录并分析程序中的数据传递过程所产生的安全问题。

4）控制流分析：分析程序特定时间、状态下执行操作指令的安全问题。

5）配置分析：分析项目配置文件中的敏感信息和配置缺失的安全问题。

6）结构分析：分析程序上下文环境、结构中的安全问题。

7）结合 2）~6）的结果，匹配所有规则库中的漏洞特征，一旦发现漏洞就抓取出来。

8）形成包含详细漏洞信息的漏洞检测报告，包括漏洞的具体代码行数以及漏洞修复的建议。

SAST 可以检测出包括 SQL 注入、输入验证攻击、缓冲区溢出等攻击。开源的 SAST 工具有很多种，其中 SonarQube 是最著名的静态代码分析工具之一。通过对代码质量的持续分析，SonarQube 会定期检测出 bug 及安全问题。SonarQube 可以扫描使用多种编程语言编写的代码，包括 Java、Python、C#、C/C++、Swift、PHP、COBOL 以及 JavaScript 等，因此非常适合拥有不同编程背景或者需要在多个平台上运行应用程序的团队。更重要的是，SonarQube 可以在 GitLab 等代码仓库中直接分析源代码，并在代码审查期间提供即时反馈。

8.2.2　动态应用程序安全测试工具

动态应用程序安全测试（DAST）的工作原理如图 8-3 所示。

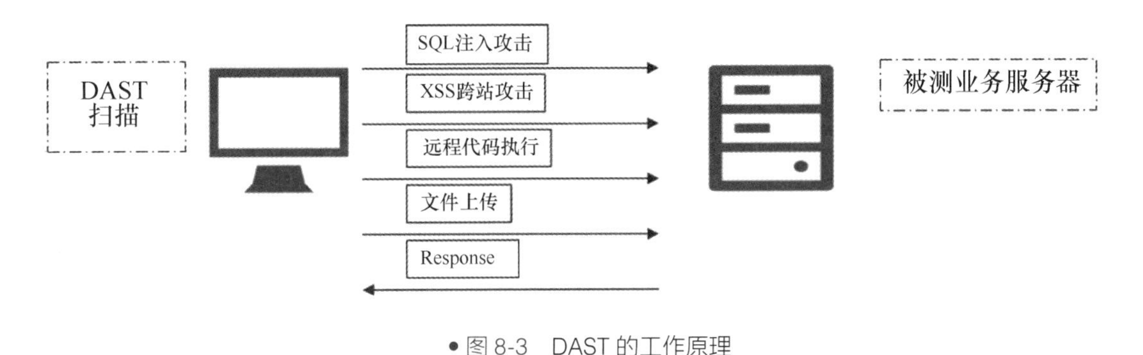

● 图 8-3　DAST 的工作原理

DAST 的测试过程如下。

1）DAST 内置一个网站爬虫程序，通过这个程序分析整个 Web 应用结构，分析被测 Web 程序有多少个目录、多少个页面、页面中有哪些参数。

2）根据爬虫的分析结果，对发现的页面和参数发送修改的 HTTP Request 进行攻击尝试（扫描规则库）。

3）通过对 Response 的分析验证是否存在安全漏洞。

DAST 这种测试方法主要测试 Web 应用程序的功能点。测试人员无须具备编程能力，无须了解应用程序的内部逻辑结构，不区分测试对象的实现语言，采用攻击特征库来做漏洞发现与验证，能发现大部分的高风险问题，因此是业界 Web 安全测试使用非常普遍的一种安全测试方案。DAST 除了可以扫描应用程序本身，还可以扫描发现第三方开源组件的漏洞。

开源的 DAST 工具有很多种，除了在第 6 章讲述过的 ZAP，还有 W3af、SQLmap、NMap、Kali Linux 等。

W3af 是一个用 Python 开发的流行且高效的 Web 应用渗透测试平台。它可以用来检测网络应用程序中的 200 多种安全问题，包括 SQL 注入、跨站脚本、缓冲区溢出漏洞、CSRF 漏洞、可猜测凭证、未处理的应用错误和不安全的 DAV 配置等。它有一个图形控制中心，提供用户操作界面，可运行在多种平台上，提供 Windows、Linux 和 macOS 版本。

SQLmap 是一个开源的、流行且强大的渗透测试工具，用于识别那些影响各种数据集的

SQL 滥用和 SQL 注入漏洞。它具有一个强大的漏洞扫描引擎，支持大量的数据库服务，包括 MySQL、Oracle、PostgreSQL、MS SQL Server 等。此外，该测试工具支持 6 种类型的 SQL 注入方法。

NMap 是 Network Mapper 的缩写。它是一个免费和开源的安全检查工具，用于网络调查和安全评估，如检查开放的端口、监督管理检修时间表、观察主机或管理的正常运行时间等。它支持 Linux、Windows、macOS、AmigaOS 等系统，可用于弄清组织上有哪些主机可以使用、正在运行什么工作框架和版本、正在使用什么样的捆绑通道和防火墙等。

Kali Linux 是一个开源的安全测试平台，包含了超过 600 种渗透测试工具，这些工具都是针对不同的数据安全工作而配备的，例如渗透测试、安全研究、计算机取证和逆向工程等。

8.2.3 交互式应用程序安全测试工具

交互式应用安全测试（IAST）技术是最近几年比较火热的应用安全测试新技术，被 Gartner 公司列为网络安全领域的 Top 10 技术之一。IAST 融合了 DAST 和 SAST 的优势，漏洞检出率极高、误报率极低，同时可以定位到 API 接口和代码片段。

IAST 的实现模式较多，常见的有代理模式和插桩模式。

代理模式是指在 PC 端浏览器或者移动端 App 设置代理，通过代理拿到功能测试的请求流量，利用功能测试流量模拟多种漏洞检测方式来对被测服务器进行安全测试，其工作原理如图 8-4 所示。

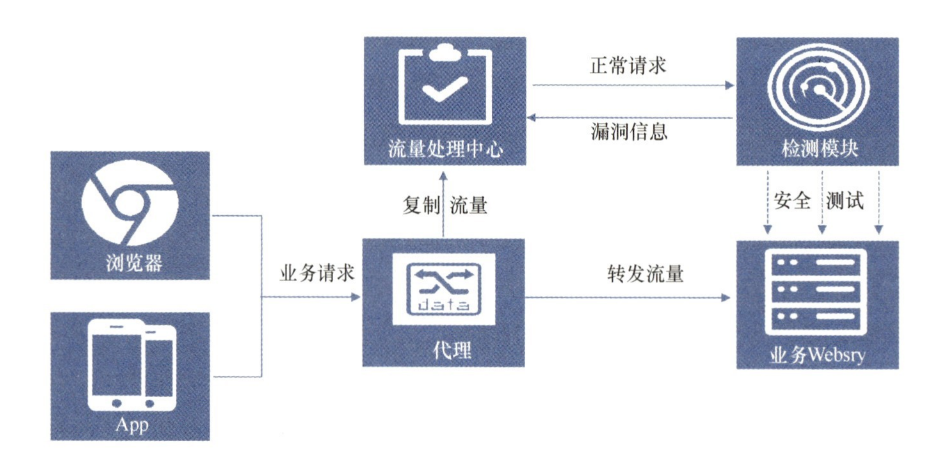

• 图 8-4　IAST 代理模式工作原理

图 8-4 中展示的 IAST 工作过程如下。

1）功能测试人员在浏览器或者 App 中设置代理，将 IAST 设备地址填入。

2）功能测试人员开始功能测试，测试流量经过 IAST 设备。IAST 设备将流量复制一份，并且改造成安全测试的流量。

3）IAST 设备利用改造后的流量对被测业务发起安全测试，根据返回的数据包判断漏洞信息。

这里不得不提及著名的 ZAP 工具，它就是工作在代理模式下的。

插桩模式是在保证目标程序原有逻辑完整的情况下，在特定的位置插入探针。在应用程序运行时，通过探针获取请求、代码数据流、代码控制流等，基于请求、代码、数据流、控制流综合分析判断漏洞。插桩模式有两种实现模式，分别是主动（Active）插桩模式和被动（Passive）插桩模式。

Active 插桩模式需要在被测试应用程序中部署插桩 Agent，使用时需要外部 DAST 扫描器触发这个 Agent。DAST 组件产生恶意攻击流量，另一个组件在被测应用程序中监测应用程序的反应，由此来进行漏洞定位，其工作原理如图 8-5 所示。

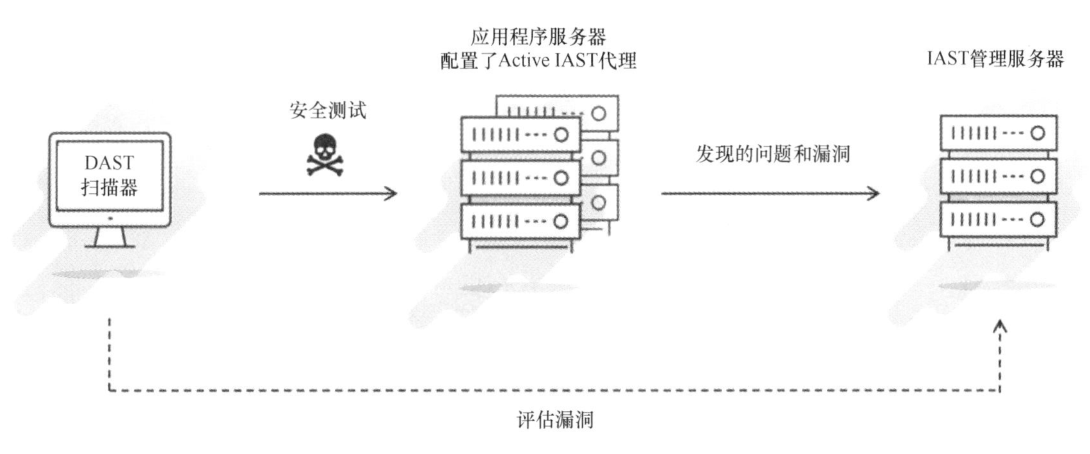

● 图 8-5　IAST Active 插桩模式工作原理

IAST Active 插桩模式工作过程如下。

1）在被测试服务器中安装 IAST 插桩 Agent。

2）DAST 扫描器发起扫描测试。

3）IAST 插桩 Agent 追踪被测试应用程序在扫描期间的反应附加测试、覆盖率和上下文，将有关信息发送给 IAST 管理服务器，在管理服务器上展示安全测试结果。

Active 插桩模式更像是一种改进版的 DAST 技术，它需要一个功能强大的爬虫扫描器和一个漏洞检测组件，爬虫扫描器由 DAST 来提供，漏洞检测组件由 IAST 的代理来实现。漏洞检测组件分析应用程序的请求返回来判断是否存在安全漏洞。

Passive 插桩模式只需要一个漏洞检测代理组件，这个代理组件与应用程序无缝地部署在一起，应用程序甚至都不需要感知这个组件的存在。Passive 插桩模式不需要客户端产生特定的攻击和扫描请求，而是在代理组件里，自动根据请求调用来产生漏洞扫描请求发给被测试应用，并进行漏洞分析，其工作原理如图 8-6 所示。

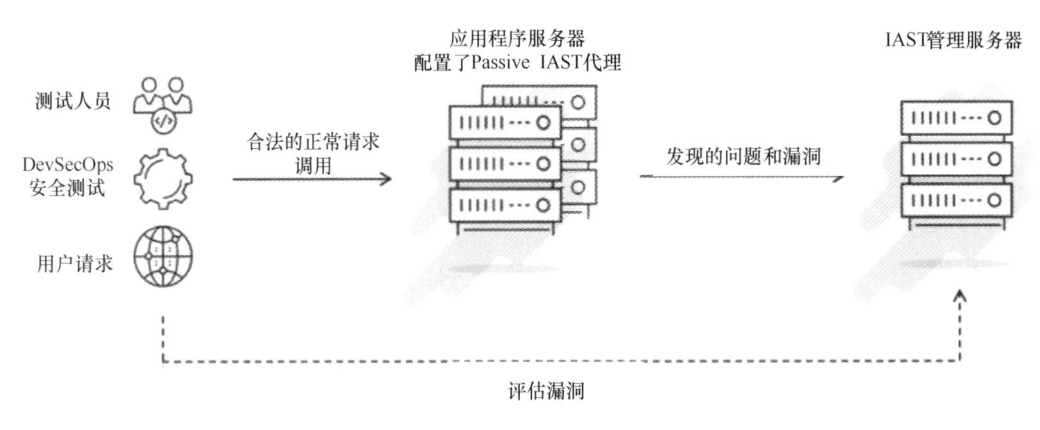

● 图 8-6　IAST Passive 插桩模式工作原理

百度开源的 OpenRASP-IAST 是一款基于 RASP 技术的 IAST 漏洞检测工具。RASP（Runtime Application Self-Protection，应用程序运行时自我保护）本身是一种应用安全技术，与 WAF 不同，它将保护程序像疫苗一样注入应用程序中，与应用程序融为一体，能实时检测和阻断安全攻击，使应用程序具备自我保护能力。当应用程序遭受实际攻击伤害时，就可以自动对其进行防御，而不需要进行人工干预。OpenRASP-IAST 在 RASP 技术的基础上，扩充了 IAST 应用程序测试的功能。OpenRASP-IAST 的定位是 DevSecOps 工具，通常部署在预上线环境（UAT），在 QA 完成功能测试后发起漏洞扫描。OpenRASP-IAST 采用 Passive 插桩模式，它既不需要强大的爬虫，也不需要依赖页面响应来检测漏洞，而是根据应用内部的行为信息来判断。比如目的是要检测目录遍历漏洞，扫描器通常会替换请求参数为 ../../../../etc/passwd，并检测页面是否包含 root：x：0：0：root：/root：/bin/bash 关键字来判断是否存在漏洞；对于 OpenRASP-IAST 而言，在替换完参数后，只需要检查应用是否真的读取了 /etc/passwd 就可以做出判断。

插桩模式需要在服务器中部署 Agent，不同的语言、不同的容器需要不同的 Agent，这对有些用户和场景下可能是比较难操作的。相比较，代理模式不需要在服务器中部署 Agent，只是测试人员要配置代理，安全测试会产生一定的脏数据，漏洞的详情无法定位到代码片段，适合想用 IAST 技术又不接受在服务器中部署 Agent 的用户使用。

8.3　应用管理相关的安全工具和手段

在第 5 章云原生应用安全管理中，介绍了云原生应用安全管理领域所需要做的工作，主要包括业务操作日志、业务运行日志、应用配置管理以及应用密钥管理。对应用安全管理来说，需要从应用侧收集业务调用日志，对日志进行数据保护以及数据脱敏。同时，还需要对应用的运行日志进行数据分析，从中提取和判断入侵记录和入侵意图。

应用管理相关的开源安全工具和手段主要是指：对运行中的云原生应用，收集和存储其运行过程中产生的日志，并对这些日志进行安全分析的一系列工具和手段。

8.3.1 日志收集机制和日志处理流程规范

云原生平台中对日志提取收集以及分析处理的流程与传统日志处理模式大致是一样的，图 8-7 展示了整体的日志收集处理流程，在流程中包括收集、ETL、索引、存储、检索、关联、可视化、分析和报告这 9 个步骤。

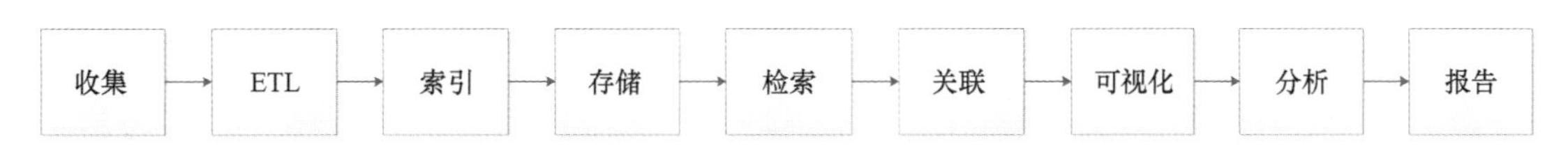

● 图 8-7 整体的日志收集处理流程

在图 8-7 所示的日志收集和分析流程中的步骤具体如下。

1）收集：从分散的数据来源中进行日志数据汇总、解析和清理、为缺少的值插入默认值等操作，对不相关的条目进行丢弃处理。

2）ETL（Extract、Transform、Load）：数据准备阶段，包括清除不良条目、重新格式化和规范化这几个过程。

3）索引：为了加快后续查询速度，为日志数据建立索引，可以为数据中的所有字段都进行索引，也可以为部分字段进行索引。索引相对来说是较为耗费 CPU 资源的操作，通常都会涉及 CPU 资源耗费与加快查询速度两个方面的权衡。

4）存储：将大量的日志数据高效地存储到日志系统中，为了确保存储的速度以及日后分析的便利性，需要利用可横向扩展的动态结构化存储系统。

5）检索：对存储在大规模日志数据系统中的数据进行灵活、快速的数据查询。

6）关联：在进行数据分析以揭示隐藏在数据背后的关键信息之前，对数据的关联性进行标识，标识的过程包括定义数据集字段之间的关联关系、人工对数据进行基础分类等。

7）可视化：使用图形、仪表板和其他方式直观地进行辅助数据展示，便于理解。

8）分析：将日志数据切片和切块，并在其中应用分析算法，通过数据分析算法来获知安全趋势、安全行为模式以及进行安全风险洞察。

9）报告：阶段性地或临时性地输出报告，报告中展示分析结论。

与日志处理流程相关的软件架构有日志源、日志处理和存储、日志查询展示和日志分析这几部分，它们的配合关系如图 8-8 所示。

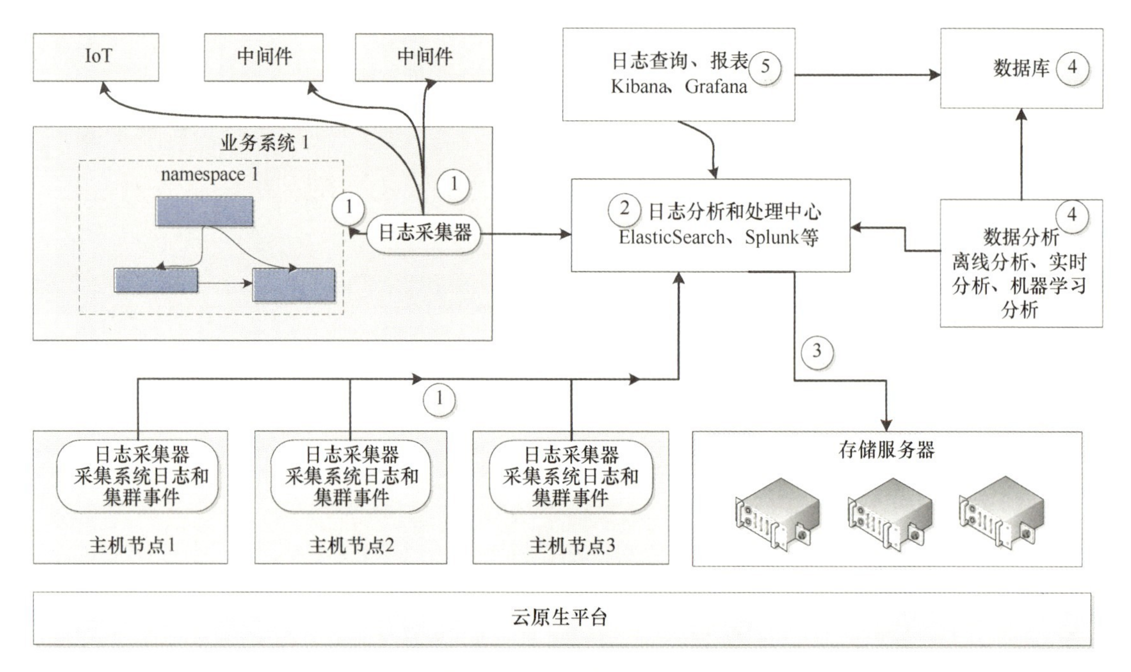

• 图 8-8　日志处理系统架构图

图中，整个日志处理系统都运行在云原生平台里，包括日志采集器、日志分析和日志存储、数据分析和日志查询组件。

在图 8-8 标号①的几个位置显示的是日志采集器的工作原理，日志采集器运行在 Kubernetes 集群的每个节点内，负责采集系统日志以及集群事件信息。此外日志采集器还负责采集应用层的日志以及中间件等外部资源的日志。日志采集器的实现技术有 filebeat、logstash 等。

日志采集器将收集到的日志统一送往日志分析和处理中心，在图 8-8 标号②的位置。日志分析和处理中心负责对日志进行预处理、建立索引等操作。常见的日志分析和处理服务有 ElasticSearch 和 Splunk。在 CNCF 社区，Loki 日志分析组件日渐流行。Loki 组件采用与云原生监控系统 Prometheus 类似的技术实现架构，与 ElasticSearch 不同的是，Loki 并不对日志记录进行索引操作，仅对日志记录进行打标签，通过标签的方式对日志进行查询。Loki 这种做法的好处是处理速度快、节省资源、轻量级。有时候，还会把收集到的日志数据通过 Kafka 等消息通道转发到不同的日志分析处理中心，由不同的日志分析处理中心做不同类型的业务分析，比如对有些日志进行实时分析，对有些日志进行批处理分析等。

日志分析和处理中心将日志写到云原生平台的共享存储中。接下来在图 8-8 标号④的位置是数据分析组件。数据分析组件对日志运行分析算法，可能采用的算法种类有离线分析、实时分析和机器学习分析。分析的结果存入专门的数据库。

最后通过日志查询和报表平台对存储的日志以及数据分析结果进行汇总展示，常用的日志可视化查询工具有 Kibana 和 Grafana。Kibana 对 ElasticSearch 有较好的支持，Grafana 是 CNCF 社区中使用广泛的监控和日志可视化组件。

8.3.2　开源日志收集、存储和处理平台 ElasticSearch

ElasticSearch 简称 ES，是大数据日志实时搜索领域中最成熟、稳定、主流的平台之一。由于它的流行度很高，介绍 ES 的书籍和资料很多。这里主要针对 ES 的优势，讲解其背后的技术原理，通过对这些原理的理解再反推理解 ES 平台的适用场景。

ES 是一个基于 Apache Lucene 构建的免费开源搜索和分析引擎，采用分布式架构，支持所有数据类型，包括数字、文本、结构化、非结构化和地理空间数据。ES 带有简单的 REST API，并提供可扩展性和快速搜索的功能。

ES 是 Elastic Stack 的重要组成部分，Elastic Stack 是一组开源工具，包括数据获取、存储、可视化和分析工具。Elastic Stack 中最重要的工具是 ES、Logstash 和 Kibana（ELK）。ES 架构利用 Lucene 索引构建并将其与分布式模型相结合，该模型将架构分离为分片小组件，这些组件可以分布在多个节点上。

ES 使用称为 beats 的传输代理，将原始数据从多个来源传输到 ES Server 中。将数据传送到 ES 后，在引擎内部就会启动数据处理过程，该过程对数据进行解析、规范化，并进行索引。数据被索引后，客户端的调用请求就可以依赖于数据索引来进行查询和分析。为了对数据进行可视化管理，Elastic Stack 提供了一个名为 Kibana 的工具，通过 Kibana 可以创建实时数据可视化视图，包括饼图、地图、折线图和直方图等图表。Kibana 还允许创建仪表板，使用 Canvas 创建自定义动态信息图表，以及使用 Elastic Maps 来可视化地理空间数据。

在数据存储机制上，ES 使用倒排索引技术。与倒排索引对应的是正排索引（或者叫前置索引），它是创建倒排索引的基础。表 8-1 是一个正排索引的数据示例表。

表 8-1　正排索引示例

文档 ID	文档内容
1	ElasticSearch 的搜索功能很强大
2	ElasticSearch 采用倒排索引技术

这种组织方法在建立索引的时候，结构比较简单，且易于维护。因为索引是基于文档建立的，当有新的文档加入时，直接为该文档建立一个新的索引块，挂接在原来的索引文件后面。当需要删除某个文档时，则直接找到该文档号的文档对应的索引信息，将其删除。这个索引适

合根据文档 ID 来查询对应的内容。但是在查询某个词在哪些文档里包含的时候，就需要对所有的数据进行扫描才能查出来。这样就使得检索时间大大延长，检索效率低下，且占用很多资源。

倒排索引技术采用不同的思路，在搜索引擎中每个文件都对应一个文件 ID，文件内容被表示为一系列关键词的集合。例如在例子中的“文档 1”经过分词后，提取了 3 个关键词，分别是“ElasticSearch”“搜索”“强大”。每个关键词都会记录它所在文档中的出现频率及出现位置。基于这个模式建立起来的倒排索引如表 8-2 所示。

表 8-2 倒排索引示例

分　词	文　档
ElasticSearch	文档 1、文档 2
搜索	文档 1
强大	文档 1
技术	文档 2
…	…

比如要查询“ElasticSearch”这个关键词在哪些文档中出现过。首先通过倒排索引可以查询到该关键词出现的文档位置是在“文档 1”和“文档 2”中，然后再通过正排索引查询到“文档 1”和“文档 2”的内容并返回结果。

一些规模很大的文档数据集里有数量高达上百万个关键词，在 ES 领域中关键词称作 term，能否快速定位到某个 term，会直接影响数据查询的响应速度。因此，就会把一些常用的索引数据放入内存中以加速查询。

基于倒排索引的快速查询技术可以支持从海量数据中迅速找出某个关键字段的出现频率和出现位置。对云原生应用管理而言，比如查看某个 IP 一段时间内对应用的调用次数以及请求数据，ES 就可以很快地进行解析查询并得出结果，并利用 Elastic Stack 中的 Kibana 展示出来。除了查询快，ES 还提供了全面的查询分析接口，包括聚合、相关度排名、统计查询等全面的高级查询功能。

8.3.3 数据脱敏技术 ShardingSphere

应用的运行过程中会产生很多数据，这些数据包含敏感内容。首先需要通过认证和鉴权机制来控制对敏感数据的访问，这是数据访问安全的基础步骤。另外还需要对存储或返回的数据进行脱敏，从数据本身控制泄露的程度和风险。

Apache ShardingSphere 是一整套开源的分布式数据库中间件解决方案，它由 Sharding-

JDBC、Sharding-Proxy 和 Sharding-Sidecar 这 3 款相互独立，却又能够混合部署配合使用的产品构成，组成了一个小型的数据处理生态圈。它们均能够提供标准化的数据分片、分布式事务和分布式治理功能，可适用于如单机 JVM 和云原生环境等多种应用场景。

数据脱敏模块属于 ShardingSphere 分布式治理这一核心功能下的子功能模块。它能够对用户输入的 SQL 进行自动解析，并依据配置好的脱敏规则对 SQL 进行改写，从而实现对原文数据进行脱敏或加密。并将原文数据及密文数据同时存储到底层数据库，也可以配置只存储脱敏后的数据而忽略原文数据。在用户查询数据时，它又从数据库中取出密文数据，并对其解密，最终将解密后的原始数据返回给用户。Apache ShardingSphere 分布式数据库中间件自动化和透明化了数据脱敏过程，让用户无须关注数据脱敏的实现细节，像使用普通数据那样使用脱敏数据。此外，无论是已在线业务进行脱敏改造，还是新上线业务使用脱敏功能，ShardingSphere 都有针对性地提供了一套相对完善的解决方案。

ShardingSphere 提供的 Encrypt-JDBC 和业务代码部署在一起。业务方通过 Encrypt-JDBC 访问数据库。Encrypt-JDBC 实现了所有 JDBC 标准接口，所以对业务代码不会带来影响，业务代码无须做额外改造即可兼容使用。通过 Encrypt-JDBC 接入后，业务代码所有与数据库的交互行为转换为由 Encrypt-JDBC 来负责处理，在应用层只需要配置好脱敏规则即可。作为业务代码与底层数据库中间的桥梁，通过 Encrypt-JDBC 可以拦截用户行为，并在数据库交互的过程中嵌入执行流程，改造数据请求行为。ShardingSphere 数据脱敏技术原理如图 8-9 所示。

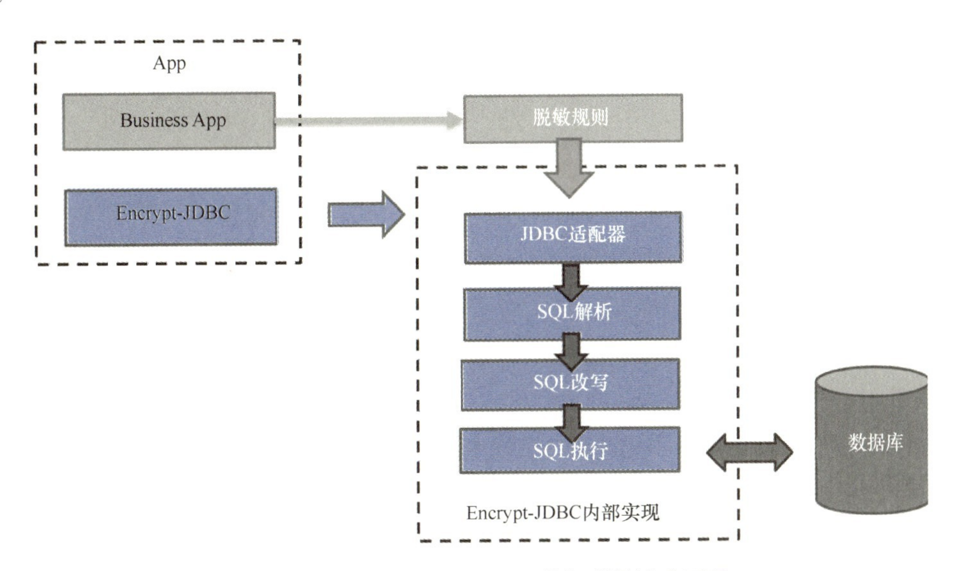

• 图 8-9 ShardingSphere 数据脱敏技术原理

在图 8-9 中，Encrypt-JDBC 将用户发起的 SQL 进行拦截，并通过 SQL 语法解析器进行解析，理解 SQL 行为，再依据用户传入的脱敏规则，找出需要脱敏的字段和所使用的加解密器对目标字段进行加解密处理后，再与底层数据库进行交互。ShardingSphere 会将用户请求的明文进行加密后存储到底层数据库；并在用户查询时，将密文从数据库中取出进行解密后返回给终端用户。ShardingSphere 通过屏蔽对数据的脱敏处理，使用户无须感知解析 SQL、数据加密、数据解密的处理过程，就像使用普通数据一样使用脱敏数据。

8.4 应用流程相关的安全工具及规范

Jenkins 提供了自动化构建、测试和部署服务的能力，是最为主流的开源持续集成工具之一。GitLab 本身是一个代码仓库工具，最初是用作 Git 代码版本管理的。同时 GitLab 也内置了 Pipeline 执行器，在执行器中可以配置包括构建、自动化测试、自动化部署等任务，也可以集成自动化代码检查和镜像扫描等任务。GitLab 与容器相关的技术有较好的集成，在云原生开发模式下使用范围较广。另外基于 GitLab 的 GitOps 主推“基础设施即代码”（Infrastructure as Codes，IaC）的模式，将应用的环境、部署、应用本身都代码化，在云原生领域中越来越受到热捧。

Jenkins 和 GitLab Pipeline 都是执行 DevSecOps 流程的工具，基于这些平台型工具，将多种安全工具包集成进 DevSecOps 流程的各个阶段中。通过自动化流水线运行这些工具软件，同时配置运行策略，可以是自动触发、手动触发或定时触发，是推进 DevSecOps 落地实施的主要手段。

8.4.1 Jenkins

Jenkins 是一个独立的开源自动化流水线服务，可用于自动化各种任务，如构建、测试和部署软件。Jenkins 的安装十分简单，可以通过容器镜像直接运行，也可以在安装了 Java Runtime 的机器上独立运行。作为最主流的开源 CI/CD 集成平台之一，Jenkins 可以通过命令行或界面插件配置运行 Groovy 脚本。在脚本中远程调用安全工具包，对应用的开发和测试流程环节进行安全扫描和安全加固。

在图 8-10 中可以看到如何使用 Jenkins Pipeline 的脚本嵌入功能。

Groovy 语法的功能十分强大，它可以通过调用 Shell 脚本调用外部的系统，通过这个扩展机制，可以支持对接几乎任何外部第三方系统。另外 Jenkins 内置了任务的调度器，在流水线执行过程中，可以很方便地进行并发任务调度。

Jenkins 的使用非常普遍，介绍 Jenkins 的资料也非常多，同时主流云平台上都提供了同等的流水线功能，这里仅对 Jenkins 做一个简单的介绍，不做过多的深入解析。接下来主要看一下云原生主推的 GitOps 持续交付模型。

• 图 8-10　Jenkins 通过 Pipeline Script 嵌入脚本来接入外部的安全工具

8.4.2　云原生持续交付模型 GitOps 及 GitOps 安全

GitOps 是一种适用于云原生架构的持续交付模型，它在传统的 CI/CD 模型上针对云原生应用的特点进行了规范及功能性扩展。

GitOps 的核心是围绕 Git 库来实现的。通常情况下，Git 库被认为是用来存储代码的。在 GitOps 中，Git 库同样也是用来存储代码的，但是这里的代码不仅包括传统意义的源程序代码，还包括用来定义基础设施的代码。这里引申出一个重要概念，也是 GitOps 中的一个重要思想：基础设施即代码。

IaC 把软件运行的基础环境也进行声明式的定义，包括应用运行所需要的组件，如消息代理、数据库定义、网络定义和监控运维方式定义等。在 GitOps 中有两个 Git 库：应用程序库和环境配置库。应用程序库包含应用程序的源代码和部署应用程序的部署清单，环境配置库包含部署环境当前所需的基础资源清单，它描述了哪些应用程序和基础设施服务组件应该部署在环境中，同时还定义了这些组件以何种配置和版本来运行。

IaC 是把应用程序本身和应用运行所依赖的基础设施通过源代码的方式进行编辑和定

义，并存放在 Git 库中。Git 库本身就有代码版本管理的能力，通过将应用程序全部的相关信息都以代码的方式存储在版本库中，实现了基础设施版本化。GitOps 通过自动比对当前运行环境的版本与目标定义的运行环境版本之间的差异，采用自动化的方式来纠正差异，以声明式的方式对基础设施进行管理。

GitOps 有三条基本的原则，如下所述。

1）任何能够被描述的内容都必须存储在 Git 库中，通过检查比较实际环境的状态与代码库上的状态是否一致，来决定如何更新环境。在通过版本库中的内容更新系统的基础架构或者应用程序的时候，如果出现错误，也可以迅速地回退。回退也是基于 Git 库中存储的声明性文件。

2）不直接使用命令行或界面来手工操作，对环境和应用程序的所有操作都是由配置库更新而自动触发的。触发机制可以选用推（Push）和拉（Pull）两种模式，其中 Push 方式通常是传统的、基于 Jenkins 流水线的实现模式，Jenkins 是流水线的调度方，是命令执行的发起方，由 Jenkins 主动发起环境更新命令。而 GitOps 是采用 Pull 模式，应用环境通过 Git Pull Request 获取新的环境声明信息，来完成环境更新。

3）调用 Kubernetes 的 API 接口或者控制器应该遵循 Operator 模式。Operator 是 Kubernetes 提供的、可以扩展所管理的资源类型的一个机制，所有与集群相关的资源都可以通过 Operator 来管理，甚至包括主机操作系统、组件网络配置等。这些资源都采用声明式的方式来定义，Operator 为对应的资源实现了各自的管理器，管理器监听资源声明的改动，并进行状态调整。

在完整的 GitOps 流程中，包括从代码变更到镜像生成的构建过程，还包括生产环境配置更新以及触发环境更新的持续交付过程。图 8-11 展示了这个过程。

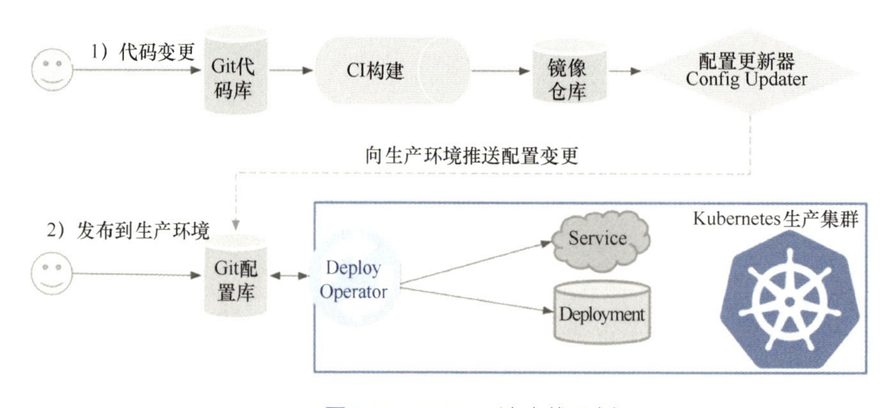

• 图 8-11　GitOps 流水线示例

图 8-11 是一个 GitOps 从代码提交到应用部署上线过程的流水线过程，图中显示整个流程都是围绕 Git 库工作的。Git 库有两个，分别是代码库和配置库。开发人员将更新的代码推送到 Git 代码库，CI 工具获取更改并最终构建容器镜像。GitOps 有 Config Updater，叫作配

置更新器。配置更新器检测到有新的镜像产生时，就从存储库中提取新镜像，然后在 Git 配置库中更新其声明文件。GitOps 的 Deploy Operator 会检测到集群状态未更新（实际运行的状态与配置库中的状态有差别），最终的状态是以 Git 配置库中的为准。于是 GitOps 从配置库中提取已更改的配置清单，根据配置清单来执行更新操作，最终将新镜像部署到生产集群中。

图 8-11 中的 Config Updater 和 Deploy Operator 是两个关键的组件。当有新的容器镜像生成时，Config Updater 就会监听到，接下来触发并完成 Config Git 库中的配置文件更新。当配置更新操作完成后，就完成了从研发阶段到生产上线阶段的配置信息同步，让 GitOps 流水线的执行过程由 CI 阶段流转到 CD 阶段。Deploy Operator 是用来执行自动化容器升级和发布到线上环境的工具，由 Deploy Operator 最终完成将生产环境的状态根据配置库中的配置清单进行同步的操作。

Deploy Operator 是部署在生产集群内部的，访问生产集群的证书不会在生产环境之外公开。所以将 Deploy Operator 安装到集群并与 Git 配置库建立连接后，线上环境中的任何更改都可以通过 Git Pull 请求来完成。Git Pull 是具有回滚能力的，并且 Git 提供了审计日志来对这个过程进行审计，从而对环境中的任何变更都有记录，不仅变更的内容有记录，变更的过程也有记录。可以看出，GitOps 在设计时就已经考虑了安全保障，如果没有 Deploy Operator，传统的流水线调用需要从生产集群外部通过命令行或调用接口访问生产集群，引起集群访问地址和密钥泄露的风险。

除了限制对生产集群的访问这一提升云原生平台安全性的好处之外，使用 GitOps 流程还有很多有利于生产环境安全管控的优势。首先，在 GitOps 中，所有跟环境相关的配置都存储在 Git 库中，这有利于采用集中化的方式对配置库进行安全管理，而不至于陷入多处管控的难题之中。另外，由于对环境的所有操作都是由系统自动触发的，这降低了人为操作引入安全漏洞的风险。Git 库的版本管理有审计通知功能，当关键配置变更发生时，安全审计人员就可以收到通知，及时进行跟踪或干预。

作为环境最终状态的控制中心，Git 库的权限控制成为安全管控的一个中心命题。对于 Pull 请求的权限管理十分重要，首先要控制可以访问和提交代码的权限，对于涉及环境和配置变更的操作，需要发送审批申请到负责人，由专人审批。在实践中，通常给不同的项目设置不同的负责团队，具体的审批由相应的负责团队来完成。

对于环境配置中的一些敏感配置，比如密码、账号等信息，一旦作为源代码进入 Git 存储库，它就可以传播到多个位置。这可能意味着失去对敏感数据的控制，很容易造成敏感数据泄露。在 GitOps 中，对敏感数据的保护是一个很复杂的课题，常规的做法可以使用 Kubernetes Secrets，在生产环境部署的时候，动态地生成密码。在应用部署和升级的时候，将 Secrets 自动以密文的方式注入容器 Pod 中。

有一些专门的安全产品，进行密码等机密数据的处理和传递。HashiCorp Vault 是一种密钥管理工具，用于在低信任度环境中控制对敏感凭据的访问。它可用于存储敏感数据，同时动态生成访问授权，只允许特定服务/应用程序访问这些的数据。将 Vault 与 GitOps 结合，是一种功能完善、可靠度高的针对敏感数据的处理方案。但是与 Vault 集成，引入了外部程序的依赖，通过命令行和外部接口调用外部系统，一定程度上打破了 GitOps 的一致性。

SOPS（Secret OperationS）是一种使用广泛的开源密钥管理工具，它由 Mozilla 开发，可用于将密文安全地存储在公共或私有 Git 存储库中。SOPS 是一个命令行工具，可以对数据进行加密。GitOps 工具链上的多个工具，包含常用的 Fluxv2 和 ArgoCD，都与 SOPS 有良好的集成，通过 SOPS 可以对 GitOps 工作流中的密文进行管理。

GitOps 能够自动完成云原生环境下的整个持续部署流程，但是将生产环境和应用按照预先声明的状态完整地部署和实施远不是工作的全部，对应用系统整个生命周期进行审计是必不可少的工作事项。尤其是针对 GitOps 这种基于 IaC 和变更自动化的过程，对变更内容和变更过程进行审计尤为重要。除了充分利用 Git 库自身提供的代码版本和代码变更记录功能之外，基于云原生平台提供的监控和日志统计能力，对应用运行历史以及变更过程进行记录，并对一定时间跨度内的变更记录进行长时间的存储，通过图表、报表或分析查询，是将 GitOps 与监测平台相结合的好实践。

8.4.3 渗透测试和漏洞扫描工具 ZAP

Web 应用程序的渗透测试和漏洞扫描程序通常从外部扫描 Web 应用程序，以查找安全漏洞，例如跨站点脚本、SQL 注入、命令注入、路径遍历及其他不安全的服务器配置。这类工具通常被称为动态应用安全测试（Dynamic Application Security Testing，DAST）工具。DAST 有很多商业化和开源工具可以使用。

在第 4 章应用架构安全中提到的 OWASP（开放 Web 应用程序安全项目，Open Web Application Security Project）是一个开源的、非营利的全球性安全组织，致力于应用软件的安全研究。OWASP 被视为 Web 应用安全领域的权威，它提供了多种安全扫描工具。

ZAP 是 OWASP 工具项目类别里的旗舰项目，全称是 OWASP Zed Attack Proxy，是一款开源的、跨平台的、支持对 Web 应用程序进行集成渗透测试的工具。ZAP 主要覆盖了安全性测试里的渗透测试，它通过对系统进行模拟攻击和分析来确定系统是否存在安全漏洞以及存在什么安全漏洞。ZAP 以代理的形式来实现渗透性测试，它将自己作为浏览器与应用之间交互的一个中间人，浏览器与服务器的任何交互都将经过 ZAP，ZAP 则可以通过对其抓包进行分析和扫描，如图 8-12 所示。

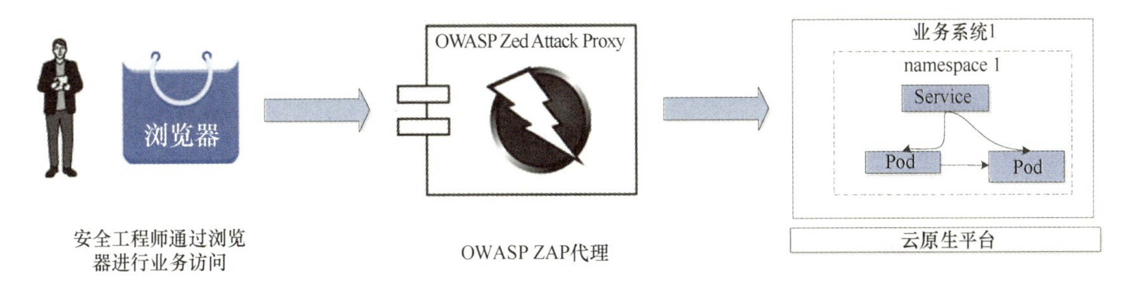

• 图 8-12　使用 ZAP 对业务系统进行渗透测试

在图 8-12 中，安全工程师通过浏览器访问业务，经过 ZAP 代理调用运行在云原生平台中的 Web 应用，OWASP ZAP 在调用过程中进行漏洞分析。ZAP 的另外一个优势是平台兼容性，它适用于所有的操作系统和容器环境，且简单易用。ZAP 有强大的社区支持，有多种功能插件可以扩充。

ZAP 提供了两种扫描模式：Automated Scan（自动扫描）和 Manual Explore（手动扫描）。在执行扫描前，通过界面选择扫描模式，如图 8-13 所示。

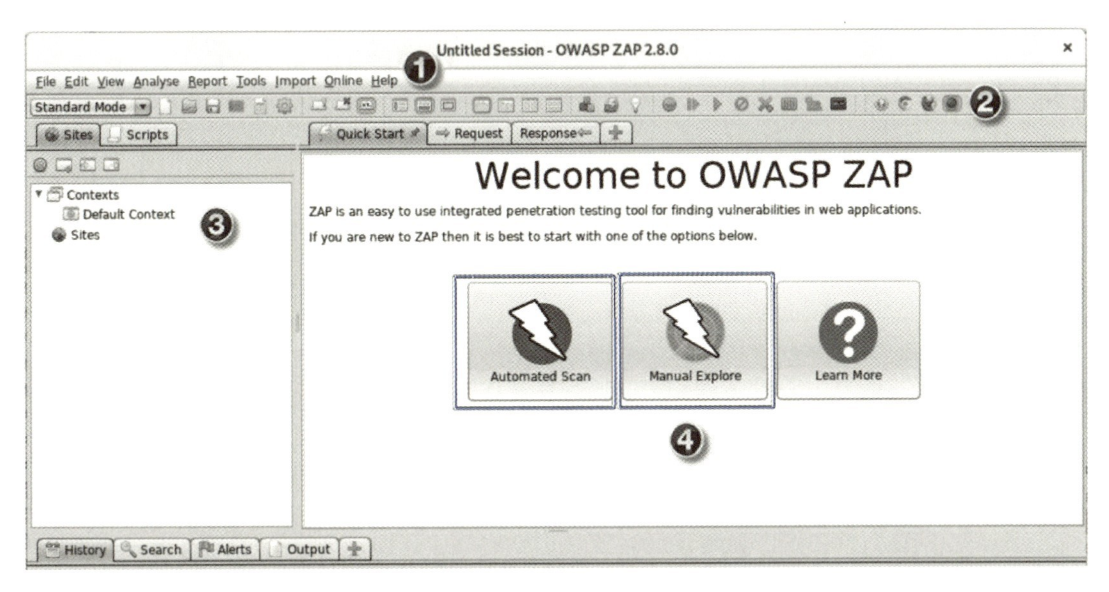

• 图 8-13　ZAP 的自动扫描和手动扫描模式

自动扫描模式下，只要输入需要渗透的网址，以及 Traditional Spider（抓取 Web 程序中的 HTML 资源）和 Ajax Spider（适用于有比较多 Ajax 请求的 Web 程序）两个选项按钮，ZAP 就开始检验目标网址，并产生报告。

对于手动扫描，需要选择渗透的网站和欲使用的浏览器。当选择完成后，会启动该网站的浏览器，在浏览器页面中就有了 ZAP 的各种测试工具，在页面上发起渗透测试。

在常规使用场景下，ZAP 由安全工程师搭建，安全工程师发起对业务应用的安全渗透测试。对于云原生的开发模式，安全工程师把 ZAP 测试集成进 DevSecOps 全流程，在每次有新功能并入时，自动触发编译构建和部署运行，然后基于 ZAP 对运行的业务进行安全测试。整体功能运行流程如图 8-14 所示。

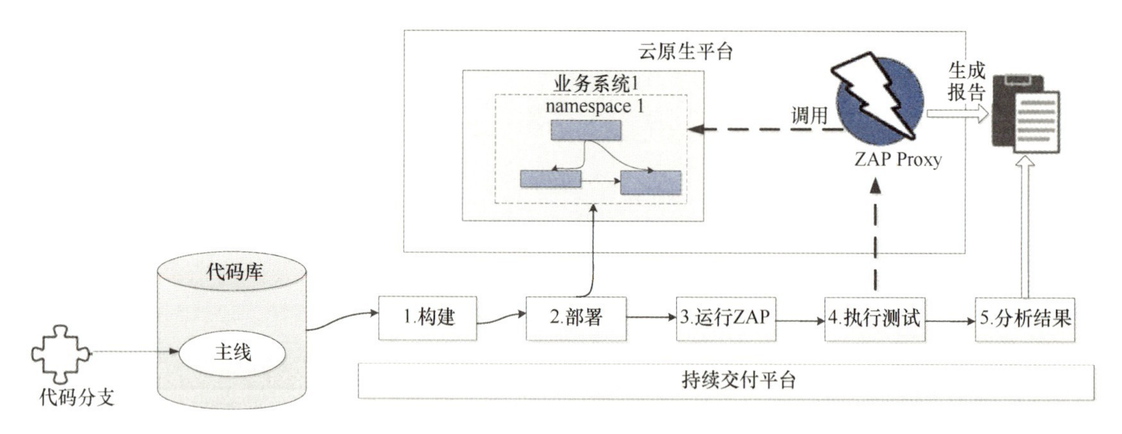

● 图 8-14　在流水线中集成 ZAP 进行自动化渗透测试的整体功能运行流程

在上面的流程中有 5 个执行任务，分别是构建、部署、运行 ZAP、执行测试和分析结果。执行测试过程基于 ZAP Proxy，ZAP 以容器形态部署和运行在云原生平台中，通过 ZAP 调用新版业务系统的服务。ZAP 生成测试报告后，在流水线中对报告执行解析，根据解析结果判定是否通过。如果结果为通过，则进入下一个流水线执行阶段。

8.4.4　软件包扫描工具

关于代码的安全问题有两类：代码本身的安全问题和代码依赖包存在的安全问题。对于代码本身的安全问题，可以通过静态代码分析工具解决，而对于代码依赖包的安全问题，需要通过软件包扫描工具来进行安全扫描。

Dependency-Check 是 OWASP 的一个重要开源项目，该工具是 OWASP 的十大解决方案之一，用于识别项目依赖项并检查这些依赖项中是否存在任何已知和公开披露的漏洞。它支持 Java、.NET、Ruby、Node. js、Python 等语言编写的程序，并为 C/C++构建系统（Autoconf 和 Cmake）提供了有限的支持。Dependency-Check 依赖项漏洞检查原理与平常大家熟知的病毒查杀软件原理类似，通过预先定义好目前已知的安全漏洞库，检查依赖包，发现这些依赖包的漏洞，同时安全漏洞库也同杀毒软件的病毒库一样定期进行更新。

Dependency-Check 的核心功能是通过其包含的一系列分析器来探测项目的依赖，收集依赖的各类信息，通过这些信息来确认其 CPE（Common Platform Enumeration，通用平台软件依赖信息），一旦 CPE 确认，就可以罗列出 CVE。收集有关依赖项的信息后，将其与本地的 CPE 库数据进行对比，如果检查发现扫描的组件存在已知的、易受攻击的漏洞则标识，最后生成报告进行展示。

Dependency-Check 提供命令行界面、Maven 插件、Ant 任务和 Jenkins 插件，可以嵌入流水线中执行。核心引擎包含一系列分析器，用于检查项目依赖项、收集有关依赖项的信息片段（称为证据）。然后使用证据来识别给定的依赖项，在报告中列出相关的常见漏洞 CVE 条目。

Dependency-Check 提供了与 Maven、Gradle 和 SBT 构建系统相集成的插件，集成的方式也很简单。拿与 Maven 集成举例，只需要在 Maven 文件中添加 Dependency-Check 的依赖即可。Maven 的依赖中可以配置检查报告的聚合策略，还可以配置风险指数。在编译过程中，检测到风险指数高于配置的指数值时，则触发项目编译错误。在 Maven 依赖中，可以配置更新漏洞库操作，在编译时执行漏洞库更新操作。

Dependency-Check 可以与 Jenkins 进行集成，在 Jenkins 的全局工具配置界面中安装集成插件 Static Analysis Utilities。与 Jenkins 集成后，具有自动执行依赖关系分析和构建后查看检查结果的功能。检测的结果可以针对漏洞的级别进行分类统计、生成趋势统计图，也可以查看详细的漏洞列表，如图 8-15 所示。

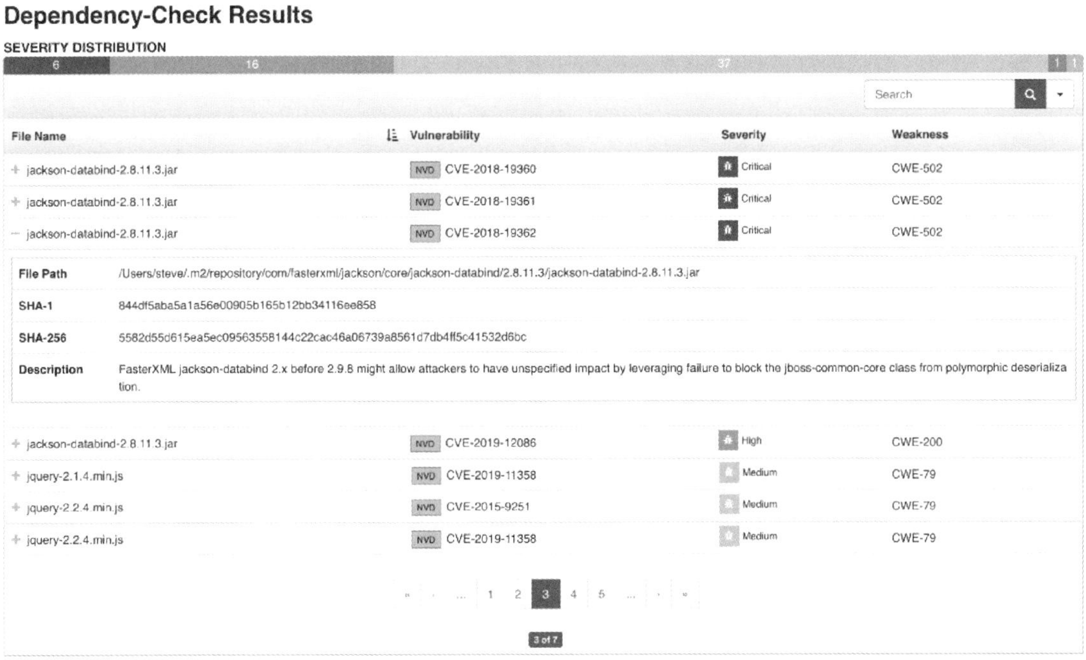

Dependency-Check Results

SEVERITY DISTRIBUTION

6 16 37 1 1

Search

File Name	Vulnerability	Severity	Weakness
+ jackson-databind-2.8.11.3.jar	NVD CVE-2018-19360	Critical	CWE-502
+ jackson-databind-2.8.11.3.jar	NVD CVE-2018-19361	Critical	CWE-502
− jackson-databind-2.8.11.3.jar	NVD CVE-2018-19362	Critical	CWE-502

File Path	/Users/steve/.m2/repository/com/fasterxml/jackson/core/jackson-databind/2.8.11.3/jackson-databind-2.8.11.3.jar
SHA-1	844df5aba5a1a56e00905b165b12bb34116ee858
SHA-256	5582d55d615ea5ec09563558144c22cac46a06739a8561d7db4ff5c41532d6bc
Description	FasterXML jackson-databind 2.x before 2.9.8 might allow attackers to have unspecified impact by leveraging failure to block the jboss-common-core class from polymorphic deserialization.

File Name	Vulnerability	Severity	Weakness
+ jackson-databind-2.8.11.3.jar	NVD CVE-2019-12086	High	CWE-200
+ jquery-2.1.4.min.js	NVD CVE-2019-11358	Medium	CWE-79
+ jquery-2.2.4.min.js	NVD CVE-2015-9251	Medium	CWE-79
+ jquery-2.2.4.min.js	NVD CVE-2019-11358	Medium	CWE-79

« ‹ … 1 2 3 4 5 … › »

3 of 7

• 图 8-15 Dependency-Check 结果

图 8-15 是通过 Dependency-Check 进行漏洞检测生成的结果报告。在报告中显示了应用依赖的第三方库以及每个库所对应的 CVE 漏洞号、漏洞的级别和描述信息。

8.4.5 应用交付流程安全规范

应用层的渗透测试和漏洞扫描相当于对应用整体安全的一个检测机制，在安全问题引入之后，通过安全测试和漏洞扫描发现这些问题，推进修改。在安全管理维护方面，最经常处理的是 CVE 漏洞，CVE 漏洞通常是一些隐藏较深、有一定修复难度的问题。对负责业务开发和业务运维的工程师来说，由于接触应用层安全问题的机会不多，仅有的几次机会也是对 CVE 漏洞的修复，修复的方案往往也是通过版本及第三方库的升级来完成的。长时间的操作过程造成了对应用安全处理机制的两个错误理解，一是认为安全问题是由外部安全防护机制来处理的，二是认为安全问题不太容易引入。

对安全问题的这两个印象实际上是不对的，特别是在云原生环境下，由于疏忽很容易引入安全漏洞。拿一个例子来看，在第 3 章容器运行态安全中曾提到过，一个容器中的进程如果以 root 身份运行，那么这个进程在主机操作系统内部也是 root 身份的，这个程序容易被利用并通过 SUID 扩大攻击范围；或者有些时候，由于错误地配置了网络策略，业务接口向平台中的所有业务应用开放，破坏了业务的隔离性。这些问题在实际应用中经常发生。

由于云原生业务应用的运行环境已经不同于传统业务应用场景，在传统业务应用场景下，安全管控主要依赖网络边界设备，比如防火墙、IDS/IPS、WAF 等。云原生业务系统运行在云化的环境中，网络边界普遍已经虚拟化和模糊化。另外，云原生环境有大量的多租户共享以及多业务应用共用的情况，各业务系统需要在代码、配置和技术选型使用上注意安全问题。如果不遵守一个好的安全规范，日积月累的小安全问题会让业务系统漏洞百出。在常规情况下也许业务系统能够稳定运行，在扩展性和性能等方面表现良好，但是一旦遇到攻击，很容易就会出现严重的安全事故，比如数据泄露、资源泄露或者遭受网络欺诈，造成严重后果。所以云原生应用在开发流程执行过程中就需要确立好安全规范，并把安全规范的执行检查嵌入到 DevOps 流程中。

安全规范需要考虑平台安全使用规范、容器镜像安全规范、云原生应用安全规范、安全审计规范这四个领域。这四个领域中安全规范的作用和目的如下。

1）平台安全使用规范：规定平台层（包括主机、Kubernetes 集群）的配置和使用规则。

2）容器镜像安全规范：规定应用镜像打包规范，约束使用的基础镜像以及基础镜像的使用方法。

3）云原生应用安全规范：规定 Pod 的定义规则、namespace 的隔离规则以及各应用之间的访问规则；还包括应用在架构上的安全定义规则。

4）安全审计规范：规定应用的操作日志、与安全相关的应用运行日志的打印规范。

下面对每个安全规范涵盖的主要内容进行说明，将这些安全规范条目纳入组织安全规范条例中。同时在这些规范定义基础上扩展符合自己组织特点的规范，把流程规范的执行检查放在 DevSecOps 流水线中自动执行，便践行了一个好的云原生应用安全实践。

1. 平台安全规范

云原生平台是应用运行的基础，安全工程师的一个重要职责是维护平台的安全。平台安全建设的约束和规范在应用开发流程中可以体现的点并不多，主要是在用户和文件权限及 Kubernetes 平台配置这几部分，主要规范见表 8-3。

表 8-3 平台安全规范

类 别	细 则
用户权限相关	不能使用 root 账号执行命令 平台中需配置密码复杂度策略 平台中需配置密码更改周期 root 需禁用密码方式登录，改用证书方式登录
文件权限相关	应用可执行程序不能以 root 身份启动 平台中关键位置需设置不可修改位 除非必要情况，文件的可执行权限位不可设置为 SUID 权限
容器平台配置相关	kube-apiserver 启用安全认证策略，屏蔽匿名访问 kube-apiserver 需关闭 AlwaysAllow 和 AlwaysAdmin 配置 etcd 需开启数据加密和 TLS 访问认证 单个主机节点中的 kubelet 进程需开启 CA 认证 主机节点上的 kubelet 进程需关闭只读接口 需启用 RBAC 访问

2. 容器镜像安全规范

1）只能使用指定的容器基础镜像（如 alpine 的固定版本）。

2）Dockerfile 中不能包含敏感信息（比如密码等）。

3）需通过 USER 命令指定容器进程的启动用户，不能以默认的 root 身份启动。

4）镜像不能挂载包括/etc、/bin、/root 等路径在内的系统关键路径。

5）发布的镜像需通过镜像扫描平台进行安全扫描。

6）非特殊情况，不允许在基础镜像的基础上再下载扩展软件包。

7）某些情况下，安装扩展软件包时，需通过安全工程师来操作，安全的软件包需精简，去除无用的附属文件（如 debug 工具、帮助文件等）。

3. 云原生应用安全规范

云原生应用安全规范的内容较多，包括应用中间件的选型和使用、应用 Pod 声明文件包含的必要配置、应用 Pod 之间的隔离策略、Security Context 和 Pod Security Policy 的使用规范以及平台服务账号及其角色绑定的配置规范等，具体见表 8-4。

表 8-4　云原生应用安全规范

类　别	细　则
应用中间件	使用云服务中间件 为云服务中间件添加访问密码设置，对通信流量进行加密 对中间件启用外网隔离
应用架构实现	防范常见的应用配置漏洞，比如关闭 XML 外部实体解析 在应用层实现中，不能使用 SQL 拼接 应用接口实现方法中，需要对参数长度和参数字符进行检查判断 对 Web 头部进行 Token 校验 Token 需设置有效期 Web 对外接口需使用 HTTPS 连接
Pod 配置和容器间隔离	业务应用需运行在自定义的 namespace 中，不能部署和运行在 Kubernetes 的默认 namespace（包括 default、kube-system 等）中 需为 namespace 启用网络策略 Pod 定义中需包含 SecurityContext 声明，SecurityContext 部分需指定 Pod 运行的用户、用户组。不能使用 root 账户运行 Pod Pod 声明中需包含 seLinuxOptions 业务应用 Pod 不能以特权模式运行 集群角色中需绑定 PodSecurityPolicys（PSP），在 PSP 中配置角色运行执行的动作以及可以操作的资源范围和列表 Pod 需配置 ready 检查策略和健康检查策略，需配置资源使用的 request 和 limit 值

4. 安全审计规范

安全审计规范中定义了应用操作日志、与安全相关的运行日志及运行事件的输出规范，主要包括以下内容。

1）用户对资源的操作和管理需记录操作日志，操作日志的信息字段需记录操作源 IP 等关键字段。

2）Web 层接口的调用入口及出口需记录调用日志，调用日志的级别需为 WARN。调用日志需标记出调用时间、输入参数和能够标记调用用户的字段信息。

3）应用日志中不能输出用户的隐私信息（比如用户密码等）。

4）应用日志需对应用异常情况进行捕获，并输出应用运行的整体情况日志，如在线程池满的时候，输出线程总数及请求队列的统计信息。

5）需开启 kube-apiserver 审计，记录平台的事件信息。

上述平台以及应用层规范的制定主体是安全工程师。安全工程师除了提出和制定安全流程规范外，还负责在 DevSecOps 流水线中配置自动化的安全规范检查机制，将安全的检查工作融入日常的开发流程中，利用云平台的自动化机制来实现自动化的持续安全。

8.5 与应用集成相关的开源安全工具

Kong 是云原生社区最为主流的开源网关组件之一，它是基于 OpenResty 编写的高可用、易扩展的开源 API 网关项目。Kong 提供了易于使用的 RESTful API 来操作和配置 API 管理系统，社区还有与 Kong 相配合的 Konga 前端项目，提升易用性。Kong 在可扩展能力方面也十分突出，它可以水平扩展多个 Kong 服务实例，通过前置的负载均衡配置把请求均匀地分发到各服务实例，来应对大并发情况下的网络请求。Kong 网关工作模型如图 8-16 所示。

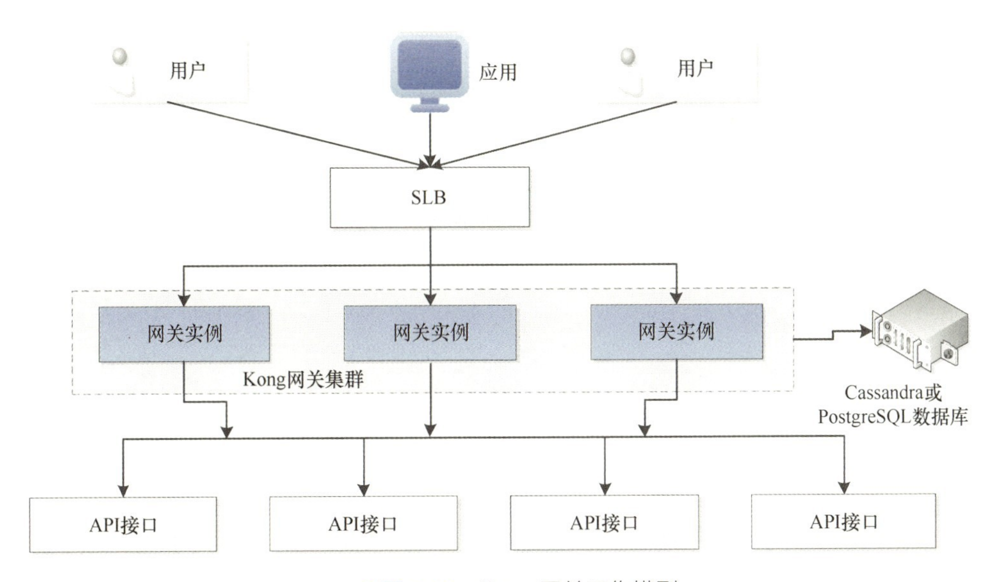

• 图 8-16　Kong 网关工作模型

原生的 Kong 主要有三个组件。

- Kong Server：基于 Nginx 的服务器，用来接收 API 请求。
- Apache Cassandra/PostgreSQL：用来存储操作数据，在测试环境，也可以不用数据库存储，可采用将配置存储在文件系统中的方式。
- Kong Dashboard：官方推荐 UI 管理工具，也可以使用开源的 Konga 平台。

Kong 的一大优势是支持采用插件机制来进行功能定制，原生的 Kong 本身已经具备了安全、限流、日志、认证、数据映射等基础插件能力，同时也可以很方便地通过 Lua 脚本定制自己的插件。插件可以以动态插拔的模式，实现 Kong 网关能力的扩展。

本节主要讲述 Kong 网关的开源扩展功能插件的功能和使用。

8.5.1 Kong 认证插件

Kong 社区提供了多种认证插件，具体见表 8-5。

表 8-5 Kong 认证插件

插 件 名	功能说明
基本认证	使用用户名和密码保护向服务或路由添加基本身份验证。该插件检查 Proxy-Authorization 和 Authorization 字段中的凭据来进行基本认证
HMAC 认证	将 HMAC 签名认证添加到服务或路由以建立传入请求。该插件验证在 Proxy-Authorization 或 Authorization 字段中发送的数字签名
JWT 认证	验证包含 HS256 或 RS256 签名的 JSON Web 令牌（符合 RFC 7519）的请求。客户端拥有 JWT 凭据（公钥和私钥），使用这些凭据对其 JWT 进行签名。支持通过请求（query）区、cookie 区或请求头部来传递 Token
密钥认证	将密钥身份验证添加到请求体中。服务消费方在查询字符串参数或字段中添加密钥来验证请求。该插件在功能上与开源密钥认证插件的工作原理相同，不同之处在于 API 密钥是以加密格式存储在 API 网关数据库中
LDAP 认证	将 LDAP 绑定身份验证添加到具有用户名和密码的请求体中。该插件通过检查 Proxy-Authorization 和 Authorization 字段中的凭据来进行认证
OAuth 2.0 认证	添加 Authorization Code Grant、Client Credentials、Implicit Grant 信息并完成 OAuth 认证
会话管理插件	Kong 会话插件用于管理通过 Kong API 网关代理的 API 浏览器会话，为会话数据的存储、加密、更新、到期及发送浏览器 cookie 提供配置和管理

除了上面的开源插件外，Kong 企业版提供了更加全面的认证策略插件，例如 OpenID 和 Vault 认证插件。

下面通过一个例子看一下在 Kong 网关上为一个服务激活 OAuth 认证。

1）首先添加一个测试 Service，并为这个 Service 在网关上添加访问路由。Service 是底层提供业务能力的服务体，路由相当于是 Nginx 里的 Location 配置。

```
#在 KONG 网关上添加一个测试 Service,KONG 的地址是 http://localhost:8001
$ curl -X POST \
  --url "http://localhost:8001/services" \
  --data "name=oauth2-test" \
  --data "url=http://httpbin.org/anything"
  --data 'paths[]=/mock'
#为 Service 创建路由,通过/demo 路径来访问
$ curl -X POST \
  --url "http://localhost:8001/services/oauth2-test/routes" \
  --data 'paths[]=/demo'
```

这时就可以用 curl localhost：8001/demo 来访问服务了。

2）为 Service（地址为：services/oauth2-test/routes）开启 OAuth 认证。

```
$ curl -X POST \
  --url http://localhost:8001/services/oauth2-test/plugins/ \
  --data "name=oauth2" \
  --data "config.scopes[]=email" \
  --data "config.scopes[]=phone" \
  --data "config.scopes[]=address" \
  --data "config.mandatory_scope=true" \
  --data "config.provision_key=oauth2-demo-provision-key" \
  --data "config.enable_authorization_code=true" \
  --data "config.enable_client_credentials=true" \
  --data "config.enable_implicit_grant=true" \
  --data "config.enable_password_grant=true"
```

启动 OAuth 认证后，这时再通过 curl localhost：8000/demo 的时候，会得到 HTTP/1.1 401 Unauthorized 错误信息。这就说明 OAuth2 插件已经成功开启。

3）创建 Consumer Object，并在这个 Consumer 下创建 OAuth2 身份凭证。

```
$ curl -X POST \
  --url "http://localhost:8001/consumers/" \
  --data "username=oauth2-tester"
#为 oauth2-tester 这个 Consumer 创建 OAuth2 身份凭证
$ curl -X POST \
  --url "http://localhost:8001/consumers/oauth2-tester/oauth2/" \
  --data "name=OAuth2 Demo App" \
  --data "client_id=oauth2-demo-client-id" \
  --data "client_secret=oauth2-demo-client-secret" \
  --data "redirect_uris[]=http://localhost:8000/demo" \
  --data "hash_secret=true"
```

4）接下来就可以使用 OAuth 认证了，先通过发送认证的请求到 https：//localhost：8443/demo/oauth2/authorize 获取一个 authorized code（认证码）。然后再使用认证码到 https：//localhost：8443/demo/oauth2/token 请求 access code（访问码），最后用收到的 access code 来请求 Access Token。

8.5.2 Kong 安全插件

作为功能丰富的开源网关方案，Kong 有功能全面的开源安全插件。比较常用的有 Bot 检测插件，CORS 跨域资源共享插件、IP 限制插件，还有用来防范常见攻击的防护插件 Signal Science。

Bot 检测插件的作用是保护服务或路由免受大多数常见机器人的攻击，并具有允许和拒绝自定义客户端的能力。只需要为某个 Service 或 Route 配置激活 Bot 插件即可使用，命令如下。

```
curl -X POST http://{HOST}:8001/services/{SERVICE}/plugins \
    --data "name=bot-detection"
```

CORS 的出现是因为浏览器对于 AJAX 请求的一种安全限制，即一个页面发起的 AJAX 请求，只能是与当前页同域名的路径，这能有效地阻止跨站攻击。Kong CORS 插件支持在服务器端控制是否允许跨域，并可自定义规则。它允许浏览器向跨域服务器发出 XMLHttpRequest 请求，从而克服了 AJAX 只能同域使用的限制。

为网关里的 Service 配置 IP 限制插件，可以允许或拒绝 IP 地址对服务或路由的访问。Kong 的 IP 限制插件可以使用 CIDR 格式中的单个 IP、多个 IP 或 IP 范围，例如配置 10. 10. 10. 0/24 来限制 IP 范围。IP 限制插件支持 IPv4 和 IPv6 地址，是在网关侧实现 IP 黑白名单的手段。

Signal Science 是一个功能强大的恶意请求防护插件，它与 Kong 集成配合，工作在网络协议栈的第 7 层，用来阻止多种对 API 的恶意请求。使用 Signal Sciences 插件无须编写或调整正则表达式规则，这个插件内置支持了对 OWASP Top 10（是 OWASP 选取的前十名常见的 Web 攻击）的攻击防护，包括 SQL 注入、XML 外部实体注入、跨站脚本攻击等常见的主流 Web 攻击。此外，Signal Science 也支持对 Web 访问机器人的防御。

作为一个主流的开源网关方案，Kong 通过插件扩展能力支持对接众多的安全厂商产品，通过厂商提供的插件支持扩展功能，提供了很大的便利性。

第 9 章　典型安全场景和实践

云原生技术在大部分行业的数字化转型中都得到了广泛应用。每个行业有不同的属性，对云原生技术的应用程度不尽相同，对云原生安全的关注点也各有特点。

本章选取数字化转型程度较深的金融业以及对云原生技术应用范围较广的交通业，针对它们对云原生技术应用的特点，分析这两个行业中的云原生安全场景和实践。另外，制造业数字化转型以及工业互联网的发展是未来的一个重点，本章对制造业云原生安全实践也将作为重点来阐述。

9.1　金融行业的云原生实践

如果要在多个行业中选择一个数字化转型的领先者，那一定是金融业。一方面，当前国内市场，新一代信息技术普及并逐步走上大规模商用的快车道，从而引领并驱动金融业供给样态的演进以及金融市场运行架构的升级和创新；另一方面，金融业通过充分挖掘新一代信息技术的价值潜力，更好地实现了智能化决策支撑、自动化业务流程、动态化风险管理以及精准化资源配置，进而提高金融业相对于实体经济需求的业务弹性与适应水平，使得数字化金融能够服务并满足实体经济发展以及普惠金融的需求。

云原生金融是针对金融的云原生解决方案，从最开始到现今，金融业务建设经历了三个阶段。第一阶段是设备为中心的集中式阶段；第二阶段是基础设施服务化阶段，提供基础设施如计算、网络、存储等虚拟化；第三阶段是云原生阶段，以应用为中心，构建云原生支撑平台，实现高效、敏捷金融，促进金融云的高质量运维。

9.1.1　金融行业业务创新速度加快以及对云原生技术应用的诉求

金融业数字化转型的背后，有两股力量在交织推动，分别是动力和压力。

动力主要体现在：一部分先行起跑的金融机构已经尝到了数字化转型所结出的果实，银行业绩与数字化能力是直接正相关的，数字化转型步伐快的银行，业绩增长速度明显快于数字化转型步伐慢的银行。这一点在一些上市银行身上体现得尤为突出，数字化能力越高的银行，其净资产收益率也越高。

压力则来自多个方面。从市场竞争上看，互联网企业推进由场景催生的消费金融、财富管理等互联网金融业务，为生活带来便利的同时也给金融业带来了竞争压力。从客户习惯看，大多数个人客户已经转向数字化，对金融服务方式的需求也随之发生变化。

在动力和压力之下，数字化转型是必经之路。金融机构需要拥抱趋势大胆变革，探索自身数字化转型路径。在不同规模的金融公司当中，大型银行能够凭借雄厚的技术资金储备和业务运营能力，在数字化方面相对于中小银行形成明显优势，实现了服务快速下沉，导致中小银行面临更大的竞争压力。因此，相对而言中小银行在数字化转型上面临的压力和挑战最大。中小银行必须寻找一些更加快捷高效的方式解决数字化问题，这是一个关乎其生存的关键问题。

此外，2020 年以来，金融机构纷纷推出的线上非接触金融服务业务，正是源于数字化金融服务能力的持续创新和不断积累。非接触业务从某种程度上，进一步加速了银行以客户为中心进行全渠道建设和转型的进程。在数字化转型加速的态势下，如何以客户体验为中心进行渠道整合，将成为银行与各类金融服务参与者竞争的核心能力之一。

当前线上直播经济迅速兴起，不少金融机构也加入直播带货大军，希望借助大量用户涌入线上直播渠道所带来的流量红利拓宽获客渠道。面对线上渠道、线上业务、视频交互多重交融的趋势，金融机构的数字化、集约化运营能力将面对新一轮的挑战。

随着线上渠道的快速扩展，客户对于金融机构物理网点渠道的依赖度越来越小。有数据统计，在 2019 年年底，全国银行业离柜率已达 90%。在 2020 年，已有超过 2700 个银行网点终止营业。在可见的未来里，银行网点将呈现智能化、轻型化、特色化、场景化特征，与线上渠道角色分明、互为支持，走出具有自己特色的全渠道经营路线。所谓全渠道经营路线，是指借助科技的力量让客户无论是通过线上渠道还是在线下网点都可以在无感知的状态下拥有业务的连续性体验。银行借助科技手段，通过对客户所关心的金融服务及场景的精准分析，以满足银行价值最大化及提升客户体验为目的，对银行资源进行效投放。

另外，以数据为驱动的线上线下综合运营是未来银行发展的重要方向。现在银行的线上线下有几十种不同的渠道，如何在这种碎片化业务环境中进行协同处理、集约化运营，对于银行来说是很大的挑战。在线上线下渠道的整合之外，银行还会融入很多场景，例如浦发银行提出的全场景银行，需要做好规划，对外对内进行开放，同时要考虑到安全性以及大规模互联网并发访问造成的影响。

当前金融业数字化建设整体处于信息化的末期、移动化的成熟期、开放化的成长期和智能化的探索期。部分银行长久以来持续进行数字化探索和数字化转型，在业务上已经形成了自己的竞争优势，拉开了与后来者的距离，主要表现在业务全部实现了线上化、移动端流量

高、客户体验好、线上已成为业务经营主战场、场景生态实现深入灵活对接、数据深度挖掘和智能分析应用成体系、业务流程深度嵌入各类智能应用中。

云原生架构为金融业提供了统一的业务运行平台，通过统一的运行平台能够支持金融业基础行业应用的运行，基于统一的金融行业应用中台，更有利于促进金融业务创新速度的提升。云原生架构在应用弹性伸缩、应用稳定性提升方面的架构优势，有利于促进金融行业应用从起步阶段的小规模试验逐步向规模化推广发展，从而带动金融行业向精益化方向发展。云原生架构成为金融业下一阶段数字化转型的最佳架构选择之一。

9.1.2 持续安全和测试驱动安全的应用

传统金融行业均采用 IBM 大型主机构建核心业务系统，大型主机具有集中、专有、封闭等特点。随着分布式已经成为技术发展的重要趋势，其正在逐步取代以 IOE（IBM、Oracle、EMC）为代表的集中化架构，成为破解集中式架构编译慢、启动慢，发布效率低等难题的有力技术。分布式架构可以克服集中式架构所带来的性能瓶颈，满足业务量日益增长的需求。随着云原生技术应用的深化，在 Kubernetes 的编排对象扩展到物理机、虚拟机之后，使得软件应用基础设施的统一抽象在云原生场景下成为可能。业务在技术层面的聚焦点也逐步从容器化改造和容器技术利用转变为规模化和统一化的容器集群支撑架构与解决方案。在诸多积极因素的综合作用下，软件应用基础设施全面容器化已经成为不可逆转的趋势。

传统 IT 架构下，金融行业灾备的焦点集中在资源和数据层面，灾备技术的演进围绕数据产生。在云原生时代，灾备技术的焦点开始扩展至应用，除了应用数据之外，应用本身的多活机制也成为主要考虑因素。云原生将支撑金融业务应用的通用技术能力下沉到基础设施，在业务应用完整生命周期中提供持续稳定的底层服务，最大化实现云的价值，让银行等金融机构在资源配置、产品交付、系统架构等方面获得更高的效能，能够将更多的精力放在业务视角的响应、分析和决策中，从而使其在竞争激烈、需求多变的市场环境中具有更强的创新优势。

“速度”和“安全”是此消彼长的一对概念，如同在高速路上行车一样，过高的速度意味着过大的风险，由更快的速度引发的事故也更严重。演进“速度”过快，还可能带来诸多的“违章违规”活动。金融行业作为巨额资金的集散中心，具有高风险这一基本属性，任何决策失误都可能导致多米诺骨牌效应。过快的业务演进环境容易引起对安全规范的忽视，忽视了安全规范，就容易在不经意间引发安全隐患。

传统的保障安全的方法基本都是在整个软件开发生命周期的后期集中进行。传统的方式不见得就一定是不好的，尤其是对金融业这种安全等保要求很高的行业。虽然它看似效率低、耗时长，但在瀑布研发模式下能有效地执行，确保对系统和应用风险进行有效的控制。但随着金融业数字化转型和敏捷转型的速度加快，软件应用发布的周期在不断缩短，频率在不断提升，理想的敏捷团队甚至能做到一天发布多次。这时，传统的保障安全的方法已经完全不能跟上这样快节奏的应用发布速度。虽然大部分敏捷研发团队都已经采用了 DevOps 来保障发布质量，但 DevOps 流程缺乏对安全的关注，不能及时检测并修复软件中的安全漏洞。

在金融行业云原生化、数字化转型过程中，在应用开发、部署和运行阶段将安全嵌入到整个流程的各个环节，形成涵盖包括云原生基础设施、应用软件依赖及应用代码本身，以及应用安全规范审计、应用流程规范审计的业务全流程的自动化安全保障。只有这样，才能在精益化的金融业务进化过程中，将业务安全的各个方面嵌入到每个流程环节以及每一个参与人的工作当中，最大限度地在保障应用安全性的同时提升业务进化速率。

9.1.3 DevSecOps 和持续安全在金融业落地过程中遇到的文化挑战

随着互联网技术与金融行业结合越发紧密，互联网金融已经是金融行业发展的热点，技术创新扮演着越来越重要的角色，越来越多的系统通过互联网为客户提供服务。伴随其技术变革与创新加速，金融科技的出现频率正在高速增长。但随着金融科技日渐成为金融产品的重要支撑手段，攻击者也在不断丰富其攻击目标和攻击手段，以图提升自身的攻击变现能力。

企业安全建设中，安全风险就像是蝴蝶效应，它虽然不会瞬间将企业安全全盘推倒，但会持续散发影响力。随着网络环境与攻击方式的日益复杂，传统查缺补漏式的安全建设模式已无法有效应对安全风险，单一、单点的安全防护更是非常滞后。最佳的选择便是将安全贯穿于企业业务生命周期的每一个环节，从源头及时治理安全问题，真正走出企业安全建设的“囚徒困境”，这也是在金融业数字化引入 DevSecOps 的原因。

DevSecOps 作为安全领域中逐渐步入技术成熟期的流程体系，从最初的理念到如今逐步增多的成功实践案例，中间经历了大量的探索与发展。如今在作为在数字化转型排头兵的金融业，已经意识到 DevSecOps 的重要性并力求在实践中落地，但仍然面临着大量挑战。

2016 年 9 月，Gartner 发布报告“DevSecOps：How to Seamlessly Integrate Security into DevOps”，对该模型及配套解决方案进行详细分析，核心理念为：“安全是整个 IT 团队（包括开发、测试、运维及安全团队）所有成员的责任，需要贯穿整个业务生命周期的每一个环节。2020 年 5 月 18 日，GitLab 发布了第四次 DevSecOps 年度调查结果，DevOps 的使用率和新工具的实施率都在不断上升，从而引发开发人员、安全和运营团队的工作职能、工具选择和组织结构发生了翻天覆地的变化。根据调查报告，开发人员和运营团队之间的界限越来越模糊。数据显示：35% 的开发人员表示，由他们定义和/或创建了应用程序运行的基础设施，14%的开发人员实际监控和维护这些基础设施。在传统意义上，这一角色应是由运维团队承担的。

但是，根据 GitLab 的调查报告分析来看，开发人员和安全团队之间仍然存在明显的脱节，不确定谁应该对安全工作负责。有 33%的安全团队成员表示他们拥有安全职责；而 29% 的受访者（几乎同样多）则表示他们认为每个人都应该对安全负责。对安全团队来说，安全职责需要更加明确。超过 42%的受访者说，测试仍然在生命周期中发生得太晚；36%的受访者认为任何发现的漏洞很难理解、处理并修复；31% 的受访者认为将漏洞修复列为高优先级是一场艰苦的战斗。

从国外的这些数据中能看到，开发人员和安全人员在安全责任上没有形成统一的认识，甚至可以说安全责任边界非常不明确。在国内金融业，虽然相比其他行业来说 IT 技术优势较为明显，但是这个问题也是相当突出。团队日常职责在自动化和精益化的业务流程中，需要进一步明确责任，这样更有助于整体安全能力的进一步提升。

在传统认知中，安全通常是作为独立组织存在的，且与研发和运营分开。此外，在 IT 人员的概念中，安全往往会增加 IT 人员额外的工作量，拖累项目的进度甚至延期，因而 IT 人员与安全往往站在对立面。同时研发人员和运营人员大都不具备安全行业背景，由此造成的文化与意识壁垒一时间很难打破。

DevSecOps 需要研发、运维及安全人员协作，共同承担安全职责，并站在对方的视角看待问题。但是对于研发和运维人员来说，往往缺少安全意识及技能，在系统设计开发及部署运维等环节，无法高效协同保障安全性。此外，安全测试工具有很多种类，如源代码安全扫描、黑盒安全测试、开源组件安全测试、主机安全测试等。这些工具通常是独立的工具及单独的 Web 页面，需要研发人员分别登录查看漏洞及修复，部分测试工具的扫描时间可能还会长达数小时。由于安全与研发流程的割裂，便会影响 DevOps 的快速迭代。

为了保障金融业务快速并安全地迭代，需要推行 DevSecOps 文化并在过程中确保安全策略得到贯彻执行，向打造拥有优秀企业安全文化的团队推进，让安全成为一种共同的责任。在这种文化中，不同业务部门间的鸿沟会相对更为容易跨越，在问题出现的时候，也会得到最早的解决。

9.1.4 解决与客户及合作伙伴之间的数据交互安全

金融领域中所有产品、服务、交易过程和客户行为都是高度数据化的，但受限于以往的数据治理能力，大量过程数据没有被存储、加工，或者即使一部分数据得到存储，也往往是基于业务人员已有构想和需求进行定向采集、加工的，其中的业务规律尚未得到深入发掘。

由互联网和科技企业协助构建的数据中台，可以帮助银行机构应对各类痛点、发挥数据的作用。

数据中台为银行机构提供的应是从数据获取到构建数据生态全流程中的一揽子服务。在数据获取阶段，数据中台可以打破“数据孤岛”，全面、实时、高质量采集不同来源和类型的海量数据；在数据治理阶段，可以高性能、多样化地实现各类数据资产的有效管理；在数据分析阶段，可以运用多种智能分析技术，对多源数据进行实时和协作分析。此后，还可以支持对数据中业务价值的快速发现和验证、数据输出的规范治理、数据资产的交易和变现，实现“从数据到价值，再从价值实现过程中积累更多数据”的完整闭环。

对金融企业来讲，中台其实并不是一个新鲜事物，前、中、后台分离已经是现代金融企业实现有效风险管控、打造流程银行的重要举措。比如大部分商业银行都设立了业务运营部门，承担了统一清算管理、统一参数管理、统一权限管理等职能，这实际上就已经是一种典型的业务中台了。

在数据和业务中台基础上形成的开放平台也是商业银行数字化转型的重要组成部分。其强调以客户为中心，以应用程序接口（API）、软件开发工具包（SDK）等技术实现方式为手段，通过双向、开放形式深化银行与外部应用场景和引用机构间的业务连接和合作。将金融服务能力与客户生活场景深度融合，从而提升金融资源的优化配置和服务效率，实现双方或多方共赢合作。

开放平台首先是指产品开放和渠道开放。产品开放主要是指帮助银行产品为外部客户提供更加便捷的金融服务；渠道开放主要是指帮助银行针对不同外部场景渠道的特征需求，梳理已有能力并重塑产品服务，让银行业务取得更多外部渠道连接。除了产品和渠道相互开放外，开放平台也包括以构建开放生态和锻造数字化运营能力为目标的共享开放。共享开放更多是强调如何帮助银行整合内部各业务条线及合作产业平台，打破内外部的板块割裂，最终形成以客户为中心、客户场景为落点、产品平台为支撑的多种跨界联盟。

总的来说，金融业的开放平台完成了以下四个方面的连接。

- 金融机构。
- 技术提供者。
- 业务场景。
- 监管机构。

金融机构就是通常的银行或保险公司等，这是业务的提供方和业务的消费方。技术提供者包括提供中台基础技术能力和业务开发能力的设计和开发团队，例如智能客户、区块链服务以及其他核心系统。把业务和场景单独拿出来是因为很多银保机构的创新业务都是基于新场景而提出的。第四部分是监管，由于金融业务的特殊性，部分业务开放和合作项目需要监管，在可控、合规和合法的条件下进行创新。

在这一合作生态下，底层是大数据、云计算等金融科技基础设施，中台是包括信用体系、风控体系等在内的支持系统。前端是包括消费信贷、保险、理财等在内的一系列产品平台，并以超级入口为载体对接外部大流量，形成多层架构的相互依存，为打破银行客户获取和经营的封闭化、金融产品与服务供给的内部化提供精准赋能。在具体的落地实践中，开放平台解决方案通过使银行 App 在信贷、存款、理财、电商、生活缴费及其他第三方服务间的快速切换，实现各类功能的一站式办理。证券客户可以在一个账户内完成资产转换与标的物买卖、获取行情资讯和增值数据分析服务。保险客户可以得到基于全生态、完整客户画像分析的智能化险种推荐，完成线上定损和理赔流程操作等。

从未来发展趋势看，银行机构建立、健全开放平台还将面临更多挑战。这既包括其在相对封闭的内部科技架构下，对外部合作和应用开源技术的顾虑，也包括其在适应敏捷文化、重组组织管理过程中的磨合阵痛，特别是在促进外部生态连接过程中出现的内部机制和流程卡顿。在不触动监管合规底线的前提下，充分利用云原生开放平台科技，针对不同银行的业务、管理现状与开放平台需求，进行一定程度的个性化改造，将更有利于合作银行缓释疑虑，在探寻新的业务模式过程中实现突破。

基于这种情况，通过建立一个安全中台给企业内外部各业务关联方（包括各业务系统建设、内部管理系统建设、日常运维操作、审计系统等）提供不同级别的安全能力，使得各系统可以实现快速搭建和对接，降低对接的成本和数据管理的风险。

安全中台具体应该包括以下内容。

1）为安全能力的实现统一标准，建议金融安全标准，让安全能力以某种约定形式进行封装，就像标准服务一样。

2）通过异构集成来满足安全能力无缝对接。异构集成是安全中台的核心能力之一，也是降低创新成本的关键。异构集成能够快速融合新安全能力，提高兼容性，分别实现安全能力的快速集成和前台应用的快速调用。

3）提供安全流程及规范化能力。企业内部很多工作，例如开发、运维、数据管理等需要协调多个安全功能，完成一系列流程。如何让这些业务很好地协同工作，也需要一个标准的流程。

作为一个标准化、统一化的应用运行平台，云原生技术在底层为安全平台提供了统一的运行环境、架构支持以及流程支撑。

9.2 交通行业的云原生安全实践

交通是人类“衣食住行”四大基础需求类别中的“行”，是一个范围很大的行业。进入科技时代后，每一次科技革命都带来一次交通出行的大跨越发展。18 世纪，第一次工业革命带来了蒸汽机车；19 世纪，第二次工业革命让人们进入了内燃机以及电力机车的时代；20 世纪的信息技术让交通系统实现了网络化；在现今，云计算、物联网、大数据、5G 及人工智能技术又将把交通行业的发展带入一个新的以智慧交通为代表的新时代。

智慧交通是在智能交通的基础上建立的，二者都是信息技术、传感器技术、通信技术等多种技术在交通领域应用的产物。智能交通的本质是将计算机、控制、通信、传感器、网络等先进技术运用到整个交通运输体系，实现对传统交通运输系统的改进。智能交通主要侧重于各类交通应用的信息化，而智慧交通除了采集和传递交通信息，更关注交通信息的分析和决策反应，此即智慧交通的“智慧”之处。

智慧交通是依靠云计算、大数据、物联网及人工智能等多种信息技术汇集交通信息并经过实时的信息分析与处理后，最终形成高效、安全的交通运输服务体系。智慧交通主要涵盖智慧出行、智慧装备、智慧物流、智慧管理和智慧路网五大领域。

除了将各种信息技术在交通运营管理中进行有效的集成运用，智慧交通强调系统性、实时性和信息的交互性，能够实现交通系统功能的自动化和决策的智能化。在系统建设方面，更加注重系统集成的智能性和协调的灵活性；在公众服务方面，智慧交通偏向于服务内容的个性化以及服务模式的人性化和智能化。

9.2.1 智慧交通行业依赖于新基建基础设施

在市场发展和技术推动力两个方面共同作用下，交通行业不断寻找交通运力和市场需求之间的平衡点，持续探索多元化的运输方式，优化交通运输服务供给方式。数字化技术在这个过程中引领行业朝着目标发展。

智慧交通行业发展的具体推动因素有多个，许多国家和地区普遍大力推进数字化交通系统的发展，详见表 9-1。

表 9-1　各国家和地区的智慧交通整体规划

国家和地区	规　划
加拿大	2030 交通格局规划中提出要以整体视角来构建交通系统
日本	日本运输部提出构建智能化交通系统，需要融合人、路、载具和最新的 ICT 技术，并尝试借此解决交通事故和拥堵、环境和能源等各种社会问题，并引领汽车工业、市场发展和技术演进推动企业及机构在不断寻找交通运力和市场需求之间的平衡点，并不断探索多元化的运输方式，来实现服务供给的最有效组合
欧盟	欧盟提出了协作式智能运输系统（C-ITS），实现多式联运交通系统并促进社会创新
美国	美国交通部将交通创新列为其三大首要优先级之一，并以推动智能交通的发展作为推动交通创新的重要举措

中国等亚洲国家也逐渐从基础工程建设转为更为重视业务模式创新和智能运营。作为交通数字化转型基础技术，5G 网络、数据中心、工业互联网等新型基础设施的建设尤为重要，为此国务院发布了《交通强国建设纲要》。纲要中指出在 2035 年，通过推动高质量发展，实现现代化综合交通体系基本形成的目标。通过深度应用互联网、大数据、人工智能等技术，支撑传统基础设施转型升级，进而形成基于融合基础设施实现综合交通数字化转型的愿景。通过各子行业、全场景的通力协作才能实现这个愿景。

当下，日渐成熟的数字化基础设施和应用在多个方面推动了智慧交通数字化转型进程。云计算、IoT 和 5G 的部署为数字化业务流程提供了转型基础。数据分析能够为业务提供洞察，是业务驱动决策的基础。云原生技术的演进，使得企业以标准化和自动化的模式，更灵活地构建应用，实现业务敏态和精益化。同时，新技术推进了下一代交通工具的出现：电动汽车的普及率日益提高，正在改变出行与环境保护的关系；自动驾驶技术也受到广泛关注和投入，为组建多样化交通方案提供可能。

从整体来看，交通行业进行技术和业务转型的三大内在驱动力如下。

- 改善客户及旅客体验。
- 增强业务和 IT 敏捷性。
- 提升运营效率。

交通行业的子行业有航空、铁路、城轨、公路、物流及海运等。具体细分到不同的子行业，转型的驱动力也会有差异。交通行业的数字化转型涉及不同的职能部门和技术，最终形成了不同的转型模式。

当前交通行业数字化转型的总体趋势如下。

1）利用云平台和云原生技术改善交通基础设施的运营和服务是目前转型的重要路径。充分利用云平台提供的资源迅速获取高扩展性和稳定能力，提升运营和服务质量。利用云原生技术提供的标准化、统一化以及自动化流程，提升上线和运行效率。

2）随着交通客户对数字化服务和在线服务质量要求的不断提升，交通行业首先对客户服务、营销部门和业务合作伙伴等相关职能部门开始转型。

3）交通行业对新基建基础设施的利用逐步广泛和深入，利用 5G 技术增加 IoT 设备和移动设备数据的接收和控制能力，利用混合云、光网络来增加边缘端和公有云的协同能力。

9.2.2 交通子行业对云原生安全有不同的需求

从交通行业数字化转型的总体趋势来看，利用云平台和云原生技术在加快包括客户服务、营销服务及其他业务服务部门的业务转型十分重要。在云原生转型过程中，也看到一些具体的现状和面临的困难。为了实现长期远景，需要着眼于解决每个行业、每个组织机构眼前最亟待解决的难题。不同的细分交通行业有不同的发展情况，比如新建的城轨普遍都采用城轨云的建设思路，从一开始就把引入云计算和大数据等新兴技术列入规划重点；而传统的如铁路轨道交通，则面临对各线路网点的升级改造以及对旧有系统的数据和功能进行整合的转型之路。

城市轨道交通行业中的智慧城轨信息平台支撑着运营生产信息系统、内部管理信息系统、乘客服务信息系统这三大系统。传统方案中，线路综合监控系统、视频监视系统、自动售检票系统、乘客信息系统、安防系统、信号 ATS 系统等共需设置服务器和工作站上百台，并配套多套存储设备，资源浪费较为严重。目前新建的城轨云普遍都采用共享云平台及大数据平台的方案，并在这个方案的基础上，重新定义运行流程和基础架构，并推进老架构的重构，逐步完成业务的整体上云。在这个过程中，云原生技术得到了广泛的使用，将包括运营信息系统和乘客服务信息系统在内的多个系统进行容器化和微服务化，并运行在云原生平台上，同时利用云原生平台的故障恢复和弹性伸缩能力提升服务体验。但新技术的引入容易带来新的安全风险，不规范的镜像配置和平台使用容易引入安全漏洞，不规范的流程以及受限于对技术的掌握能力也容易带来新的安全管理风险，在城轨云建设过程中需要重视。

相较于其他交通子行业，物流行业存在利润薄、人力资源成本高、竞争激烈、转型速度快等特征。在电商业务崛起的今天，物流行业的消费者业务发展迅猛，客户忠诚度较低。企业内部和外部环境的影响加强了物流行业转型的动力。领先的物流企业希望能够通过搭建数字化平台，提供海陆空的供应链解决方案，在实现包裹高效配送的基础上拓展服务范围。云原生平台在架构和技术层面上进行了技术拉通，基于云原生平台的业务更有利于实现生态开放，增强业内的合作，在更广阔的领域中寻求物流路径优化和效率的提升，从而以更好的客户体验增强行业竞争力。在生态合作的过程中，需要对生态合作上下游的合作伙伴进行访问控制以及访问监测，同时控制经由业务开发接口所暴露的数据，避免数据泄露风险。另外，在安全层面上还要加强对访问数据的审计，力保做到访问可控、可监视、可回溯。

对于公路系统来说，巴士公司和公路管理机构面临城市化发展带来的挑战。在城市及城际轨道兴起的同时，巴士的需求量也受到了冲击。巴士企业期待通过旅客、巴士及场站资源的整合，优化资源利用，更合理匹配旅客需求，实现降本增效。然而对于公路管理来说，解决道路拥堵是数字化转型最重要的驱动力。通过数字化的手段解决道路拥堵问题，首先要通过对道路设施、车牌、车辆、路面的智慧感知以及边缘计算能力实现对道路情况进行全面、实时的掌握，再通过 AI 实现智能数据分析，更快形成拥堵解决方案，指导决策。公路系统有较多的边缘云站点，通过边缘云站点对数据进行及时的接收处理和响应。边缘站点也需要集中的管理，避免被完全“边缘”化，而造成边缘节点脱离中心云的安全监管，变为安全问题的引爆点。

9.2.3 综合性边缘集群的安全管控策略

公路系统中的车路协同是智慧交通系统的一个新的发展方向，其采用先进的无线通信和新一代互联网等技术，全方位实施车车、车路动态实时信息交互。并在全时空动态交通信息采集与融合的基础上开展车辆主动安全控制和道路协同管理，充分实现人、车、路的有效协同，保证交通安全，提高通行效率，从而形成安全、高效和环保的道路交通系统。

车在行驶过程中能获取的信息是有限的，如果遇到恶劣天气或者复杂路况，就会非常危险。但当车路协同后，可以将所有有效的交通信息汇集在一起，然后再以此为基础做出合理的判断和决策，保证车在行驶过程中的安全。在真实的道路场景中，需求是非常复杂多样的，有的场景需要根据实时局部信息快速分析计算并将结果反馈给周边车辆，比如危险路况避让、交通事故预警等；有的场景需要汇总全局信息，俯瞰大局统一分析，比如交通态势分析、道路限行控制等。

可以明显看出，车路协同对实时性的要求是非常高的，而边缘计算则可以满足这个要求。其部署在靠近物体或数据源头的网络边缘侧，是融合了网络、计算、存储、应用核心能力的开放平台。就近提供边缘智能服务，能满足车路协同在敏捷连接、实时业务、数据优化、应用智能、安全与隐私保护等方面的关键需求。及时获取路况信息，如果是紧急事件，就直接下发给车/路设备，提醒各方及时处理。如果遇到可能影响全局的数据，则将数据上报到云端，由云计算中心处理。

边缘计算安全有以下五个要点。

1）提供可信的基础设施。主要包括计算、网络、存储类的物理资源和虚拟资源，能够应对诸如镜像篡改、DDoS 攻击、非授权通信访问、端口入侵等安全威胁。

2）提供安全可信的边缘应用服务。从数据安全角度，提供轻量级数据加密、数据安全存储、敏感数据处理的安全服务。从运维安全角度，提供应用监控、审计、访问控制等安全服务。

3）提供安全的设备接入和协议转换。边缘节点硬件类型多样，形态不一，复杂性、异构性突出。提供安全的接入和协议转换能力，为数据提供存储安全、共享安全、计算安全、传播和管控以及隐私保护，推动较为封闭的行业领域的数字化转型。

4）提供安全可信的网络及覆盖。安全可信的网络综合了多种网络安全保障策略，包括鉴权、秘钥、合法监听和防火墙等技术。

5）提供端到端全覆盖的全网安全运营防护体系。包括威胁监测、态势感知、安全管理编排、安全事件应急响应和柔性防护等。

从边缘基础设施、边缘应用服务、安全的外设接入和协议转换、安全可信的网络和覆盖端到端的安全运营这 5 个方面入手，确保交通边缘站点的整体安全。

9.3 制造行业的云原生安全实践

我国作为制造业大国，制造业全社会固定资产投资水平占全国的 40%左右。制造行业是我国的重点支柱行业，是实体经济主体，是立国之本、兴国之器、强国之基，也是本轮数字化转型的焦点和主战场。制造企业顺应数字化变革趋势，积极利用互联网、大数据、人工智能等新一代信息通信技术，从解决企业实际问题出发，由内部改造到外部协同、从单点应用到全局优化，持续推动企业数字化、服务化升级。

在十四五规划和 2035 远景目标中，加快数字化发展，推进数字产业化和产业数字化，推动数字经济和实体经济深度融合，打造具有国际竞争力的数字产业集群是重中之重。制造业数字化转型是大数据、云计算、人工智能、工业互联网等多种数字技术的集群式创新突破及其与制造业的深度融合，对制造业的设计研发、生产制造、仓储物流、销售服务等进行全流程、全链条、全要素的改造，充分发挥数据要素的价值创造作用。制造业数字化转型既是抓住新一轮科技革命和产业变革浪潮的要求，也是深化供给侧结构性改革、夯实国民经济发展基础的需要。通过打通生产、流通、分配、消费等社会生产各环节的堵点，连通产业链和价值链的断点，能够有效促进国内大循环的畅通。

近几年在政策和市场的引导推动下，我国制造业数字化水平不断提升，为畅通国内大循环打下了初步基础。不过相对国际而言，制造业数字化转型整体还处于起步阶段，无论是设备设施联网化水平、工业软件普及率，还是生产现场的数据挖掘、利用等，与几个制造业强国相比，都还存在一定的差距，因此制造业数字化转型的步伐需要加快。

9.3.1 云安全、数据安全及安全运营是工业互联网安全的重点

工业互联网是链接工业全系统、全产业链、全价值链，支撑工业智能化发展的关键基础设施，是新一代信息技术与制造业深度融合所形成的新兴业态和应用模式。

工业互联网平台是互联网科技发展之下，为实现万物互联和智能制造而搭建起来的一个重要平台。它既是构建工业互联网的基础设施，也是将人、机器和数据连接起来的核心平台。其核心和本质是将设备、生产线、工厂、供应商、产品和客户紧密联系起来。工业互联网平台包括了数据采集（边缘层）、工业 PaaS（平台层）、工业 App（应用层）以及 IaaS 支撑。可快速实现企业产品、生产设备与系统的快速互联互通，通过数据分析、机器学习，协助提升客户部署全面灵活的业务处理能力，帮助企业实现数字化、网络化、智能化。

一个优秀的工业互联网平台，不仅能提供一站式的数字化解决方案，还能根据企业不同特点和需求，提供个性化的服务支撑。对企业制造进行整体优化，为企业决策提供有效数据支撑，在进行大数据收集、分析的同时，还要充分保障数据的安全性。总体来看，工业互联网平台需要具备以下四个基本功能。

1）需要实现将不同来源和不同结构的数据进行广泛采集。

2）需要具备并支撑海量工业数据处理的环境。

3）需要基于工业机理和数据科学实现海量数据的深度分析，并实现工业知识的沉淀和复用。

4）能够提供开发工具及环境，实现工业 App 的开发、测试和部署。

基于工业互联网平台的四大功能，能够推动企业信息化能力提升、数据分析水平增强和资源的灵活调配，带动从工业信息化到智能化的多层次应用发展。其中工业信息化是指利用信息系统和工业软件促进工业效率的提升，例如传统的生产管理类信息化应用或生产监控类应用，这类信息系统能够帮助生产制造在物料管理、排产调度等环节的提效。除此之外，将软件上云，最终通过云 SaaS 服务的方式扩大信息化的使用范围，并在云端进行某些固定领域的数据分析，能够有效降低信息化软件的开发和维护成本，提升整改工业体系中信息化的利用程度。

作为一个工业数据采集、存储、分析处理云平台，工业互联网平台有利于综合利用各类数据。基于大数据处理能力，结合大量的分析模型，以“模型+深度数据分析”的模式在多个工业领域中大展身手，包括工业能耗管理、工业质量管控、工艺优化分析等应用场景。另外工业领域是一个抽象概念，其包括了诸如装备制造、家电、汽车、食品、制药以及电子信息制造等多个产业。从各产业入手，借助工业互联网提供的产业链资源整合能力，探索制造能力交易、供应链全局协同等应用，进行深层次的产业全流程优化是工业互联网的一个重要发展方向。

工业互联网平台也还有很多问题需要突破和解决，如很多平台还需要大幅提升实际解决制造企业生产和运营优化的能力，还需要不断探索应用模式和路径，还需要加快商业模式的创新和突破，特别是要在平台建设投入与市场回报之间取得较好平衡，以支撑平台的可持续发展。但总体来看，制造业数字化转型已是大势所趋，工业互联网平台对制造业数字化转型的支撑作用将会越来越强。当前平台发展中遇到的问题更多是产业爆发前期在技术、应用和商业方面的不断试错和修正，都将不断推动工业互联网平台走向成熟和完善。

首先，工业互联网满足了工业智能化的发展需求，具有低时延、高可靠、广覆盖等特点的关键网络基础设施，在推动未来工业经济发展产生全方位、深层次、革命性影响的同时，也存在不可忽视的安全问题。在未来的发展过程中，传统的安全防御已难以有效应对新的安全威胁，需要树立全新的安全防护理念，建立综合的、主动的、协同的工业互联网安全防护体系，以确保工业智能化应用的安全可靠。

其次，工业互联网平台有大量的数据接入和存储的需求，如何确保数据的安全接入和安全存储，不会造成核心生产数据和过程数据外泄是最受关注的问题之一。此外，针对大型客户对数据安全、数据归属权的担忧，如何结合私有化本地部署和公有云扩展能力，降低部署方案复杂度，提供部署更灵活、扩展更容易、数据更安全的云服务。

随着越来越多的生产组件和服务直接或间接地与互联网连接，研发、生产、管理、服务等诸多环节暴露于互联网中，企业经营生产过程面临越发严重的、多途径的网络攻击和病毒侵扰。网络基础设施被攻击后，将造成服务中断、系统崩溃乃至经营活动停滞，工业互联网平台一旦受到木马病毒感染、拒绝服务攻击、有组织针对性的网络攻击等，将严重危害生产稳定运行，甚至导致企业生产事故及人身伤亡。从工业应用开发、运行和管理的全流程角度入手，增强安全理念在全流程中的落地，是构建安全可控工业互联网的必要手段。

9.3.2 轻量化边缘集群同样需要足够的安全管控机制

工业互联网平台是面向制造业数字化、网络化、智能化需求，构建基于海量数据采集、汇聚、分析的服务体系，支撑制造资源广泛连接、弹性供给、高效配置的工业云平台。其本质是通过构建精准、实时、高效的数据采集互联体系，建立面向工业大数据存储、集成、访问、分析、管理的开发环境，实现工业技术经验和知识的模型化、标准化、软件化及复用化，不断优化包括研发设计、生产制造、运营管理在内的资源配置效率，形成了资源丰富、多方参与、合作共赢和协同演进的制造业新生态。

从技术角度来看，工业互联网平台需要解决多类工业设备接入、多源工业数据集成、海量数据管理与处理、工业数据建模分析、工业应用创新与集成和工业知识积累迭代实现等一系列问题。其涉及七大类关键技术，分别为数据集成和边缘处理技术、IaaS 技术、平台使能技术、数据管理技术、应用开发和微服务技术、工业数据建模与分析技术和安全技术。

工业互联网平台按层级分，第一层是边缘层，之上是基础设施层、平台层和应用层。在边缘层中，通过大范围、深层次的数据采集，以及异构数据的协议转换与边缘处理，为构建工业互联网平台提供数据的基础。边缘层通过各类通信手段接入不同设备、系统和产品，采集海量数据。然后依托协议转换技术实现多源异构数据的归一化和边缘集成。再利用边缘计算设备实现底层数据的汇聚处理，并实现数据向云端平台的集成。数据接入难度和成本是制约工业互联网平台应用的核心痛点之一，当前设备接入仍以边缘协议解析为主要方式，逐步从个性方案发展成为平台通用服务。

云原生技术最开始主要是面向云平台和企业应用的，它强调平台的规模化管理、横向扩展能力、应用组件的复用以及应用的标准化和规范化。随着云原生技术在全行业利用程度的不断加深，将云原生的利用范围深入到边缘计算和工业领域成为不可阻挡的趋势。当前利用容器和 Kubernetes 技术，在边缘领域拓展的技术逐渐标准化和成熟化，有众多专业和主流的云原生边缘方案逐步成型，比较典型的云原生边缘技术有 K3s 和 KubeEdge。

K3s 是 Rancher 公司推出的一款轻量级 Kubernetes 发行版，目前已捐赠给 CNCF 托管，成为云原生技术在边缘端的一个核心项目。从 Kubectl 到 Helm 再到 Kustomize，几乎所有的云原生生态中的工具都能无缝地与 K3s 一起工作。几乎所有在基于上游 Kubernetes 发行版的集群中运行的工作负载都能在 K3s 集群上运行。可以把 K3s 看作是一个经过 CNCF 认证的、符合要求的轻量化 Kubernetes 发行版。

KubeEdge 是华为捐献给 CNCF 的第一个开源项目，也是全球首个基于 Kubernetes 扩展的、提供云边协同能力的开放式边缘计算平台。KubeEdge 的名字来源于 Kube + Edge，顾名思义就是依托 Kubernetes 的容器编排和调度能力，实现云边协同、计算下沉、海量设备接入等。

K3s 和 KubeEdge 都是功能丰富、稳定、成熟、兼容云原生标准的边缘端平台。除了常规的边缘端要满足的低功耗、高稳定性、低网络带宽适用等要求，边缘云原生平台还需要重点解决安全性问题。这里的安全性问题包括设备安全接入、设备识别能力、远程管理、边缘平台层安全等方面。

设备安全和识别服务主要是从证书和密钥保护的角度来解决工业设备的安全问题，通过保护证书和密钥并提供统一安全接口服务的方式来为上层应用提供安全访问能力。设备识别功能赋予设备唯一身份标识，实现端云一体的安全保障。并利用云原生的跨域服务网络技术，从中心管控节点控制所管理设备的密钥，提供密钥统一发放、密钥定期轮转支持，确保设备的安全接入，并避免工业设备敏感运行数据的泄露。

边缘端的运行环境复杂，往往会是一些物理位置开放、缺乏有效监管的环境。这对边缘平台自身的安全访问能力提出很高的要求。平台层的账户管理、平台自身文件系统的加固、认证和鉴权机制以及云原生自身管理面的安全防护都是要首先保证的。另外平台的访问记录和安全审计也尤为重要，需要对所有访问进行记录，定时对访问记录进行统计分析，及时发现安全隐患并汇总上报。

9.3.3 通过安全交付流水线增强业务交付速度及持续增进业务安全

平台是工业数据分析和应用开发的载体，在具体场景中发挥实际作用的是平台承载的一系列工业 App。因此，平台价值不仅在于数据分析、应用开发等使能环境的构建，更在于能够为工业企业提供更多有价值的专业应用服务。

由于基于云原生技术开发的应用能够充分利用平台提供的高可扩展性、高稳定性，以及架构统一性，利用云原生技术开发工业 App 成为工业应用开发和构建的优先选择。利用云原生技术，能够提供最优的可扩展性，降低 App 开发、部署和使用门槛，更快地满足工业需求场景。

DevOps 技术进一步提升了平台应用开发效率，通过持续集成与交付工具，推动工业应用自动构建、测试和部署升级，缩短工业 App 从代码编写到应用上线的周期。在 DevOps 工具链中集成自动化代码检查、自动化依赖库分析和自动化漏洞扫描，在应用开发整个流程的各个环节中设卡，从源头采用自动化的方式避免引入安全隐患。

与其他产业不同，工业 App 开发中比较常用的一种开发模式是利用已有的开发模板，在已有的基础功能和业务框架的基础上增加新特性，以此来加速业务开发速度，帮助企业降低开发成本，快速进行功能上线。但是开发模板自身也可能存在安全漏洞，尤其是针对一些不能完全确保模板可靠性的情况。所以需要将模板也嵌入到 DAST 扫描任务中，从安全的角度动态地分析应用的特征，能够在很大程度上确保不会从源头上引入安全漏洞。

云原生领域中的应用标准架构是微服务架构。在工业应用中，将功能模块封装到单个的微服务中，将工业技术、知识、经验和模型等工业原理固化到微服务模块中，供工业 App 开发者使用，是工业 App 具有面向特定行业和特定场景开发在线检测、运营优化以及预测性相关功能的核心支撑能力。但是在工业应用开发领域中，受到工业专业微服务功能模块赋能不足的限制，微服务相关技术的推进程度以及针对云原生应用的自动化构建发布流程普及程度尚浅，相关的落地应用实施案例较少。随着云原生技术的广泛深入，在工业应用架构上利用微服务开发模式和自动化开发流程会逐步普及，相关的应用安全监测和扫描手段也会不断有创新技术产生。

此外，低代码平台是一种能够帮助企业快速交付业务应用的平台，用户通过少量代码即可快速构建出 OA 协同、公文督办、KM 文库、项目管理、采购管理、生产管理、供应链管理等一系列职能类和业务类管理系统。利用低代码平台开发应用就像搭积木一样，基于业务可以快速构建需要的功能，进一步降低了平台应用的开发门槛，减轻对专业 IT 技术人员的依赖，不需要懂代码，让业务部门的员工用拖曳的方式就能够自行搭建企业级应用，满足业务部门个性化的需求，从而降低人力成本。在后期运维上，低代码平台的迭代速度快，灵活性更高，并且低代码平台支持跨平台部署应用，能实现不同系统间数据互通，打通制造业企业普遍存在的数据孤岛问题。

低代码开发模式有技术难度低、开发速度快的优势，但是同时也更容易引入安全问题。首先，低代码平台自身对安全性的考虑是否充分决定了应用的安全性。通常情况下，安全性被构建进了低代码开发工具中，但这种安全性必须是开发人员可以理解和可以配置的，这样才能在应用中真正生效。但非专业开发人员可能很难意识到安全隐患的存在，同时低代码开发平台对安全性的示警和功能组织又不明显和易用，很容易造成安全漏洞的引入。所以，低代码平台开发出来的应用更需要纳入自动化安全流程中，与 DevOps 平台结合，对应用的静态行为进行扫描，包括检视依赖库的漏洞、代码逻辑的漏洞等。同时也需要对应用的动态行为进行扫描，检查是否引入了安全风险。

9.3.4 工业应用生态创新过程中需关注数据安全及生态共享所带来的安全风险

工业应用场景种类繁多，工业产品涉及的范围广，单个平台往往很难依靠自身能力为各类场景用户提供高质量服务，于是构建良好应用创新生态并丰富平台应用显得越发重要。聚集各类主体共同开发细分领域应用成为平台构建应用创新生态的主要方式。

云平台提供商往往通过联合垂直行业客户共同打造满足特定场景需求的工业应用，将应用集成到一整套平台解决方案中。有些行业云平台由于规模大、行业影响力大，通过其自身的虹吸效应吸引专业技术服务商将成熟解决方案迁移到自身平台，快速积累各类专业应用。同时公有云平台发力打造其工业互联网板块社区来吸引第三方开发者入驻，广泛地开发工业创新应用。此外随着工业互联网平台从需求预测到资源调度、从产品设计到产品服务、从生产优化到运营管理的各类场景中逐步深入和应用，工业全流程、产业全链条将不断提升数字化水平并实现数据资源积累。面向产品、用户和协同企业的消费侧应用将逐渐发力，规模化定制、金融服务、制造能力交易等新兴模式，在未来将不断普及并成为主流，这也促进了工业互联网平台朝着外延不断拓宽、合作不断增强、共享理念不断深化的方向发展。

可以看出，随着工业信息化广度和深度的不断扩展，数据和业务能力的开放和共享会朝着两个方向深入，一个是垂直行业内针对特定场景的数据共享和业务互访，另一个是跨领域间的产业全链条的互助合作。在开放和合作初期，由于模式往往并不清晰，甚至在一些流程规范上缺少约束，特别是对一些可能涉及外泄风险的敏感数据，在缺少规范指导的情况下，数据生成方对风险的认知和把握程度不够，容易造成数据安全性问题的发生。在能力共享方面，也要加强接入流程的控制。在共享过程中，要对访问情况进行记录，定期进行审计。这样在一个安全可控的能力开放框架下，更有利于促进工业信息化进程的整体推进。

参考文献

[1] NEWMAN SAM. Building Microservices [M]. 2nd ed. Sebastopol: O'Reilly Media, 2021.

[2] NADAREISHVILI I, MITRA R, MCLARTY M, et al. Microservice Architecture [M]. Sebastopol: O'Reilly Media, 2016.

[3] REZNIK P, DOBSON J, GIENOW M. Cloud Native Transformation [M]. Sebastopol: O'Reilly Media, 2020.

[4] RICE LIZ. Container Security, Fundamental Technology Concepts that Protect Containerized Applications [M]. Sebastopol: O'Reilly Media, 2020.

[5] TEVAULT D A. Mastering Linux Security and Hardening [M]. Birmingham: Packt Publishing, 2018.

[6] 李小平，等. 云原生架构白皮书 [M/OL]. 杭州：阿里云计算有限公司，2020.

[7] VEHENT J. Securing DevOps, Security in the Cloud [M]. New York: Manning Publications, 2018.

[8] GALLAGHER S. Securing Docker [M]. Birmingham: Packt Publishing, 2016.

[9] AYANOGLU E. Mastering RabbitMQ [M]. Birmingham: Packt Publishing , 2015.

[10] YUEN B, MATYUSHENTSEV A, EKENSTAM T, et al. GitOps and Kubernetes, Continuous Deployment with Argo CD, Jenkins X, and Flux [M]. New York: Manning Publications, 2021.

[11] KHATRI A, KHATRI V. Mastering Service Mesh [M]. Birmingham: Packt Publishing, 2020.

[12] HUANG K Z, JUMDE P. Learn Kubernetes Security: Securely Orchestrate, Scale, and Manage Your Microservices in Kubernetes Deployments [M]. Birmingham: Packt Publishing, 2020.

[13] GILLESPIE M, GIVRE C. Understanding Log Analytics at Scale [M]. 2nd ed. Sebastopol: O'Reilly Media, 2021.

[14] CREANE B, GUPTA A. Kubernetes Security and Observability, A Holistic Approach to Securing Containers and Cloud Native Applications [M]. Sebastopol: O'Reilly Media, 2022.

[15] JOHANSEN G. Digital Forensics and Incident Response [M]. 2nd ed. Birmingham: Packt Publishing, 2020.